可再生能源与建筑集成示范工程案例集

“十一五”国家科技支撑计划
可再生能源与建筑集成示范工程课题组　著

中国建筑工业出版社

图书在版编目(CIP)数据

可再生能源与建筑集成示范工程案例集/“十一五”国家科技支撑计划　可再生能源与建筑集成示范工程课题组著.—北京：中国建筑工业出版社，2013.12

ISBN 978-7-112-16124-9

Ⅰ.①可…　Ⅱ.①十…　Ⅲ.①再生能源-应用-建筑工程-案例中国　Ⅳ.①TU

中国版本图书馆CIP数据核字(2013)第273658号

责任编辑：齐庆梅
责任校对：张　颖　赵　颖

可再生能源与建筑集成示范工程案例集

“十一五”国家科技支撑计划
可再生能源与建筑集成示范工程课题组　著

*

中国建筑工业出版社出版、发行（北京西郊百万庄）
各地新华书店、建筑书店经销
北京红光制版公司制版
北京中科印刷有限公司印刷

*

开本：787×1092毫米　1/16　印张：11½　字数：280千字
2013年12月第一版　2013年12月第一次印刷
定价：**40.00**元

ISBN 978-7-112-16124-9
(24884)

编写人员名单

主　编： 宋　凌

副主编： 张广宇　张昕宇　廉小亲

编　委： 仲继寿　何　涛　于重重　张　磊
张晓力　王　岩　曾　雁　赵　羽
肖　萧　刘阿祺　李宏军　冯　健

序

为了切实提高太阳能、浅层地能、生物质能等可再生能源在建筑中的应用效率和比重，实现到2020年我国可再生能源在建筑领域消费比例占建筑能耗15%的目标，近年来，住房城乡建设部大力推动可再生能源在建筑领域的应用，在技术方案选择、行业管理和政策调控等方面取得了进展，并积累了经验。

为了促进可再生能源在建筑中更好地应用，应该在认真总结经验的基础上，对可再生能源在建筑中的应用有一个较为全面和清晰的认识，如，在不同自然资源条件下可再生能源技术应用的合理范围是多大，如何选择提高应用效率的技术途径和管理措施等。

本案例集从住房和城乡建设部组织实施的“十一五”国家科技支撑计划项目可再生能源与建筑集成示范中选择了19个不同类型的典型案例，从测试方案、技术类型、应用效果和集成方式等方面进行了定量分析，比较客观地反映了当前可再生能源在建筑中应用的实际情况，使我们对可再生能源的应用有了进一步的认识，为合理选择技术类型以求得尽可能大的应用效果，更有效地替代化石能源提供了依据，对相关专业人士有比较好的学习和借鉴作用，对有关方面能够客观地评价和指导可再生能源在建筑中的应用是有益的参考。

住房和城乡建设部建筑节能与科技司

2013年5月20日

前　　言

为了全面贯彻落实《国家中长期科学和技术发展规划纲要（2006－2020年）》、《“十一五”国家科技支撑计划发展纲要》以及党中央、国务院关于建设资源节约型、环境友好型社会的重大战略决策，住房和城乡建设部组织实施了“十一五”国家科技支撑重点项目“可再生能源与建筑集成技术研究与示范”2006BAA04B00，本案例集由该项目课题“可再生能源与建筑集成示范工程”的承担单位住房和城乡建设部科技发展促进中心组织，主要参加单位中国建筑科学研究院、中国建筑设计研究院、北京工商大学共同编制而成。

“十一五”期间，该课题建设并实施了41个可再生能源与建筑集成示范工程，示范内容包括太阳能生活热水供应、太阳能采暖、太阳能空调、太阳能光伏照明、地下水源热泵、污水源热泵、土壤源热泵以及上述技术的综合利用等。示范工程涉及全国18个省、自治区和直辖市。

本案例集挑选了其中具有代表性的19个可再生能源与建筑集成示范工程进行深入分析和评价。全书的主要内容包括：可再生能源建筑应用测评方案、太阳能光热示范工程案例、热泵示范工程案例、太阳能光伏示范工程案例、其他可再生能源与建筑集成示范工程案例、可再生能源与建筑集成示范建筑远程监测系统设计，以及对可再生能源与建筑集成示范工程的总结与展望。

本案例集通过采用科学可行的评价方法和测试方案对典型示范工程案例的运行数据或设计数据进行分析，并通过专家点评的方式指出示范工程中存在的主要优点和缺点，供专业人士参考。同时，通过对示范工程的分析，找出了“十一五”期间可再生能源在建筑中应用存在的主要问题及障碍原因，并提出了下一阶段我国在建筑中发展可再生能源应用的建议和意见。

目　录

1　可再生能源建筑应用测评方案

为了深入分析可再生能源利用技术在建筑中的应用情况，应针对不同的可再生能源利用技术制定各自适用的评价指标及其测试方案。以下是按照太阳能生活热水、太阳能供热、太阳能制冷、地源热泵四类技术，采用能效评价法提出的评价测试方案，本书中已投入运行的示范工程均按此测试方案开展了测试评价分析。

1.1　太阳能热水系统的评价测试方案

太阳能热水系统应用工程的技术经济评价指标包括以下六类：太阳能保证率、太阳能集热系统效率、太阳能热水系统效率、太阳能集热系统有用得热量、常规能源替代量、室内外环境温湿度。

下面分别对每类指标所需的参数进行说明。

1. 太阳能保证率

太阳能保证率是指系统中由太阳能部分供给的热量除以热用户所得的热量。

$$f=\frac{Q_{\mathrm{br1}}}{Q_{\mathrm{c}}} \tag{1-1}$$

式中　f——太阳能保证率；

Q_{br1}——太阳能集热系统输出热量，W；

Q_{c}——热用户得热量，W。

测试参数：见图 1-1。集热系统进出口水温差 ΔT_1 及水流量 m（$Q_{\mathrm{br1}}=cm\Delta T_1$）；热用户端进出口水温差 ΔT_2 及水流量 m（$Q_{\mathrm{c}}=cm\Delta T_2$）。

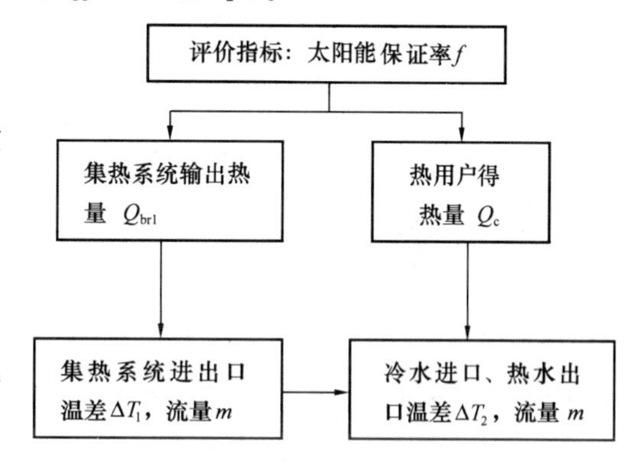

图 1-1　太阳能保证率监测参数示意图

2. 太阳能集热系统效率

太阳能集热系统效率是指规定时段内，太阳能集热系统输出的能量与输入的能量之比。

$$\eta_1=\frac{Q_{\mathrm{br1}}}{H\cdot A+Q_{\mathrm{p1}}} \tag{1-2}$$

式中　η_1——太阳能集热系统效率；

Q_{br1}——太阳能集热系统输出热量，W；

H——太阳辐照量，MJ/m²；

A——太阳能集热器面积，m²；

Q_{p1}——太阳能集热系统内循环泵耗电量，W。

测试参数：见图 1-2。集热系统进出口水温差 ΔT_1 及水流量 m（$Q_{\mathrm{br1}}=cm\Delta T_1$）；太

阳能辐照量 H；集热系统内循环泵耗电量 Q_{p1} 。

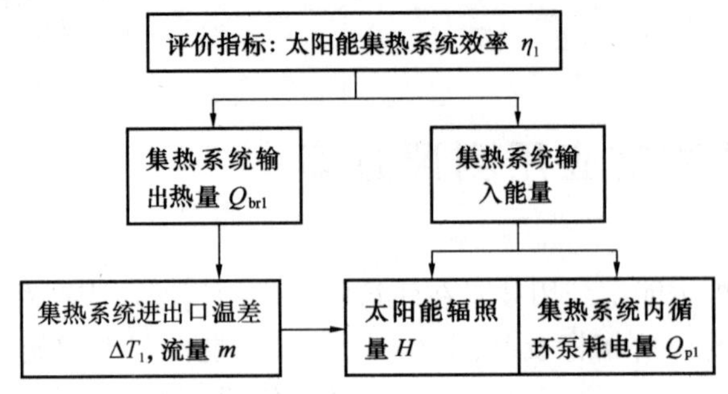

图 1-2 太阳能集热系统效率监测参数示意图

3. 太阳能热水系统效率

太阳能热水系统效率是指规定时段内，太阳能热水系统输出的能量与输入的能量之比。

$$\eta_2 = \frac{Q_c}{Q_{br1} + Q_a + Q_{p1} + Q_{p2}} \tag{1-3}$$

式中 η_2 ——太阳能热水系统效率；

Q_c ——热用户得热量，W；

Q_{br1} ——太阳能集热系统输出热量，W；

Q_a ——蓄热水箱辅助能源消耗量，W；

Q_{p1} ——太阳能集热系统内循环泵耗电量，W；

Q_{p2} ——热水输送管网耗能量，W。

测试参数：见图 1-3。热用户端进出口水温差 ΔT_2 及水流量 m（$Q_c = cm\Delta T_2$）；集热系统进出口水温差 ΔT_1 及水流量 m（$Q_{br1} = cm\Delta T_1$）；集热系统内循环泵耗电量 Q_{p1}；蓄热水箱辅助能源消耗量（燃气量或耗电量）Q_a；热水输送管网耗能量 Q_{p2}（$Q_{p2} = Q_b - Q_c$）。

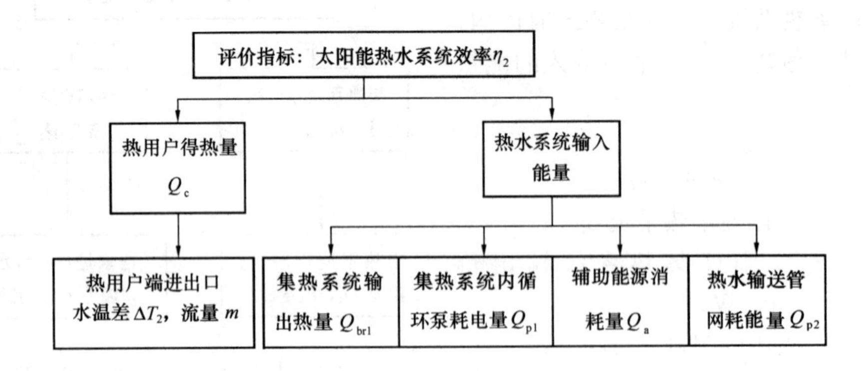

图 1-3 太阳能热水系统效率监测参数示意图

4. 太阳能集热系统有用得热量

太阳能集热系统有用得热量是指在稳态条件下，特定时间间隔内，传热工质从一特定集热系统面积（总面积或采光面积）上带走的能量。

$$Q_{\psi} = Q_{\mathrm{br1}} \tag{1-4}$$

式中 Q_{ψ} ——太阳能供热系统有用得热量，W；

Q_{br1} ——太阳能集热系统输出热量，W。

测试参数：见图 1-4。集热系统进出口温差 ΔT_1 及水流量 m（$Q_{\mathrm{br1}} = cm\Delta T_1$）。

5. 常规能源替代量

常规能源替代量是指系统净得热量，是系统有用得热量与系统辅助热源（电、燃料、热媒等）的耗能量之差。

$$Q_{\Delta} = Q_{\mathrm{br1}} - Q_{\mathrm{p1}} \tag{1-5}$$

式中 Q_{Δ} ——太阳能供热系统有用得热量，W；

Q_{br1} ——太阳能集热系统输出热量，W；

Q_{p1} ——太阳能集热系统内循环泵耗电量，W。

测试参数：见图 1-5。集热系统进出口水温差 ΔT_1 及水流量 m($Q_{\mathrm{br1}} = cm\Delta T_1$)；太阳能集热系统内循环泵耗电量 Q_{p1}。

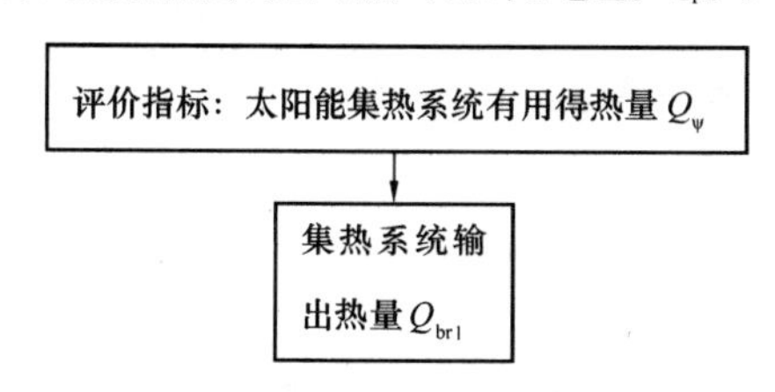

图 1-4 太阳能集热系统有用得热量监测参数示意图

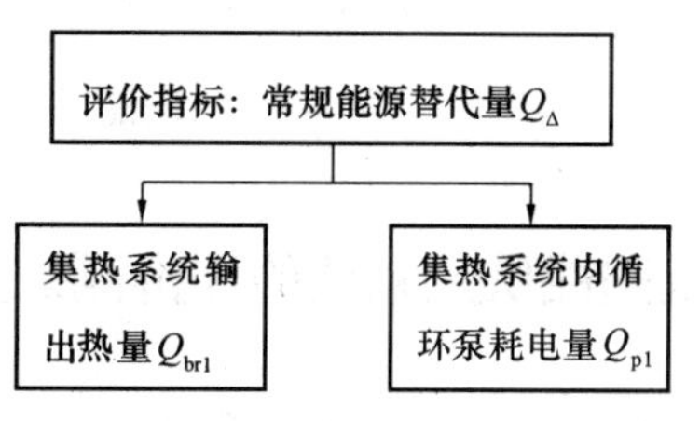

图 1-5 常规能源替代量监测参数示意图

6. 室内外环境温湿度

温度是指用温度计对室内外热的程度或冷的程度的度量；湿度是指室内外空气的干湿程度。

测试参数：见图 1-6。室内外环境温度 K；室内外环境湿度 φ。

因此，太阳能热水与建筑集成工程需要测试的参数有：

1）集热系统进出口温差 ΔT_1 及水流量 m；

2）热用户端进出口水温差 ΔT_2 及水流量 m；

3）蓄热水箱辅助能源消耗量；热水输送管网损耗量；

4）集热器采光面上太阳辐照量 H；

5）室内外环境温度 K、湿度 φ；

6）水泵等其他用电设备耗电量。

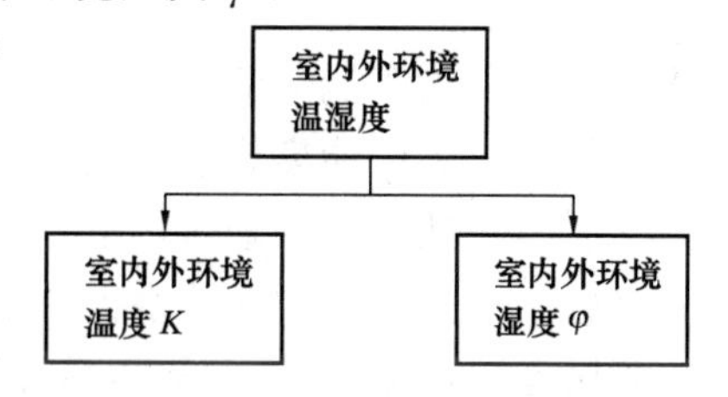

图 1-6 室内外环境温湿度监测参数示意图

太阳能热水系统主要数据采集点布置示意图，见图 1-7。

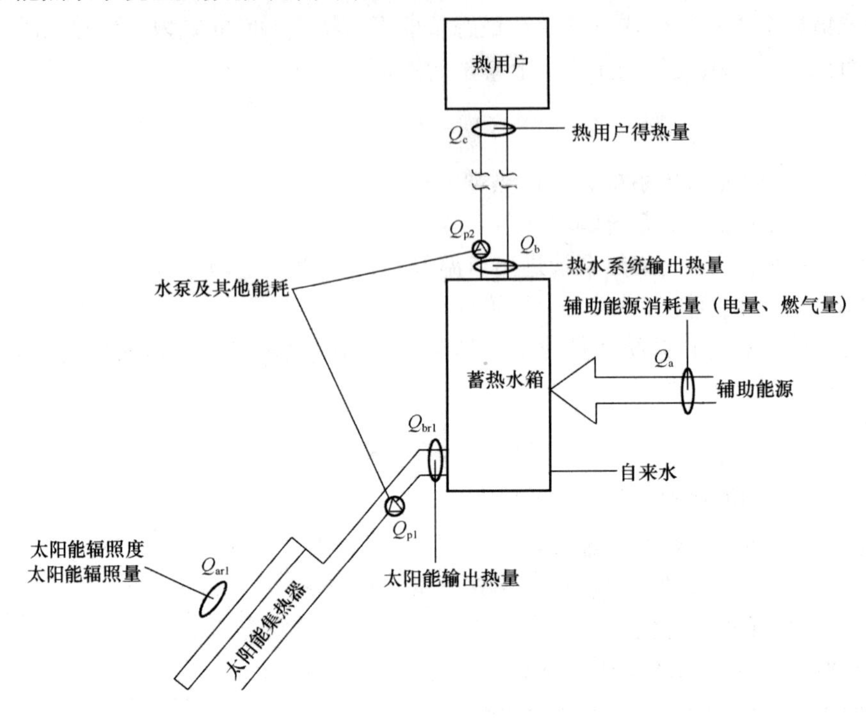

图 1-7　太阳能热水系统主要数据采集设备分布示意图

1.2　太阳能供热系统的评价测试方案

太阳能供热系统应用工程的技术经济评价指标包括以下六类：太阳能保证率、太阳能集热系统效率、太阳能供热系统效率、太阳能集热系统有用得热量、常规能源替代量、室内外环境温湿度。

下面分别对每类指标所需的参数进行说明。

1. 太阳能保证率

太阳能保证率是指系统中由太阳能部分供给的热量除以用户得热量。

$$f = \frac{Q_{br1}}{Q_{c1} + Q_{c2}} \tag{1-6}$$

式中　f——太阳能保证率；

Q_{br1}——太阳能集热系统输出热量，W；

Q_{c1}——热用户采暖得热量，W；

Q_{c2}——热用户生活热水得热量，W。

测试参数：见图 1-8。集热系统进出口水温差 ΔT 及水流量 m($Q_{br1} = cm\Delta T$)；

采暖热用户端进出口水温差 ΔT_2 及水流量 m($Q_{c1} = cm\Delta T_1$)；

生活热水热用户端进出口水温差 ΔT_3 及水流量 m($Q_{c2} = cm\Delta T_2$)。

2. 太阳能集热系统效率

太阳能集热系统效率是指规定时段内，太阳能集热系统输出的能量与输入的能量

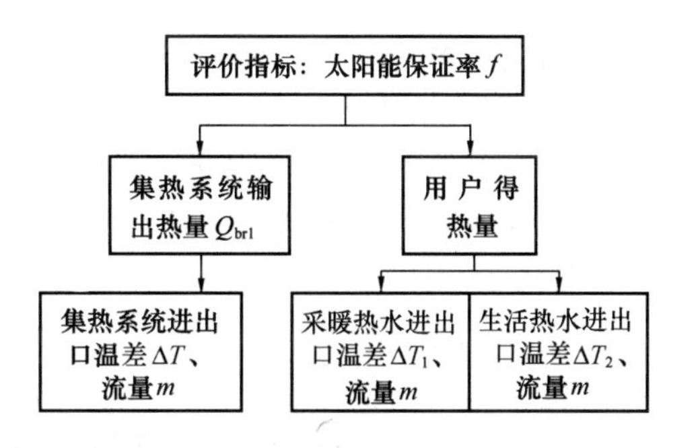

图 1-8　太阳能保证率监测参数示意图

之比。

$$\eta_1 = \frac{Q_{br1}}{H \cdot A + Q_{pc}} \tag{1-7}$$

式中　η_1——太阳能集热系统效率；

Q_{br1}——太阳能集热系统输出热量，W；

H——太阳辐照量，MJ/m^2；

A——太阳能集热器面积，m^2；

Q_{pc}——太阳能集热系统内循环泵耗电量，W。

测试参数：见图 1-9。集热系统进出口水温差 ΔT 及水流量 m（$Q_{br1} = cm\Delta T$）；太阳能辐照量 H；集热系统内循环泵耗电量 Q_{pc}。

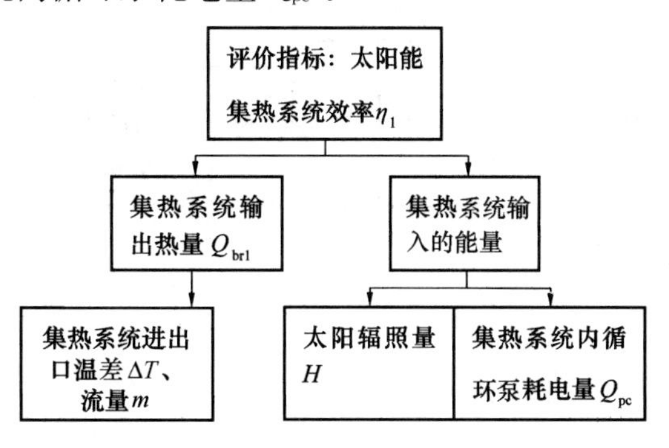

图 1-9　太阳能集热系统效率监测参数示意图

3. 太阳能供热系统效率

太阳能供热系统效率是指规定时段内，太阳能供热系统输出的能量与输入的能量之比。

$$\eta_2 = \frac{Q_{c1} + Q_{c2}}{Q_{br1} + Q_a + Q_{pc} + Q_{p1} + Q_{p2}} \tag{1-8}$$

式中　η_2——太阳能供热系统效率；

Q_{c1}——热用户采暖得热量，W；

Q_{c2}——热用户生活热水得热量，W；

Q_{br1}——太阳能集热系统输出热量，W；

Q_a——蓄热水箱辅助能源消耗量，W；

Q_{pc}——太阳能集热系统内循环泵耗电量，W；

Q_{p1} ——采暖热水输送管网耗能量，W；

Q_{p2} ——生活热水输送管网耗能量，W。

测试参数：见图 1-10。热用户端进出口水温差 ΔT_1、ΔT_2 及水流量 m（$Q_{c1}=cm\Delta T_1$，$Q_{c2}=cm\Delta T_2$）；集热系统进出口水温差 ΔT 及水流量 m（$Q_{br1}=cm\Delta T$）；集热系统内循环泵耗电量 Q_{pc}；蓄热水箱辅助能源消耗量（燃气量或耗电量）Q_a；热水输送管网耗能量 $Q_{p1}+Q_{p2}$（$Q_{p1}=Q_{b1}-Q_{c1}$，$Q_{p2}=Q_{b2}-Q_{c2}$）。

4. 太阳能供热系统有用得热量

太阳能集热系统有用得热量是指在稳态条件下，特定时间间隔内传热工质从一特定集热系统面积（总面积或采光面积）上带走的能量。

$$Q_{\psi}=Q_{br1} \tag{1-9}$$

式中 Q_{ψ} ——太阳能供热系统有用得热量，W；

Q_{br1} ——太阳能集热系统输出热量，W。

测试参数：见图 1-11。集热系统进出口温差 ΔT 及水流量 m（$Q_{br1}=cm\Delta T$）。

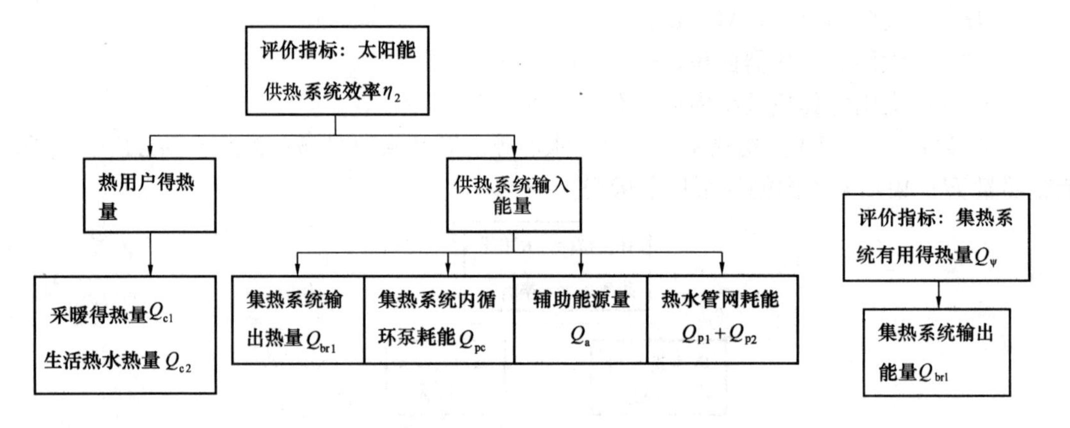

图 1-10 太阳能供热系统效率监测参数示意图

图 1-11 太阳能供热系统有用得热量监测参数示意图

5. 常规能源替代量

常规能源替代量是指系统有用得热量与系统辅助热源（电、燃料、热媒等）的耗能量之差。

$$Q_{\Delta}=Q_{br1}-Q_{pc}-Q_a \tag{1-10}$$

式中 Q_{Δ} ——太阳能供热系统有用得热量，W；

Q_{br1} ——太阳能集热系统输出热量，W；

Q_{pc} ——太阳能集热系统内循环泵耗电量，W；

Q_a——蓄热水箱辅助能源消耗量，W。

测试参数：见图 1-12。集热系统进出口水温差 ΔT_1 及水流量 m（$Q_{br1}=cm\Delta T_1$）；太阳能集热系统内循环泵耗电量 Q_{pc}。

6. 室内外环境温湿度

测试参数：见图 1-13。室内外环境温度 K；室内外环境湿度 φ。

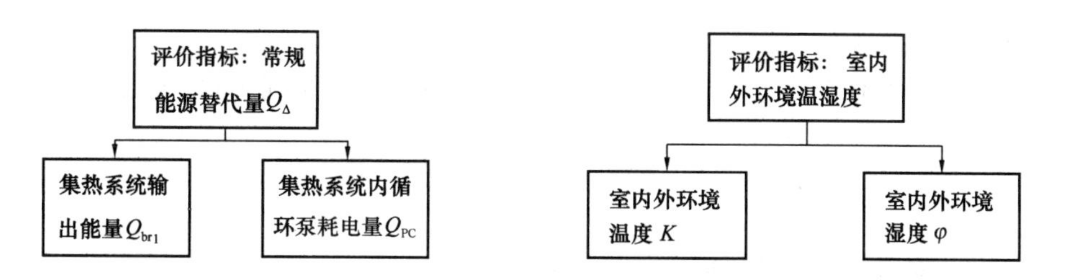

图 1-12　常规能源替代量监测参数示意图　　　图 1-13　室内外环境温湿度监测参数示意图

因此，太阳能供暖与建筑集成工程需要测试的参数有：

① 集热系统进出口温差 ΔT_1 及水流量 m；

② 热用户端进出口水温差 ΔT_2 及水流量 m；

③ 蓄热水箱辅助能源消耗量 ；热水输送管网耗能量。

④ 集热器采光面上太阳辐照量 H；

⑤ 室内外环境温度、湿度；

⑥ 水泵等其他用电设备耗电量。

太阳能供暖系统主要数据采集点布置示意图，见图 1-14。

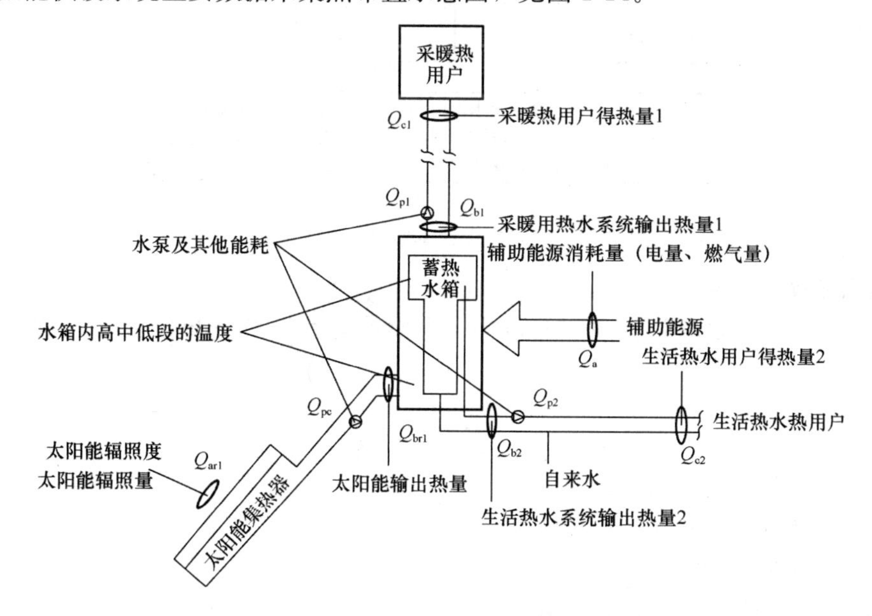

图 1-14　太阳能供暖系统主要数据采集点布置示意图

1.3　太阳能制冷系统的评价测试方案

太阳能制冷系统应用工程的技术经济评价指标包括以下六类：太阳能保证率、太阳能集热系统效率、太阳能制冷系统效率、制冷机组系统效率、太阳能集热系统有用得热量、常规能源替代量、室内外环境温湿度。

下面分别对每类指标所需的参数进行说明。

1. 太阳能保证率

太阳能保证率是指系统中由太阳能部分供给的热量除以系统得到的总热量。

$$f=\frac{Q_{br1}}{Q_{c1}+Q_{c2}+Q_{c3}} \tag{1-11}$$

式中 f——太阳能保证率；

Q_{br1}——太阳能集热系统输出热量，W；

Q_{c1}——制冷用热水得热量，W。

Q_{c2}——生活热水得热量，W。

Q_{c3}——采暖热水得热量，W。

测试参数：见图 1-15。集热系统进出口水温差 ΔT 及水流量 m（$Q_{br1}=cm\Delta T$）；热用户端进出口水温差 ΔT_1、ΔT_2、ΔT_3 及水流量 m_1、m_2、m_3（$Q_{c1}=cm_1\Delta T_1$，$Q_{c2}=cm_2\Delta T_2$，$Q_{c3}=cm_3\Delta T_3$）。

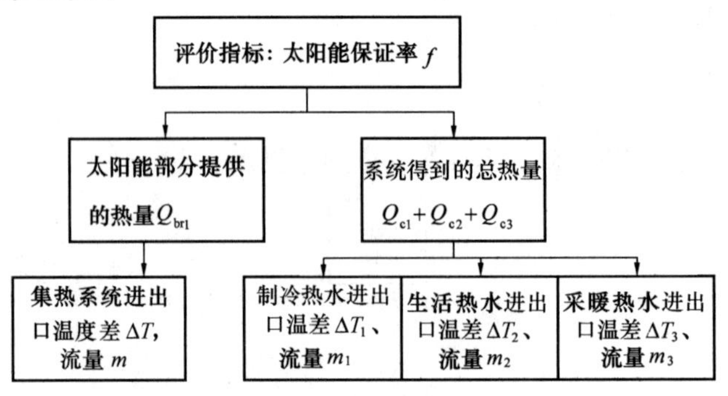

图 1-15 太阳能保证率监测参数示意图

2. 太阳能集热系统效率

太阳能集热系统效率是指规定时段内，太阳能集热系统输出的能量与输入的能量之比。

$$\eta_1=\frac{Q_{br1}}{H\cdot A+Q_{pc}} \tag{1-12}$$

式中 η_1——太阳能集热系统效率；

Q_{br1}——太阳能集热系统输出热量，W；

H——太阳辐照量，MJ/m^2；

A——太阳能集热器面积，m^2；

Q_{pc}——太阳能集热系统内循环泵耗电量，W。

测试参数：见图 1-16。集热系统进出口水温差 ΔT 及水流量 m（$Q_{br1}=cm\Delta T$）；太阳能辐照量 H；集热系统内循环泵耗电量 Q_{pc}。

3. 太阳能制冷系统效率

太阳能制冷系统效率是指规定时段内，太阳能制冷系统输出的能量与输入的能量之比。

$$\eta_2=\frac{Q_{c1}+Q_{c2}+Q_{c3}}{Q_{br1}+Q_{a1}+Q_{pc}+Q_{p1}+Q_{p2}+Q_{p3}} \tag{1-13}$$

式中 η_2——太阳能供热系统效率；

Q_{c1} ——制冷用热水得热量，W；
Q_{c2} ——生活热水得热量，W；
Q_{c3} ——采暖热水得热量，W；
Q_{br1} ——太阳能集热系统输出热量，W；
Q_{a1} ——蓄热水箱辅助能源消耗量，W；
Q_{pc} ——太阳能集热系统内循环泵耗电量，W；
Q_{p1} ——制冷用热水输送管网耗能量，W；
Q_{p2} ——生活热水输送管网耗能量，W；
Q_{p3} ——采暖用热水输送管网耗能量，W。

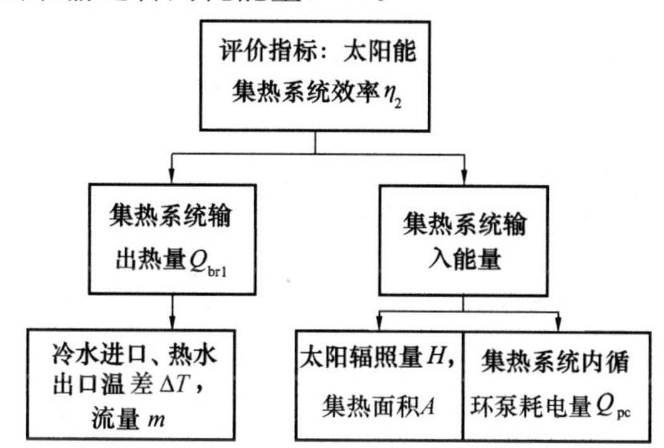

图 1-16　太阳能集热系统效率监测参数示意图

测试参数：见图 1-17。热用户端进出口水温差 ΔT_1、ΔT_2、ΔT_3 及水流量 m_1、m_2、m_3（$Q_{c1} = cm_1\Delta T_1$，$Q_{c2} = cm_2\Delta T_2$，$Q_{c3} = cm_3\Delta T_3$）；集热系统进出口水温差 ΔT 及水流量 m（$Q_{br1} = cm\Delta T$）；集热系统内循环泵耗电量 Q_{pc}；蓄热水箱辅助能源消耗量（燃气量或耗电量）Q_{a1}；热水输送管网耗能量 $Q_{p1}+Q_{p2}+Q_{p3}$（$Q_{p1} = Q_{b1} - Q_{c1}$，$Q_{p2} = Q_{b2} - Q_{c2}$，$Q_{p3} = Q_{b3} - Q_{c3}$）。

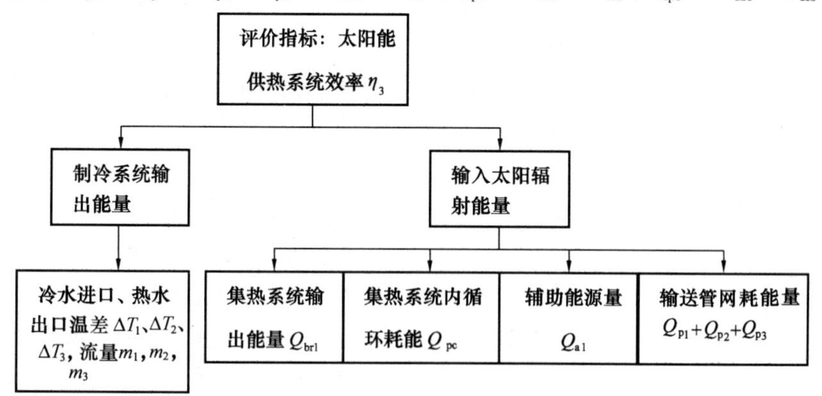

图 1-17　太阳能供热系统效率监测参数示意图

4. 制冷机组系统效率

制冷机组系统效率是指在特定工况下，制冷系统的制冷量与制冷耗能量之比。

$$EER = \frac{Q_L}{Q_{a1} + Q_{a2} + Q_{p1} + Q_{pc}} \tag{1-14}$$

式中　EER ——制冷机组系统效率；

Q_L ——制冷系统输出冷量，W；

Q_{a1} ——蓄热水箱辅助能源消耗量，W；

Q_{a2} ——制冷主机辅助能源消耗量，W；

Q_{pc} ——太阳能集热系统内循环泵耗电量，W；

Q_{p1} ——热水输送管网耗能量，W。

测试参数：见图 1-18。冷用户端进出口水温差 ΔT 及水流量 m（$Q_L = cm\Delta T$）；集热系统内循环泵耗电量 Q_{pc}；蓄热水箱辅助能源消耗量(燃气量或耗电量) Q_{a1}；制冷主机辅助能源消耗量(燃气量或耗电量) Q_{a2}；热水输送管网耗能量 Q_{p1}（$Q_{p1} = Q_{b1} - Q_{c1}$）。

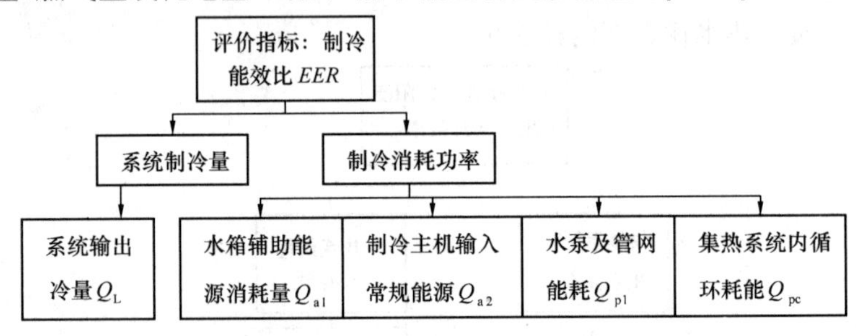

图 1-18　制冷机组系统效率监测参数示意图

5. 太阳能集热系统有用得热量

太阳能集热系统有用得热量是指在稳态条件下，特定时间间隔内传热工质从一特定集热系统面积（总面积或采光面积）上带走的能量。

$$Q_{\psi} = Q_{br1} \tag{1-15}$$

式中　Q_{ψ} ——太阳能供热系统有用得热量，W；

Q_{br1} ——太阳能集热系统输出热量，W。

测试参数：见图 1-19。集热系统进出口温差 ΔT_1 及水流量 m（$Q_{br1} = cm\Delta T_1$）。

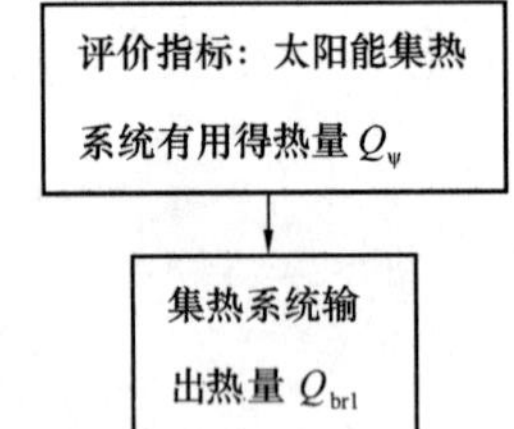

图 1-19　太阳能集热系统有用得热量监测参数示意图

6. 常规能源替代量

常规能源替代量是指系统有用得热量与系统辅助热源（电、燃料、热媒等）的耗能量之差。

$$Q_{\Delta} = Q_{br1} - Q_{pc} \tag{1-16}$$

式中　Q_{Δ} ——太阳能供热系统有用得热量，W；

Q_{br1} ——太阳能集热系统输出热量，W；

Q_{pc} ——太阳能集热系统内循环泵耗电量，W。

测试参数：见图 1-20，集热系统进出口水温差 ΔT_1 及水流量 m（$Q_{br1} = cm\Delta T_1$）；太阳能集热系统内循环泵耗电量 Q_{pc}。

7. 室内外环境温湿度

测试参数：见图 1-21。室内外环境温度 K；室内外环境湿度 φ。

因此，太阳能制冷与建筑集成工程需要测试的参数有：

① 集热系统进出口温差 ΔT，流量 m；

② 制冷系统进出口温差 ΔT_1，流量 m_1；

③ 生活用水进出口温差 ΔT_2、流量 m_2；

④ 采暖用热水进出口温差 ΔT_3，流量 m_3；
⑤ 辅助热源（电、燃料、热媒等）的耗能量 Q_{pc}；
⑥ 集热器采光面上的太阳辐照度 H、太阳辐照量 A；

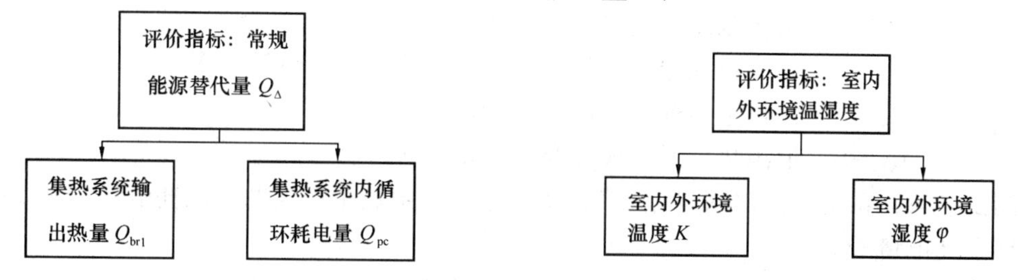

图 1-20　常规能源替代量监测参数示意图　　图 1-21　室内外环境温湿度监测参数示意图

⑥ 室内外温度 K、湿度 φ；
⑦ 水泵等其他用电设备耗电量。
太阳能制冷系统主要数据采集点布置示意图，见图 1-22。

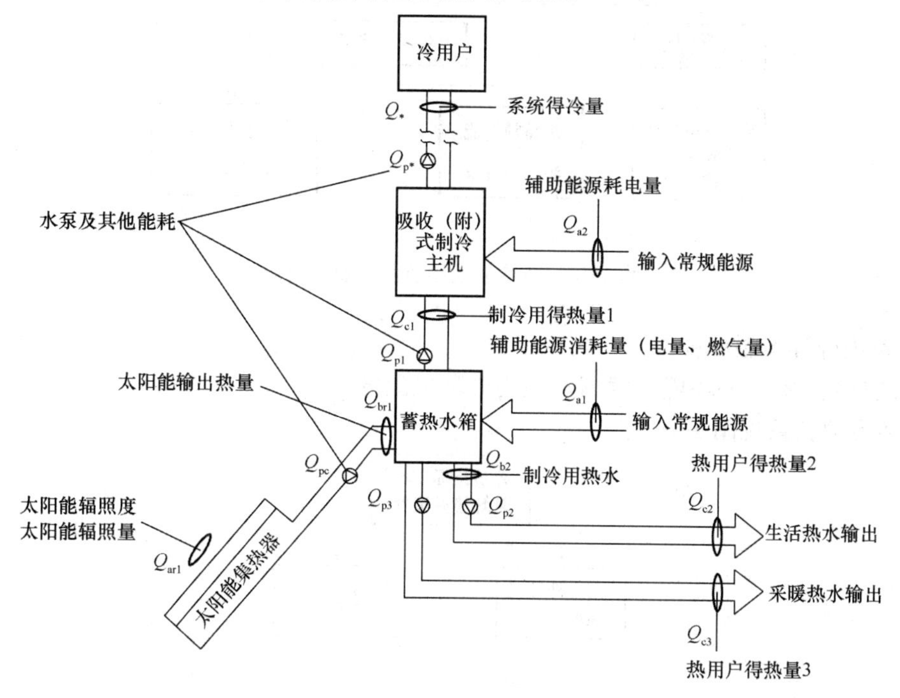

图 1-22　太阳能制冷系统数据采集点布置示意图

1.4　地源热泵系统的评价测试方案

地源热泵系统应用工程的技术经济评价指标包括两类：系统制冷（制热）能效比、室内外环境温湿度。下面分别对每类指标所需的参数进行说明。

1. 系统制冷（制热）能效比

系统制冷（制热）能效比是指在特定工况下，制冷系统的制冷（热）量与总耗能量之比。

$$COP = \frac{Q_b}{Q_a + Q_{p1}} \tag{1-17}$$

式中 COP ——系统制冷（制热）能效比；

Q_b ——制冷系统输出的冷量或制热系统输出的热量，W；

Q_a ——蓄热水箱辅助能源耗电量，W。

Q_{p1} ——地源热泵系统循环泵耗电量，W。

测试参数：系统进出口水温差 ΔT；水流量 m；蓄热水箱辅助能源耗电量 Q_a；地源热泵循环泵耗电量 Q_{p1}。

具体参数关系见图 1-23。其中，系统输出冷热量 $Q_b = cm\Delta T$ 。

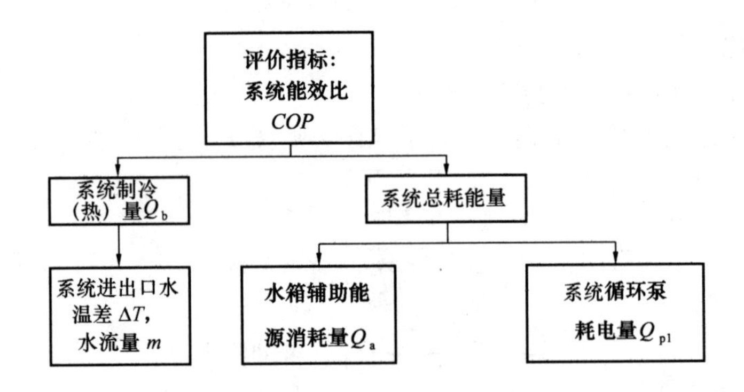

图 1-23　系统能效比监测参数示意图

2. 室内外环境温湿度

测试参数：室内外环境温度 K；室内外环境湿度 φ

具体参数关系见图 1-24。

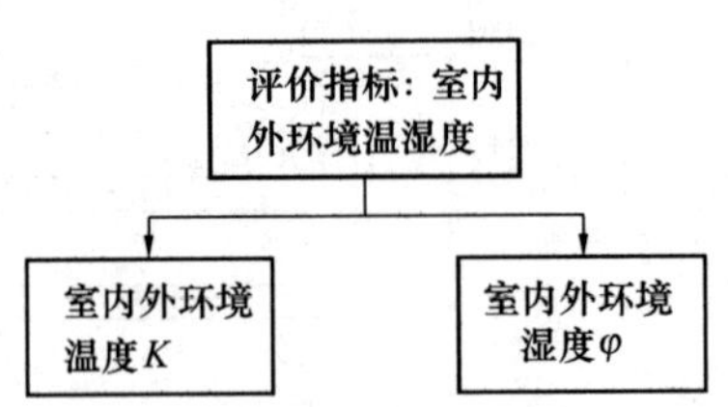

图 1-24　室内外环境温湿度
监测参数示意图

因此，地源热泵与建筑集成工程需要测试的参数有：

① 地源热泵系统进出口水温度 ΔT、流量 m；

② 辅助能源总耗能量；

③ 室内外温度 K、湿度 φ；

④ 水泵等其他用电设备耗电量。

地源热泵系统主要数据采集点布置示意图，见图 1-25。

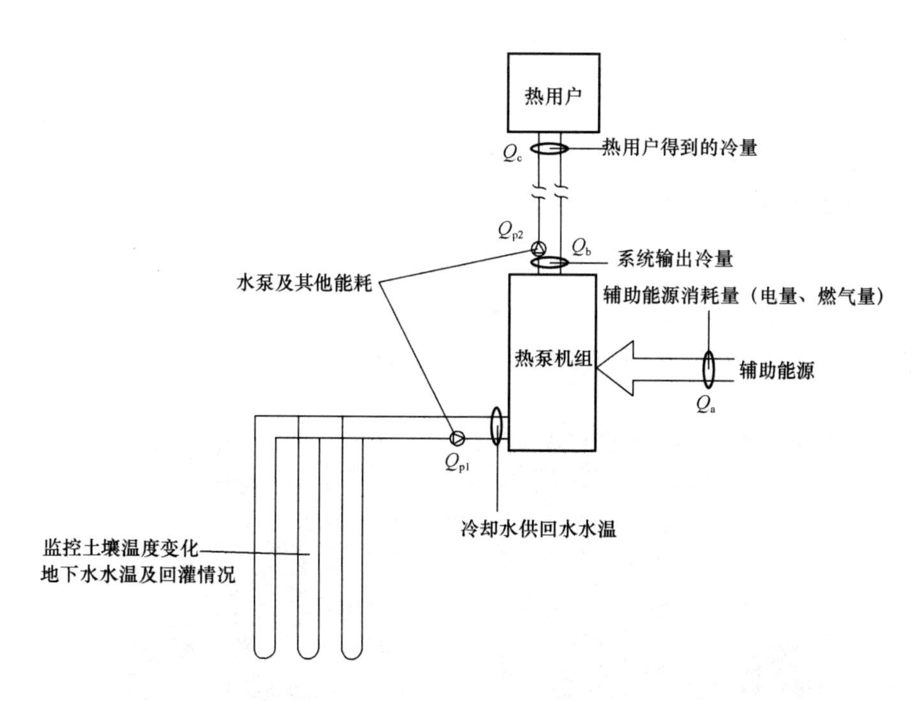

图 1-25　地源热泵系统数据采集点布置示意图

本书大部分示范工程都参考以上测试方案对工程的运行情况进行了能效评价。

2　太阳能光热利用工程

2.1　华明新家园1号地（顶秀欣园）经济适用房

图2-1　华明新家园（顶秀欣园）经济适用房示范工程实景图

顶秀欣园经济适用房项目，位于天津华明镇新家园居住区，为二十项“民心”工程之一。该项目总用地面积15.35万m^2，建筑面积8.48万m^2，全部为11～20层的高层住宅。根据项目特有的立面及屋顶形式，选用了集中集热分户换热储热间接式太阳能热水系统，可为住区全部242户居民提供生活热水，日照不足时，用户可自行启动电辅助加热。该项目于2010年初竣工投入使用。

1. 系统设计

(1) 设计依据

《玻璃—金属封接式热管真空太阳集热器》GB/T 19775—2005；

《太阳热水系统设计、安装及工程验收技术规范》GB/T 18713—2002；

《民用建筑太阳能热水系统应用技术规范》GB/T 50364—2005。

(2) 设备选型

① 集热器：采用热管式真空管集热器，型号为C3-SD1×8L，共计1492组，安装在屋顶（表2-1）。

② 集热器面积：2984m^2。

③ 用户室内的换热水箱：水箱的标称容积为80L，外形尺寸为直径470mm，长1020mm，内置电加热1.5kW。

④ 太阳能落水水箱：容积为 300L 或者 200L，外形尺寸为 1000mm×600mm×500mm 或者 1000mm×500mm×400mm，材料为碳钢，根据国标要求选取厚度，保温材料为聚氨酯整体发泡，保温厚度≥100mm，水箱外包皮采用国标镀锌板。

⑤ 太阳能系统循环泵：采用进口循环泵，循环管路为 *DN*50～25 国标热镀锌管，管路保温为橡塑。

集热器选型 **表 2-1**

型号	SEIDO1－8
类别	热管真空管平面吸热体 SEIDO 1
管数	8
单管尺寸	Φ100×2000mm
长×宽×厚（mm）	2126×960×175
重量	50kg
存水量	0.48L
安装倾角	15°～90°
选择性吸收涂层	AL-N-O 选择性吸收涂层，吸收率 α>0.92；发散率 ε<0.08；采用最新的磁控溅射技术
集热器最高工作温度	190℃
最高闷晒温度	250℃
最低工作环境温度	－45℃
抗冰雹能力	Φ35（15m 高自由落下）
工作原理	铜水重力热管
额定工作压力	6bar
测试压力	10bar
安装配件	不锈钢支架、底座，铝制集箱，30mm 厚聚氨酯保温
连接尺寸	ϕ25mm
国外资质证书	KeyMark，EN 12975，TüV，DIN 4757，SRCC，SPF

（3）系统原理

该项目采用了集中采热、分户供热的方式为用户提供热水。将太阳能集热器统一安装在屋顶，每户户内安装 80L 换热水箱，通过管路的连接，采用换热的方式将热量提供给户内水箱。当太阳能不足时，用户自行启动户内 80L 水箱中的电加热来补充热量。

系统采用的是户用冷水和热水同源的方式进行补水，即系统的热水水源来自户内的自来水管，使用时只要将换热水箱中的热水出水口直接接到用户所需要的用水点，当用户需要使用热水时，打开用水点阀门即可。这样既很好地平衡了冷热水的水压问题，同时也避免了物业管理部门收取水费的不便。原理如图 2-2 所示。

（4）控制系统设计

采用温差循环加热，系统通过检测集热器与储水箱的温差来实现加热运行：当集热器的水温与储水箱中水温形成一定温差时（温差值可设定，设定范围 0～15℃，通常设定 7℃），循环泵开启，将水箱中的水泵经集热器不断加热。在循环加热过程中，水不断升

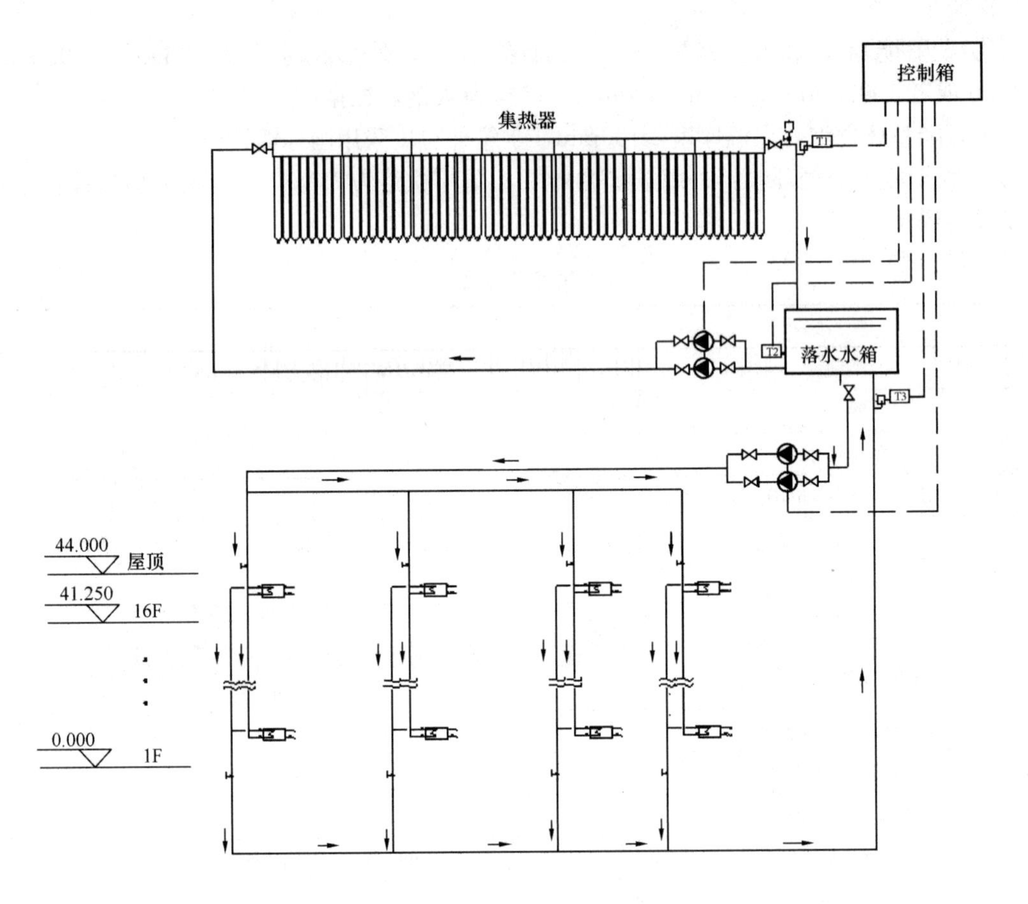

图 2-2　太阳能热水系统原理图

温，集热器的温度不断下降，当集热器上的温度和水箱中的水温差小于等于设定温度时(设定范围为 2～10℃，通常设定为 5℃)，循环泵关闭停止循环加热，直到温差再次达到一定温度时，继续循环加热。这样的加热方式保证只要集热器吸收到热量就很快地传递到水箱中，能够提高系统的启动速度更快地提供出达到使用要求的热水。

该系统配置中每户的储热水箱中都配有一个 1.5kW 的水电隔离的电加热。如果用户对热水使用要求比较大，可根据控制器设计自动电加热，即当温度传感器测得水箱温度不足洗浴的温度时自动启动电加热，加热到设定温度后自动关闭电加热；如果用户对热水使用要求不是很大且比较有规律，则可采用定时加热，即在要使用热水前的两个小时（用户可以自己设定）检测储热水箱中的水温，当测得温度没有达到洗浴要求时，则启动电加热，当达到温度后自动关闭电加热。

(5) 系统防冻措施

该项目系统的防冻措施主要采用的方式是落水式防冻，主要原理如下：太阳能正常运转时采用的是强制循环加热方式，水箱中的水通过太阳能循环管路，通过房顶上的集热器对水加热，当泵停止的同时，旁路的电磁阀打开，循环管路中的水由于重力的作用，全部落回到供水水箱。这样循环回路中没有积水存在，自然也就没有结冰冻坏管路的问题。这样的设计，既保证减少储热水箱中热水的热量损失，更重要的是不需要启动循环泵，能更好地节省用电，达到节省开支的目的。

2. 太阳能与建筑结合要点

屋顶均设计建造南向坡面梁结构，集热器统一安装在坡面上，与建筑外观保持一致，做到美观、统一、和谐。16 层建筑屋顶集热器安装及其屋面布置如图 2-3（*a*）所示，其中所有屋面太阳能循环管路沿梁底布管，并固定于梁底，保证不破坏地面防水，同时所有找坡管路不得出现向上反弯或突起。落水水箱布置如图 2-3（*b*）所示。

(*a*) (*b*)

图 2-3 集热器安装与水箱布置

（*a*）屋顶集热器安装实景；（*b*）16F 屋顶水箱布置实景

太阳能立管在屋顶安装时，一是太阳能立管未与承重墙相邻，在屋顶胀入 8 号膨胀螺栓，紧贴屋顶固定 4 号角钢；二是利用管卡将立管与 4 号角钢固定牢固；三是太阳能立管采用镀锌管。具体安装做法见图 2-4 和图 2-5。

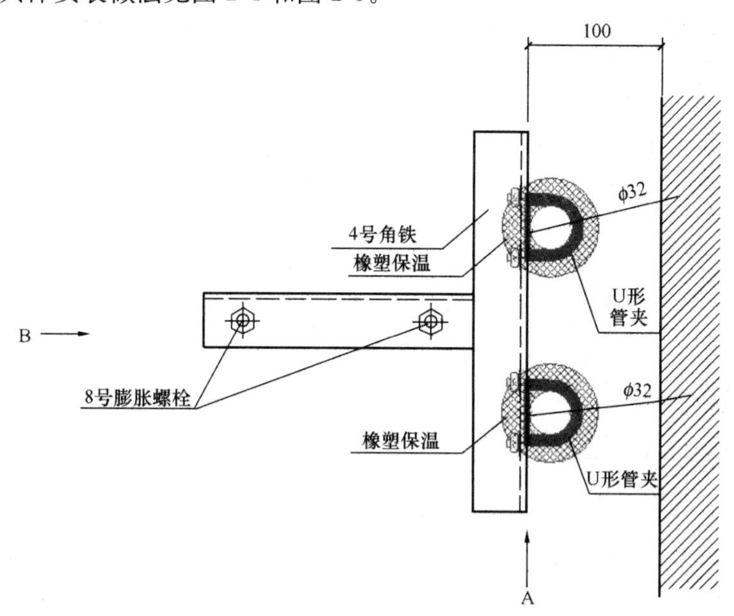

图 2-4 顶层太阳能立管安装做法图

太阳能立管在各户卫生间安装时，1）水箱容水量 80L，直径 470mm，长 1020mm，紧贴屋顶吸顶安装；2）水箱上端紧贴屋顶，水箱底端距地面 2000～2100mm；3）太阳能立管采用镀锌管，采用图 2-6 做法固定；4）水箱冷水接口和冷水立管位置如图 2-6 所示。

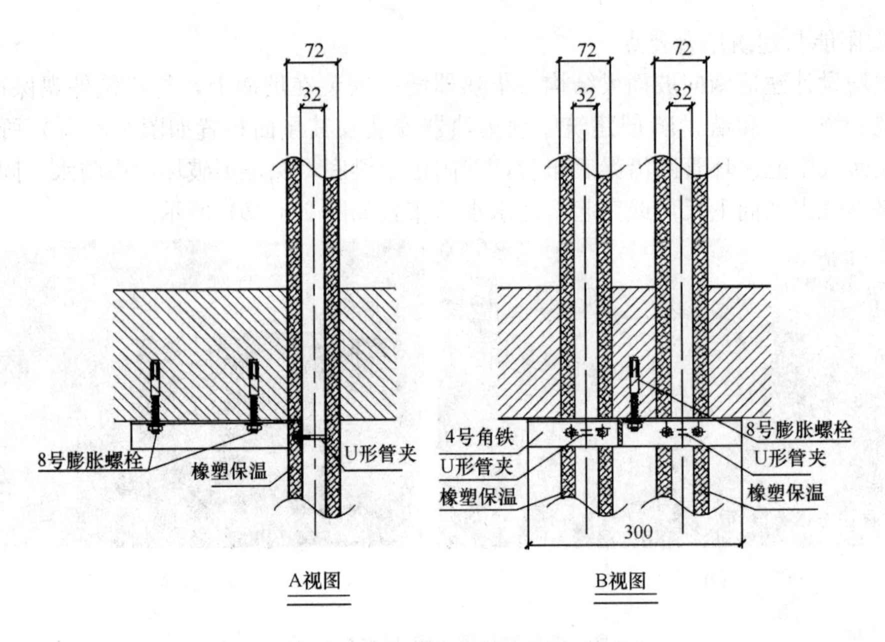

图 2-5　顶层太阳能立管安装做法剖面

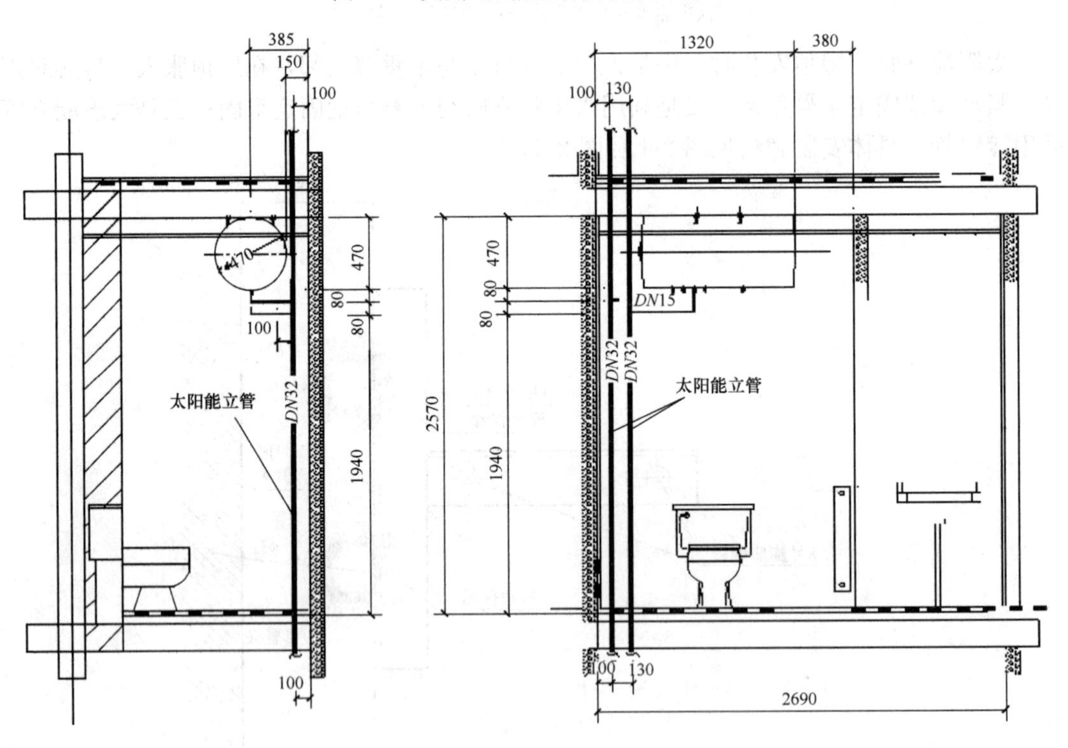

图 2-6　卫生间太阳能立管安装做法

3. 系统应用评价

(1) 系统性能评价分析

该项目工期延误，没有完整的监测数据，根据其设计值，太阳能系统月节能量为

54%～91%，全年平均保证率达到 75%以上，见图 2-7。

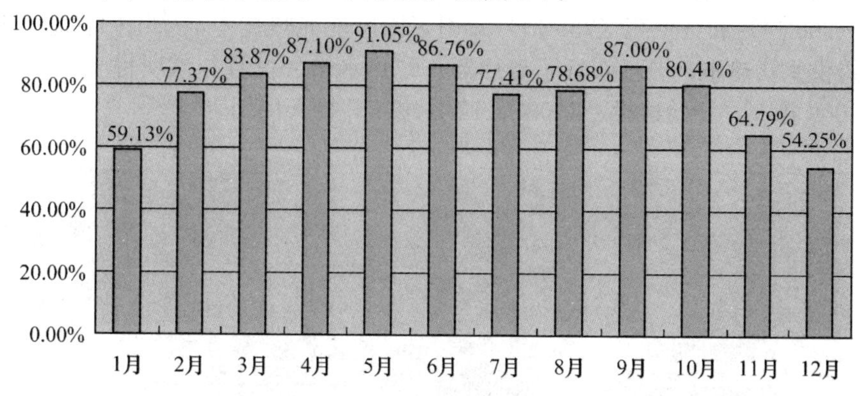

图 2-7　全年月平均太阳能保证率（设计值）

（2）示范增量成本概算

采用集中采热、分户供热太阳能热水系统与常规能源热水系统相比，增量投资概算如表 2-2 所示。

增量投资概算表　　**表 2-2**

序号	品名	数量	单价（元）	金额（元）	备　注
1	热管集热器	1492	2，795.00	4，170，140.00	SIDEO1×8L
2	支架	11936	12.00	143，232.00	
3	换热水箱 80L	2424	2，905.00	7，041，720.00	
4	落水水箱	32	3，390.00	108，480.00	
5	控制器	32	6，690.00	214，080.00	
6	循环泵	72	3470.00	250，000.00	MHI-404 \ 805
7	总价			11，927，652.00	

4. 专家点评

该项目在板式高层及小高层的经济适用居住用房中，采用集中集热、分户储水的太阳能热水系统，集热器 45°坡屋面，模块式铺设，可再生能源利用合理，技术路线可行，与建筑结合设计集成较好，项目建成后对高层、小高层利用太阳能热水系统会有其示范意义及推广价值。

开发单位：天津顶秀置业有限公司　孟　强　白建明

设计单位：北京市建筑设计研究院　林爱华　许　娜

技术支持单位：北京市太阳能研究所有限公司　颜　凯　盛国刚

2.2　上海三湘四季花城（紫薇苑和玉兰苑）

上海三湘四季花城项目（图 2-8）地处上海松江新城，小区占地约 25.9hm²，总建筑面积约 52 万 m²，全部为 14～18 层的高层住宅，是一个居住人口逾万人的住宅社区。其中紫薇苑（868 户）和玉兰苑（756 户）应用了太阳能光热技术，采用阳台壁挂式太阳能热水系统提供生活热水，灵活布置了集热器与贮热水箱的位置。该项目于 2004 年 5 月开始设计、2006 年 5 月开始建设、2008 年 11 月竣工并投入使用。

图 2-8　上海三湘四季花城（紫薇苑和玉兰苑）示范工程实景图

1. 系统设计

(1) 设计依据

《民用建筑节能设计标准（采暖居住建筑部分）》JGJ 26—95；

《夏热冬冷地区居住建筑节能设计标准》JGJ 134—2001；

《采暖通风与空气调节设计规范》GB 50019—2003；

《地源热泵系统工程技术规范》GB 50366—2005；

《建筑照明设计标准》GB 50034—2004；

《民用建筑太阳能热水系统应用技术规范》GB 50364—2005；

上海地区与建筑节能相关的地方标准和技术规程等文件。

(2) 设备选型

① 集热器：U 形管真空管集热器；

② 集热面积：3m²；

③ 水箱：150L。

(3) 系统原理

该项目采用的是阳台壁挂式太阳能热水系统（图 2-9），首先规划建筑布局保证阳台壁挂式太阳能热水系统的太阳能集热量，再通过系统设计保证太阳能集热效果。

该项目所处的上海地区冬冷夏热、四季分明，但常有寒流；降水充沛，日照较多。因此，在总体规划中通过建筑物的错落布置形成建筑之间的大栋距，实现每家每户都有充足的日照，楼间距为45～80m（见图2-10）。这样，除底层太阳能得热量略低外，其余都能得到较高的太阳辐射能量。

图2-9 阳台壁挂式太阳能热水系统

该项目采用的是分体式太阳能热水器，即集热器与贮热水箱分离，通过管道连接的太阳能热水系统。采用德国出品的高层阳台壁挂分体式太阳能承压热水器，并采用防干烧电加热辅助系统。分体式太阳能热水器采用闭式承压水箱，与传统太阳能热水系统所采用的非承压水箱相比，系统运行更稳定，热水出水压力与冷水等压，水温稳定，便于调节，提升了舒适度；采用了包含CPC聚光栅等多项技术的中高温太阳能集热器，在高层住宅有限的太阳能集热状况下能充分保证热量的采集；采用强制循环的换热方式，既满足了太阳能热水器的分体设置，又增加了系统的换热效能；增加了一套热水循环系统，用户在使用热水的时候，只需触摸延时开关，打开水龙头便可使用热水，避免长时间放冷水（见图2-11和图2-12）。

（4）控制系统设计

根据集热器出口与水箱底部的温差控制循环泵的启停，大于8℃时泵开启，低于4℃时泵关闭。

（5）系统防冻及防过热措施

若集热器温度低于防冻设定开启温度值（7℃）时，则系统自动启动防冻循环；集热器温度达到防冻设定停止温度值（10℃）时，系统停止循环。

若集热器温度高于115℃或贮热水箱上部温度高于75℃时，此时系统自动停止循环泵，保护系统。

2. 太阳能与建筑结合要点

阳台壁挂式太阳能热水系统可以灵活地布置集热器与水箱，该项目将集热器放在阳台南向，与阳台隔板充分结合，将水箱、泵站、膨胀罐与空调外机结合考虑，置于原空调机位空余位置，见图2-13。

紫薇苑方案见图2-14。玉兰苑的设计结合紫薇苑的经验，在安装角度、阳台形式等细节部分做出调整，同时避免了业主入住后因为封阳台对太阳能集热造成损失。玉兰苑方

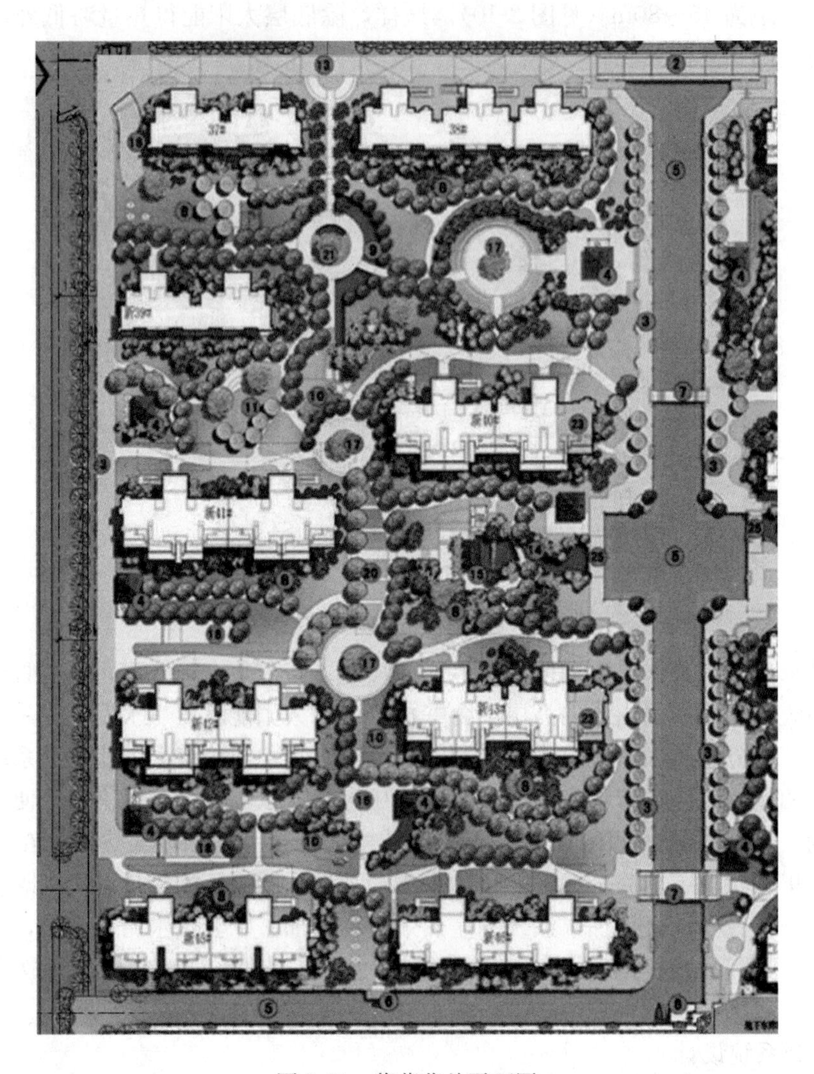

图 2-10　紫薇苑总平面图

案见图 2-15。

总结在阳台栏板安装太阳能集热器的经验有以下几点：

(1) 建筑单体设计避免大的凹凸，减少因建筑自身遮挡造成的太阳能集热时间不足，平板的板楼更合适太阳能的应用。

(2) 接近垂直安装角度与建筑立面结合非常好，但是夏天太阳高度角高，太阳能热水器在夏天的使用工况不是很理想。因此在太阳能利用率和与建筑完美结合找到一个结合点就显得非常有必要了，在玉兰苑对方案进行了调整。

(3) 阳台进深偏小，空调安装尺寸就显得有些局促，大的空调外机无法安装，建议阳台进深尺寸不能小于 1800mm。

(4) 合理考虑太阳能设备安装空间和阳台的排水设计。

(5) 设计中关注太阳能集热器的使用安全及便于维修。

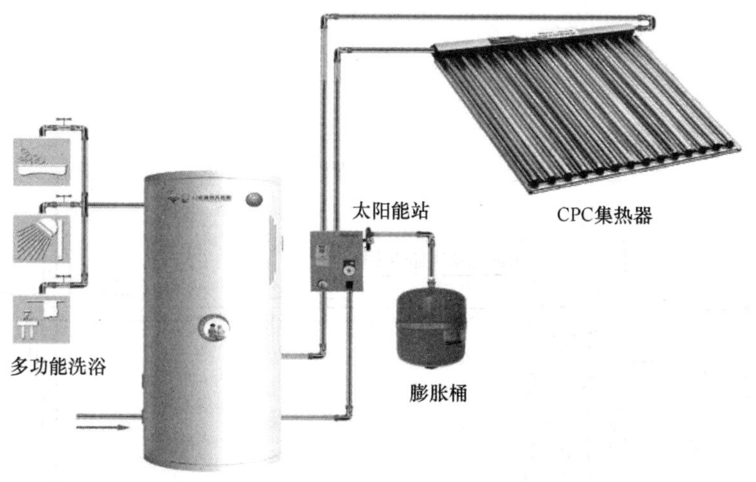

图 2-11　阳台壁挂分体式太阳能热水系统示意图

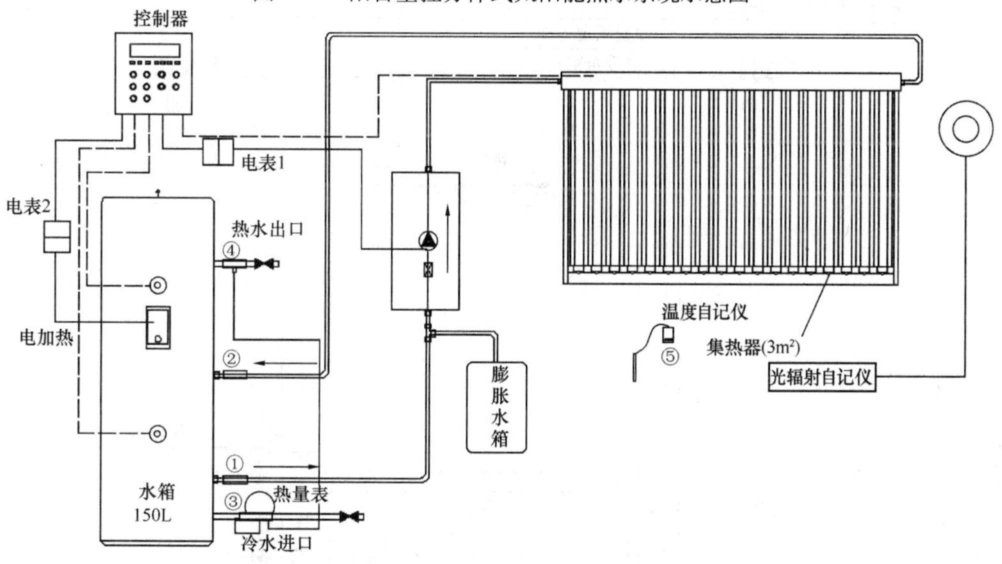

图 2-12　阳台壁挂分体式太阳能热水系统原理图

图 2-13　阳台壁挂式太阳能热水系统安装效果

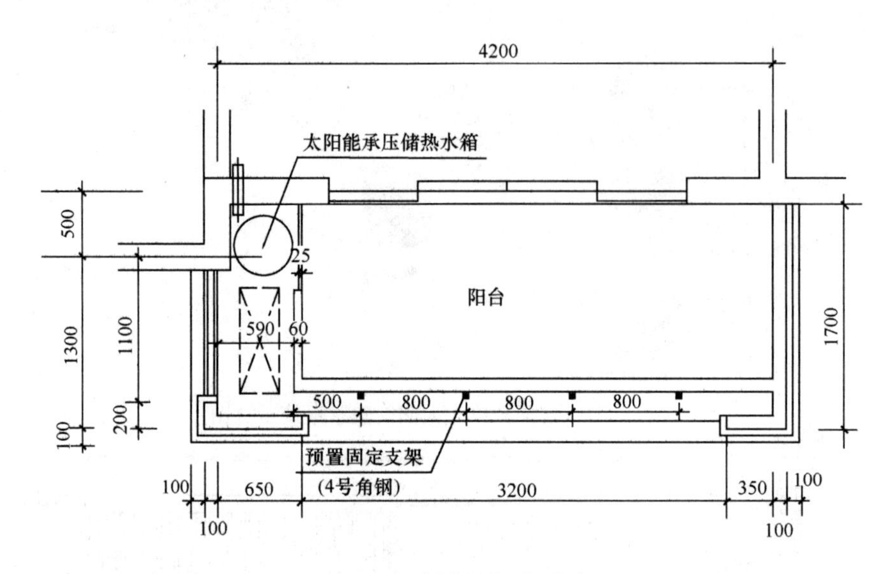

标准层阳台平面

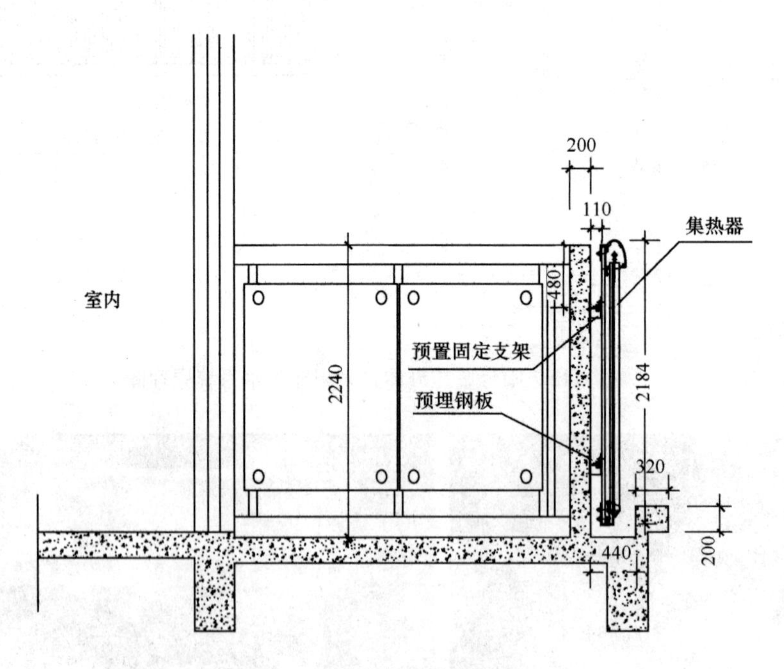

标准层阳台剖面

图 2-14　紫薇苑集热器安装方案

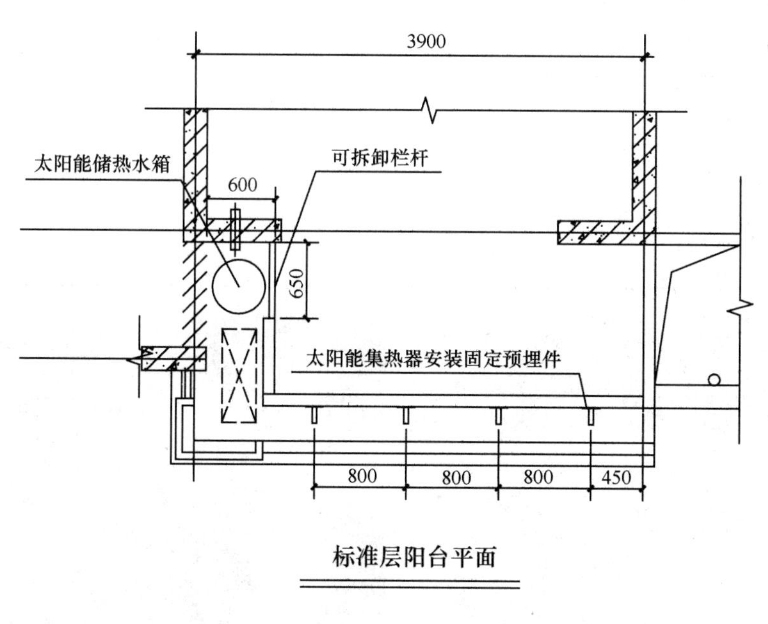

标准层阳台平面

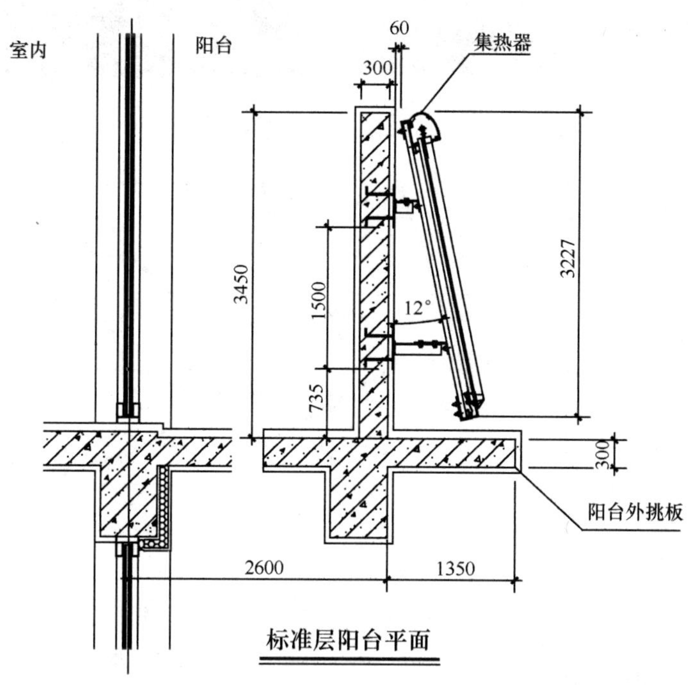

标准层阳台平面

图 2-15 玉兰苑集热器安装方案

3. 系统应用评价

(1) 系统性能评价分析

该工程采用能效评价法对不同楼层的 4 户人家采用阳台壁挂分体式太阳能热水系统的太阳能保证率进行了长期监测。4 个住户的用热水模式见表 2-3。采用定期自动记录仪对每户进行数据采集，如图 2-16 所示。图 2-17 为 4 户太阳能热水系统在 2009 年 12 月～2010 年 8 月之间的月平均太阳能保证率。

测试对象用热模式 **表 2-3**

住　　户	入住人数	用热水规律
二层用户	3	每天
三层用户	2	周三、六下午～周四、日上午
八层用户	3	每天
十二层用户	2	每天

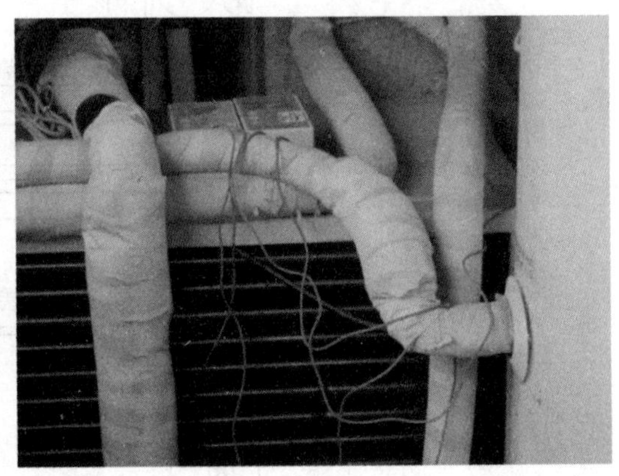

图 2-16　系统测试设备安装现场

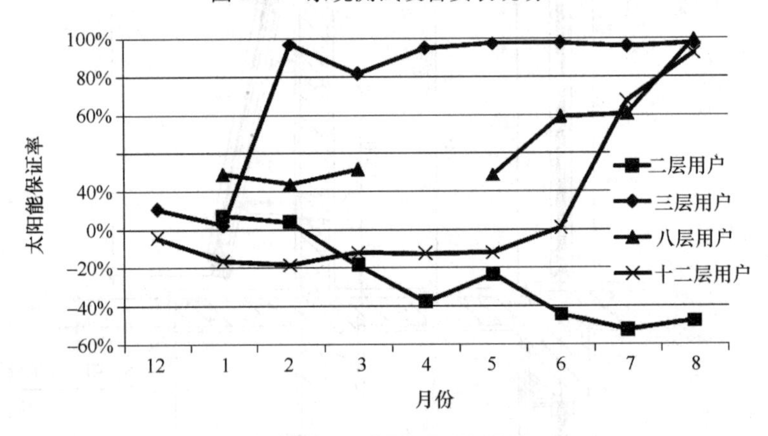

图 2-17　4 户太阳能热水系统的月平均太阳能保证率

从图 2-17 可以看出：二层用户的月平均太阳能保证率都很低，甚至基本都是负值；而三层用户的月平均太阳能保证率除 12 月份和 1 月份外，基本都高于 80%；八层用户的太阳能保证率随季节升高；十二层用户的太阳能保证率只有 7 月和 8 月较高，其余都低于 0。可见楼层高度并不是决定太阳能保证率的唯一因素。具体分析如下：

二层用户在 12 月份之后基本为 0，一方面是因为该用户在 1 月份以前设置下午 16：00～18：00 定时开启电加热，而 6 月以前早上 5：00～6：00 开启电加热，6 月份以后早上 4：00～6：00 开启电加热。早上开启电加热会给太阳能水箱一个比较高的基础水温，不利于白天太阳能的集热。

三层用户的太阳能保证率一直比较高是因为该用户一个星期只住两天，且辅助电加热一般情况下始终设置为全天关闭，仅当有需要时再手动开启。

八层用户，为常住居民，与同样是常住用户的十二层用户相比，该用户仅早上开启一个小时电加热，其余时段均不用水。

十二层用户的太阳能保证率比较低的原因是该用户辅助电加热的设定开启时间比较长，12 月到 6 月份，辅助电加热设定开启时间是 4：00～6：00 及 22：00～24：00，6 月份至 7 月份为 7：00～9：00，19：00～21：00，8 月份为电加热全关。该用户的用水高峰常常出现在凌晨以后，早上或上午定时开启电加热一方面影响集热系统得热，另一方面也造成了能量的损失和浪费。

由此可见，阳台栏板式户用太阳能热水器的实际太阳能保证率，不只是与楼层高度有关，更与用户的用水模式和采用的控制模式相关。如果用水模式和控制模式配合得当，则太阳能保证率较高，反之，太阳能保证率较低，甚至出现只有电加热效果的负值。

(2) 示范增量成本概算

该项目每户一套 150L 水箱阳台壁挂式太阳能热水系统的初投资为 10000 元，上海户用热水系统常规采用的是燃气热水器，燃气热水器的初投资为近 3000 元，因此，每户阳台壁挂式太阳能热水器的增量投资为 7000 元，1624 户的增量成本共计 1136.8 万元。

4. 专家点评

该项目太阳能热水利用技术合理（集热器放在阳台上，分散供热水），较好地解决高层住宅太阳能利用的建筑一体化。方案可行，技术通用成熟。

该项目进行了全年测试，并对集热系统日均效率、太阳能保证率、热水系统效率等性能评价指标进行了评价，分析了相关因素对太阳能系统性能评价指标的影响，尤其是用户用水模式与使用习惯对太阳能保证率的影响。

建议进行更广泛的用户调查，并对调查结果作分析。

开发单位：上海三湘（集团）有限公司　刘晓燕　肖　强

设计单位：上海城乡建筑设计院有限公司　陈　波　盛以军

技术支撑单位：上海交通大学　胡　昊　黄继红

2.3 沛县龙固中三新村

沛县龙固中三新村位于江苏沛县龙固镇纬六路南侧，总用地约 12.8hm^2，总建筑面积 14.43 万 m^2，其中住宅建筑面积 13.31 万 m^2，建筑类型主要为住宅及配套的商业和其他公用建筑。本项目为新农村改造工程，在原宅基地进行统一规划，统一设计施工。项目结合新农村建设的特点，采用与墙体一体化的太阳能集热构件技术，同时对墙体、屋面进行保温；安装太阳能集中供热热水系统，通过对强制循环的集热器和储水箱进行热交换，用一个大型储水箱储热，分户供热水。该项目于 2006 年 9 月开始设计，2007 年 3 月开始建设，2008 年 6 月竣工并投入使用，实景图见图 2-18。

1. 系统设计

(1) 设计依据

图 2-18　沛县龙固中三新村示范工程实景图

《平板型太阳能集热器技术条件》GB/T 6424—1997；

《公共和居住建筑太阳能热水系统一体化设计、施工及验收规程》DBJ 15—52—2007。

(2) 设备选型

① 集热器：平板式太阳能集热器；

② 集热器面积：屋顶集热器面积为 $140m^2$，西墙集热器面积为 $36m^2$；

③ 水箱容积：5t。

(3) 系统原理

该项目安装太阳能集中供热热水系统，利用强制循环的办法对集热器和储水箱进行热交换，用一个大型储水箱储热，然后分户提供生活热水。太阳能集热系统采用闷晒式工作原理，即集热器出水口温度达到设定值后，把集热器中的热水顶入热水箱，并且根据实际运行的工况，不同月份设定了不同的温度值。该热水系统没有使用辅助热源加热。原理图见图 2-19。

(4) 控制系统设计

控制系统采用 DCS 智能控制技术，根据不同季节自动调整出水温度，实现集热器自动上水，自动供热，智能排空，见图 2-20。

(5) 系统防冻及防过热措施

采用 DDC 智能控制和网络监控技术，解决冬天防冻、夜晚散热问题。过热问题采用温度传感器测量集热器内水温，超过设定温度即换水。

夏天，集热器内的水温设定为 60℃，如果超过为 60℃，电动球阀打开，自来水从集热器底部进入集热器，热水从集热器上部被顶进大水箱储存，春秋季集热器水温设定为 50℃，冬季集热器水温设定为 45℃，春秋季和夏季下午 5 点以后，如果集热器的水温超过 40℃，则启动排空泵，把集热器内的水打入大水箱，冬季下午 4 点半以后，就启动排空泵把集热器内的水打入大水箱，防止冬天冻裂设备。

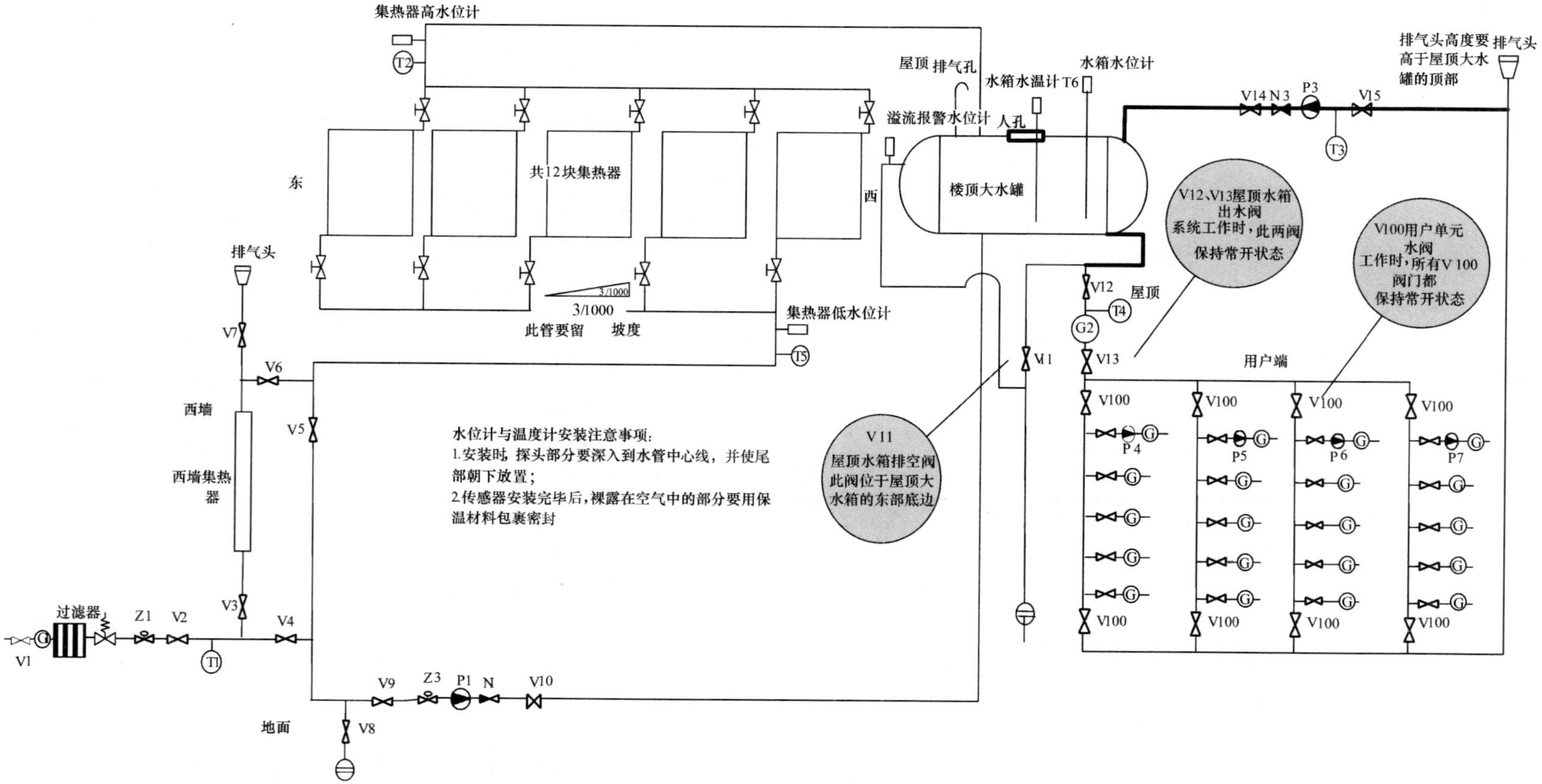

集热器高水位计
T2
屋顶
排气孔
水箱水温计 T6
水箱水位计
排气头高度要高于屋顶大水罐的顶部
排气头
V14
N3
P3
V15
T3
溢流报警水位计
人孔
东
共12块集热器
西
楼顶大水罐
V12、V13屋顶水箱出水阀
系统工作时，此两阀保持常开状态
V100用户单元水阀
工作时，所有V100阀门都保持常开状态
排气头
3/1000
3/1000
此管要留
坡度
集热器低水位计
V12
屋顶
T4
G2
V13
V7
V6
T5
V11
用户端
西墙
V5
V100
P4
P5
P6
P7
水位计与温度计安装注意事项:
1.安装时，探头部分要深入到水管中心线，并使尾部朝下放置；
2.传感器安装完毕后，裸露在空气中的部分要用保温材料包裹密封
V11
屋顶水箱排空阀
此阀位于屋顶大水箱的东部底边
西墙集热器
过滤器
Z1
V2
V3
V4
V1
T1
V9
Z3
P1
N
V10
地面
V8

图 2-19　系统原理图

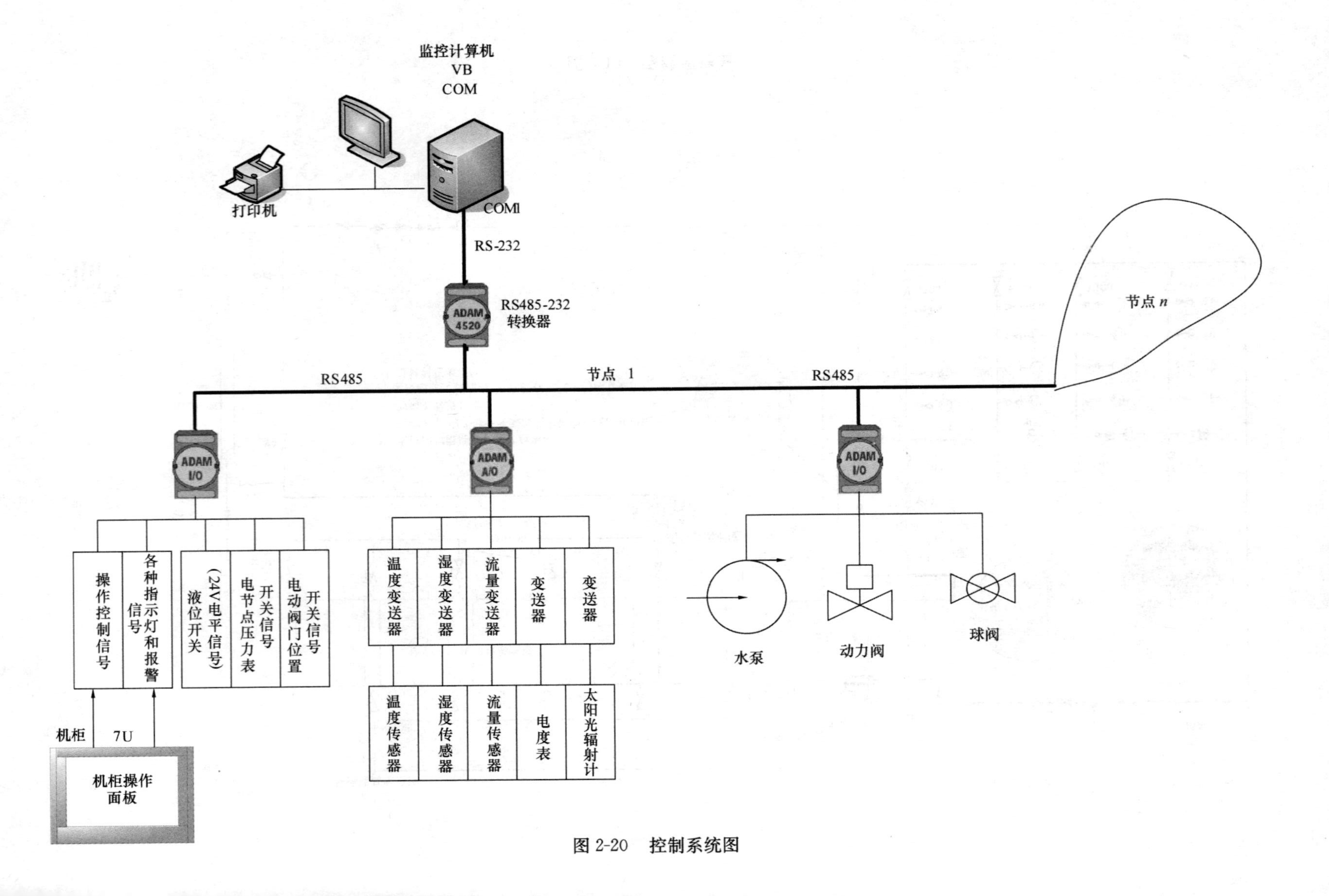

监控计算机
VB
COM
打印机
COM1
RS-232
ADAM 4520
RS485-232
转换器
RS485
节点 1
RS485
节点 n
ADAM I/O
ADAM A/O
ADAM I/O
操作控制信号
各种指示灯和报警信号
液位开关（24V电平信号）
电节点压力表开关信号
电动阀门位置开关信号
温度变送器
湿度变送器
流量变送器
变送器
变送器
温度传感器
湿度传感器
流量传感器
电度表
太阳光辐射计
水泵
动力阀
球阀
机柜
7U
机柜操作
面板

图 2-20　控制系统图

2. 太阳能与建筑结合要点

该项目中太阳能与建筑结合主要是采用了与墙体一体化的太阳能集热构件，为住户提供生活用热水和对墙体进行保温。

（1）太阳能集热器模块的设计与制作

太阳能集热器模块设计时除了构件化之外，还要考虑尽量不留缝隙或有薄截面的工作处，全部采用压配合和铆接。集热器的保温采用双面带铝箔的保温材料，不仅可以反射太阳光，还可以保护保温层，保证保温层与屋面（墙面）结合良好，透明盖板要选择透光性好、强度高、轻质、保温的材料，见图 2-21。

由于示范工程在农村地区，考虑到成本等因素，集热器采用铝合金制作，集热器的点腐蚀问题一定要重视，本工程采用自行研制的热固性丙烯酸改性树脂涂料，添加颜料、填料、分散剂、催干剂、消光剂等，专门用来对太阳能铝合金集热器进行防腐，干燥后形成的涂膜具备优良的耐高温碱性水腐蚀性能及良好的与被保护金属的附着力。丙烯酸树脂经过与其他树脂的共混改性，性能可以得到很大的提高，采用互穿网络聚合物技术，使两种以上的交联聚合物贯穿成链索状，分子链相互紧密纠缠在一起，形成新的聚合物。精心合理选择的颜填料，可极大地增强漆膜与金属基体之间的结合力，使涂层具有与基体比较接近的热膨胀系数。

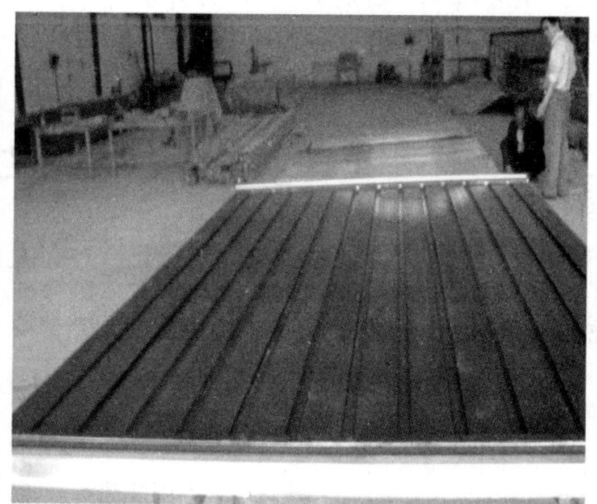

图 2-21　集热模块制作现场

（2）太阳能集热器模块的安装

模块安装一定要考虑连接处的位移变化，要选择具有一定弹性的软管，补偿太阳能集热器的金属管因温差而引起的轴、横向和角向位移，缓解由于金属的热膨胀系数而产生的热应力，避免刚性连接。同时由于集热器是铝合金制作，和其他材料制作的连接件进行连接时，要注意连接螺纹的深度和长度，避免打滑和咬丝。

模块的安装设计时，建筑师一定要注意与建筑物的连接，连接除可靠外，还应与建筑协调，不能显得突兀。安装模块时工人应严格遵守操作规程，不能破坏周围的建筑物。图 2-22 为安装现场图。

图 2-22 集热模块安装现场

3. 系统应用评价

(1) 系统性能评价分析

该工程采用能效评价法对太阳能热水系统的太阳能保证率进行了运行监测。系统2009年1月至2009年7月的月平均各太阳能保证率和热水系统效率如图 2-23 和 2-24 所示。

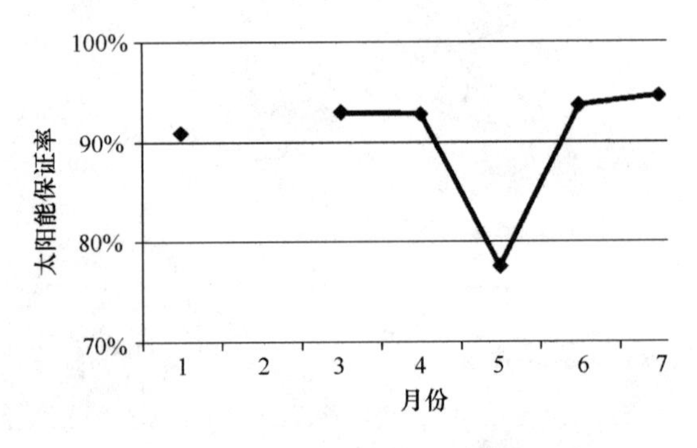

图 2-23 太阳能热水系统月平均太阳能保证率曲线图

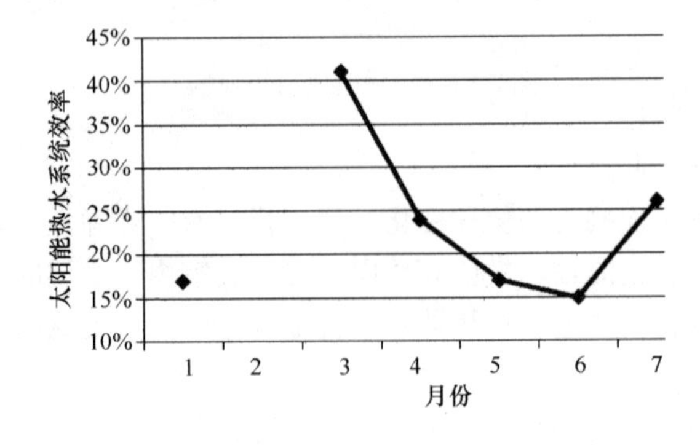

图 2-24 太阳能热水系统月平均热水系统效率曲线图

该项目热水系统没有使用辅助热源加热，因此系统常规热源耗能量为 0，太阳能保证率基本接近 1；此外，由于该项目在农村实施，用户均为农民，使用热水比较节省，用热量较低，而控制系统设定水箱的水达到高水位就停止输出集热器中的热水，致使很多热水存留在集热器中，并未被利用，从而导致太阳能热水系统效率偏低。

由此可见，对于农村用太阳能项目，采用无辅助热源的简易太阳能光热系统是合适的，其太阳能保证率很高；但同时应采用简易的、方便实用的控制系统，提高热水系统的效率。

（2）示范增量成本概算

示范建筑热水系统成本为 67.1 万元/楼，包括太阳能集热系统、控制测量系统和其他，两栋楼参与示范，总成本为 134.2 万元。若采用燃气热水器，每户投资 3000 元，两栋楼共 80 户的初投资 24 万元。因此，该示范项目的增量成本为 55.1 万元。表 2-4 为投资概算表。控制测量系统及其他概算参见表 2-5、表 2-6。

太阳能集热系统投资概算 **表 2-4**

集热器				
名称	单位	单价（元）	数量	总价（元）
模具制作费	件		9	35000
集热板	t	29000	4.2	121800
边框	t	34000	0.7	23800
连接板	t	34000	1.1	37400
支撑板	t	34000	0.9	30600
中间连接板	t	34000	0.4	13600
边支柱	t	34000	0.26	8840
压条	t	34000	0.38	12920
出水管	t	34000	0.58	17920
压条	t	34000	0.14	4760
保温材料	m^2	55	300	16500
阳光板	m^2	75	300	22500
制作费				50000
集热构件总费用				395640
安装费用				120000
总费用				515640

控制测量系统概算 **表 2-5**

设备	型号	数量	总价（元）
温度传感器（铠装热电偶＋变送器）	WZPK-166（带一体化变送器）	11	4620
水表、流量计＋变送器	LUGB0552212	6	25200
电表	KSP1/C-HT0A1S0V0	2	4000
温湿度传感器	JWSL-2AT	1	1600
电动球阀＋电动执行器	406 型不锈钢球阀＋AE10	5	11000
电节点液位计（干簧管）	UQK-H 浮球液位开关	4	2000
电节点液位计	DYS 氧化铝电节点	8	960
电节点压力表（带焊接接头）	YXC－100（1.6MPa）	5	500
水泵		5	10000

续表

设备	型号	数量	总价（元）
太阳光辐射计			5000
ADAM 模块	ADAM4017+	2	3000
ADAM 模块	ADAM4018	2	2600
ADAM 模块	ADAM4051	3	2700
ADAM 模块	ADAM4068	3	3000
ADAM 模块	ADAM4520	1	500
工控机		1	9000
其他电气及材料			50000
总费用			135680

其 他 概 算 **表 2-6**

设备	单价	数量	总价（元）
热水表	100	40	4000
管道安装	60	400	24000
保温水箱	20000	1	20000
其他材料			30000
其他费用			20000
总费用			98000

4. 专家点评

该项目为试验性示范项目，示范内容为“与墙体一体化的太阳能集热系统”，该系统兼顾供应生活热水和东西墙的保温隔热。采用的示范技术和系统为国家“十五”科技攻关计划课题的成果，具有先进性。项目地处徐州地区，为三类地区，利用太阳能供应生活热水的能源利用方式合理。

该项目完成了两栋楼的太阳能热水与建筑集成技术示范工程，实现了新型平板式太阳能集热器在新农村建设中大面积应用。采用 DCS 智能监测、控制系统，实现了热水系统集中供热，分户计量。集热构件还可提高墙体隔热保温效果。模块化平板式太阳集热器与墙体一体化良好，为可再生能源的建筑应用做了有益的探索。太阳能热水系统监测数据真实可靠，分析合理，在国内新农村太阳能利用中起到示范作用。

开发单位：沛县村镇建设综合开发总公司　李天杰　袁守俭

设计单位：中国矿业大学建筑设计研究院　马全明　彭　伟

技术支撑单位：徐州工程学院　唐　翔　张志军

2.4 逸泉山庄（大 B 区）低层居住建筑

逸泉山庄（大 B 区）低层居住建筑项目（图 2-25）位于广州市从化市街口街，毗邻流溪河畔，105 国道旁，距广州市区 50km，为高级别墅住宅小区。项目占地近 19.15 万

m^2，示范建筑面积 8.5 万 m^2，共 313 套低层居住建筑，主要为 2～3 层的单体或连体别墅，户均 4 人。项目采用了高效平板式分体承压热水系统，项目从建筑规划设计阶段将太阳能利用技术与建筑设计同步考虑，施工实施过程中做好了集热器、管路和承压水箱的安放位置及接口预留，较好地实现了太阳能热水系统与建筑结合。该工程于 2007 年底交付使用。

图 2-25　逸泉山庄（大 B 区）低层居住建筑示范工程实景图

1. 系统设计

（1）设计依据

《家用太阳能热水系统技术条件》GB/T 19141—2003；

《平板型太阳能集热器技术条件》GB/T 6424—1997；

《公共和居住建筑太阳能热水系统一体化设计、施工及验收规程》DBJ 15—52—2007。

（2）设计气象参数

① 太阳辐照量：广州地区水平面年均日辐射量为 10.204MJ/m^2，倾角为纬度（23°），倾斜面年均日辐射量约为 15.7188MJ/m^2。

②气象条件：年平均气温 23℃，年日照时数约 2000h。

（3）设备选型

① 辅助热源形式及容量：电加热，1.5kW。

② 集热器：铜铝复合平板型太阳能集热器。

③ 集热器总面积：4m^2。

④ 承压水箱容积：300L。

太阳能热水系统主要配置见表 2-7。

太阳能热水系统主要配置表 **表 2-7**

序号	项目名称	规格/型号	数量
1	平板集热器	2000×1000×80	2
2	承压水箱	容积 300L	1
3	循环泵		1
4	混水泵		1
5	循环管路		1
6	辅助加热装置	1500W 电加热器	1
7	其他辅助材料	电缆、电箱，五金配件等	若干

（4）系统原理

该项目 313 套别墅全部采用高效平板式分体承压热水系统，同时采用坡屋顶结合方式，在建筑设计阶段已将太阳能热水系统设计包括在内，见图 2-26。

（5）控制系统设计

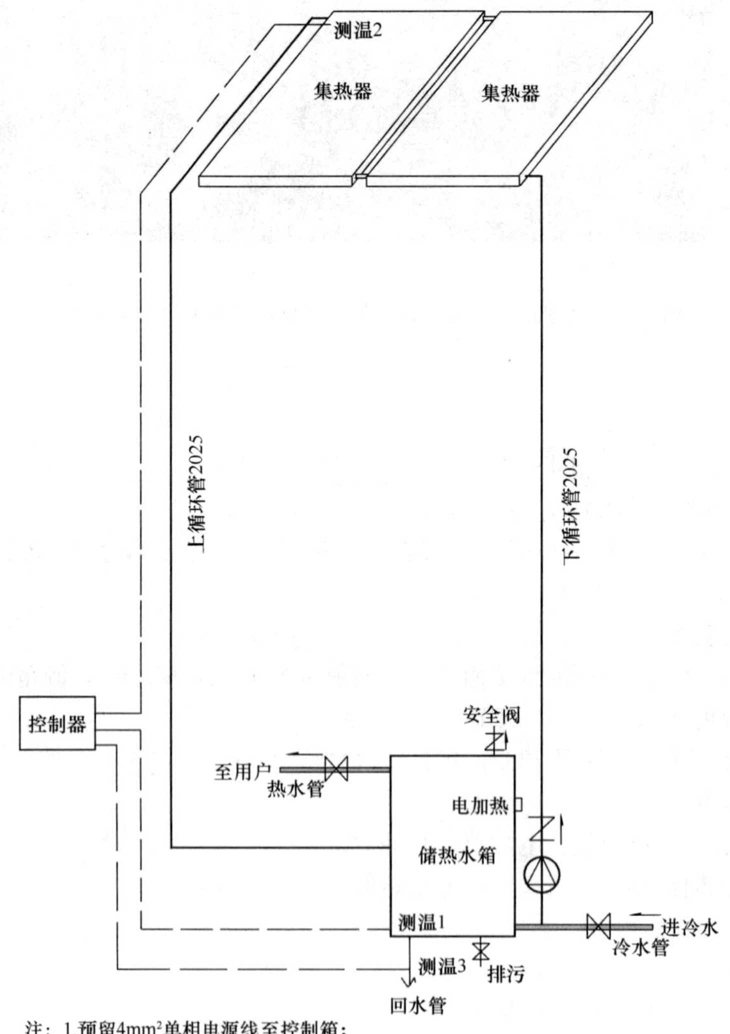

图 2-26 太阳能热水系统原理图

系统采用温差强制循环。

（6）系统防冻及防过热措施

本工程地处热带亚热带的华南地区（广州市），广州年平均气温为21.4～21.9℃，北部21.4℃，中部21.7℃，南部21.9℃。最热的7、8月，平均气温28.0～28.7℃，绝对最高气温38.7℃；最冷月平均气温12.4～13.5℃，绝对最低气温为－2.6℃（30年一遇）。因此系统不必考虑防冻问题。为了减少水箱热损失，应做好系统的保温措施。

承压水箱采用厚度为5cm的聚氨酯发泡做为保温层，水箱12小时温降在2～3℃左右。集热器背板采用厚度2.5cm的聚酯泡沫做保温层，铝型材边框采用密封胶条和密封胶工艺封装。

水箱温度采用铂电阻测温探头，电加热水温设定不超过55℃，控制器有异温报警指示，水箱上和集热器安装了安全卸压阀，当系统出现过热时，安全阀开启泄压。

2. 太阳能与建筑结合要点

在项目施工过程中，充分考虑了集热器、管路和承压水箱的安放位置预留接口。太阳能热水管道同给水排水管道一样走专门管井或设备通道，以保证建筑室内空间的整洁美观，并便于检修和维护；管道穿过屋面进入室内的部分，横管沿天花板走，竖管走专用管井，此部分面积计入建筑公共面积。

（1）太阳能集热器

别墅屋面倾角23°，顺坡架空，支架高度与瓦面相平，颜色与房顶和周围环境融合协调。安装过程中，于铺设琉璃瓦前，在屋面划定位置打4粒不锈钢M10X50膨胀螺栓，安装不锈钢集热器支架，支架脚做密封防水处理，铺瓦后将集热器安放支架上，螺栓固紧，如图2-27所示。

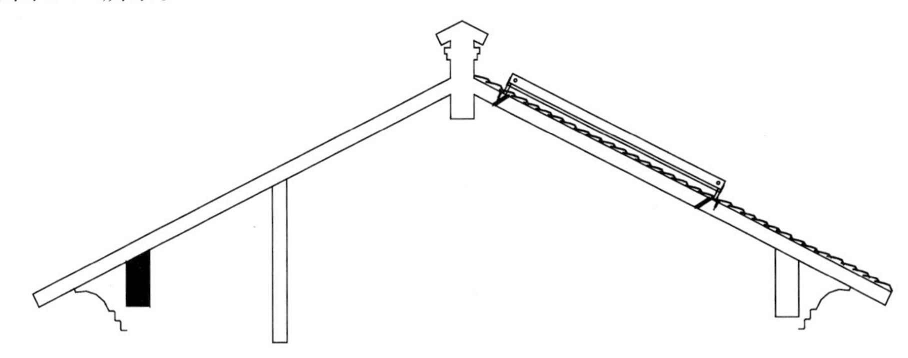

图2-27 集热器布置图

（2）管路设计

循环管道应尽量短而少弯；为达到流量平衡和减少管路热损失，下循环管绕行；设置单向阀，以防止夜间倒流散热。在屋面过程中预留穿屋面的防水套管，屋面集热器安装好后接循环管道，循环管道穿过套管进入楼内与保温水箱连接，管道与管套间空隙做防水处理。

（3）保温水箱

水箱容水量满足用户日均用水量；水箱安装位置不占用楼顶和室内空间，立式或卧式隐蔽在卫生间顶，安装位置可方便进行排水、通风，便于维护；水箱周围留有安装、检修、清洁及维护空间。采用承压式水箱保证了冷热水压力平衡，见图2-28。

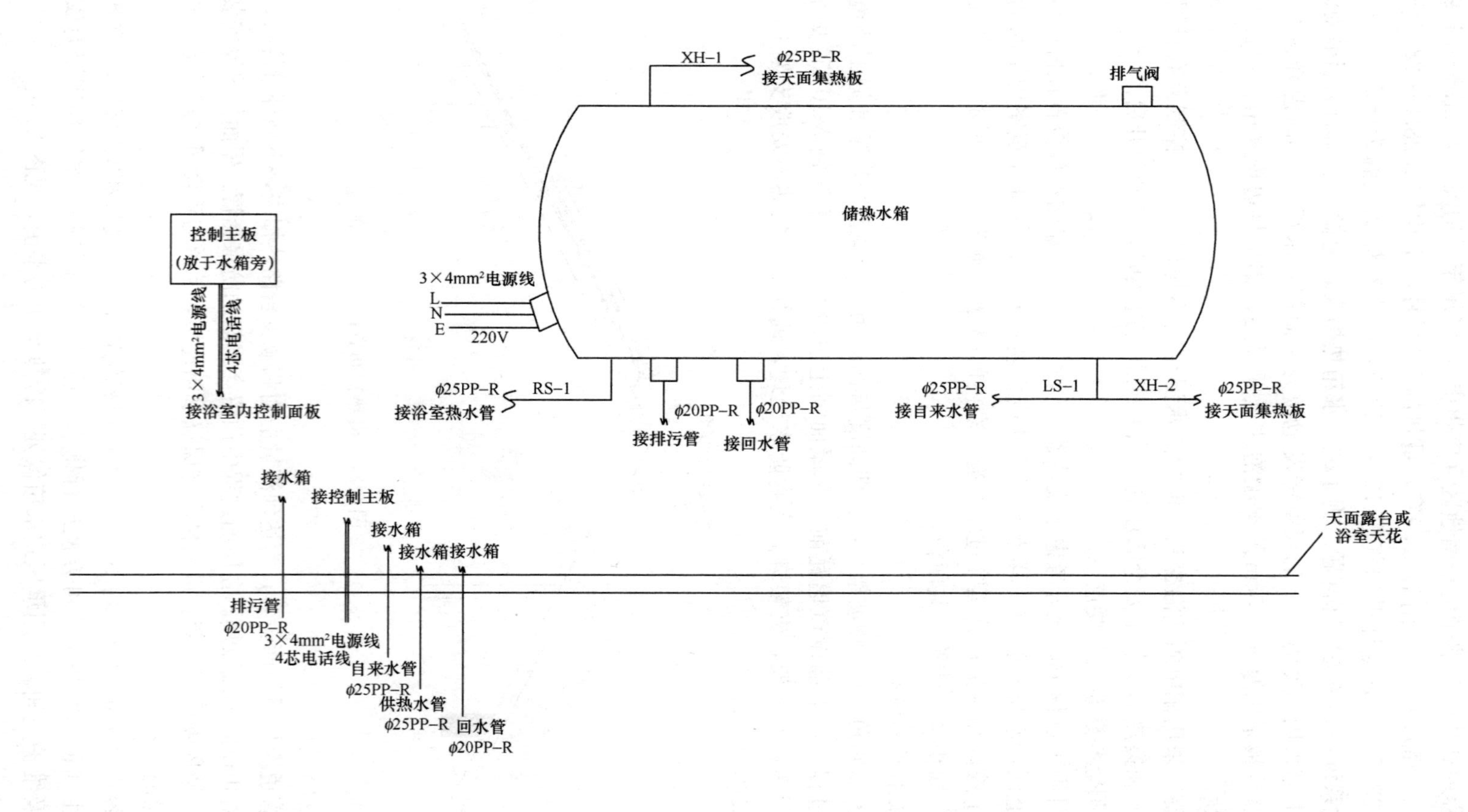
XH-1
φ25PP-R
接天面集热板
排气阀
储热水箱
控制主板
(放于水箱旁)
3×4mm²电源线
L
N
E
220V
3×4mm²电源线
4芯电话线
接浴室内控制面板
φ25PP-R
RS-1
接浴室热水管
φ20PP-R
接排污管
φ20PP-R
接回水管
φ25PP-R
LS-1
接自来水管
XH-2
φ25PP-R
接天面集热板
接水箱
接控制主板
接水箱
接水箱接水箱
天面露台或
浴室天花
排污管
φ20PP-R
3×4mm²电源线
4芯电话线
自来水管
φ25PP-R
供热水管
φ25PP-R
回水管
φ20PP-R

图 2-28　保温水箱图

系统设计与安装阶段的经验总结如下：

1）对可再生能源系统的规划设计应与用户的实际需求相匹配，这样才可最大限度地提高可再生能源的有效利用率。如，用户用水方式（淋浴、浴缸）、人平均日用水量、用水时间段等。对于承压式太阳能热水器，在高档住宅小区，一般是按24小时供水要求设计，但也可由用户自己设定工作模式。

2）集热器的设计安装位置直接决定太阳能热水的保证率，也决定电辅助加热的投入时间、用电量，因此，结合建筑围护结构集热器必须有一个最佳安装位置，这个位置必须能最大化集热、同时又能便于安装维护。所以最佳的安装位置必须与建筑同步设计，不管建筑的朝向如何，集热器的位置应尽可能保证采光时间最长，本项目中也有20%的别墅其集热器不是最佳安装位置。在以后的推广应用中建筑设计应尽可能考虑集热器的最佳布置。

3）太阳能保温水箱的安装方式与电辅助加热器的位置也非常有讲究。如水箱安装中电加热器的加热位置不能太低，否则加热水量太大耗电多，而且也会影响白天的集热效率，一般以实际平均用水量来确定加热水量。

4）温度探头的安装位置也很重要。对于强迫循环的集热系统，循环的依据来自于温度测量点的温度值，温度探头不能真实反映集热板芯和水箱的温度，其循环换热的效率会很低，而且也可能增加循环泵的用电量，长时间循环甚至不循环。这是很多太阳能热水安装工程中最常见的施工质量问题。

5）太阳能热水安装施工阶段要实现施工、维护的规范化。安装人员必须经过技术培训，系统安装完后必须进行必要的调试，保证太阳能热水器的使用是在最佳工作状态，对使用者也应作简单的操作讲解说明，减少辅助能源的消耗，实现最大化利用太阳能。

6）太阳能热水控制系统应实现操作简单、直观、智能化，保证太阳能热水器的安全运行。

3. 系统评价

（1）系统性能评价分析

该工程采用能效评价法对3栋别墅的太阳能热水系统进行运行监测。

其中，1号系统的集热板位于南向坡屋顶上，保温水箱立式隐蔽在卫生间顶，立式安装，参见图2-29。2008年3月～2008年12月的运行工况为：设置电动加热时间为18：00～20：00，晚上用水一次，用水量在140L左右，热水器设定温度为40℃。

2号系统的集热板位于坡屋顶上，集热板的位置处于水箱的下方，保温水箱卧式位于屋顶的平面楼面上，参见图2-30。2008年3月～2008年12月的运行工况为：设置电加热时间为18：00～20：00，晚上用水一次，用水量在这个时间段内有多种变化。

3号系统的集热器均位于别墅的南向坡屋顶上，顺坡架空，支架高度与瓦面相平，保温水箱卧式隐蔽在卫生间顶，卧式安装，见图2-31。2008年4月至2008年12月的运行工况为：设置电加热时间为18：00～20：00，一天仅仅晚上用水一次，用水量在120L左右。

图2-32为3套太阳能热水系统在2008年4～12月间的月平均太阳能保证率。可以看出，在2008年3、4月份的时候，太阳能保证率都很低，尤其是4月份的太阳能保证率低于0。这表明在4月份，这3套太阳能热水系统不仅没有提供热能，反而为了维持系统运行消耗了比常规热水系统更多的能量。

图 2-29　1 号太阳能热水器示意图

图 2-30　2 号太阳能热水器示意图

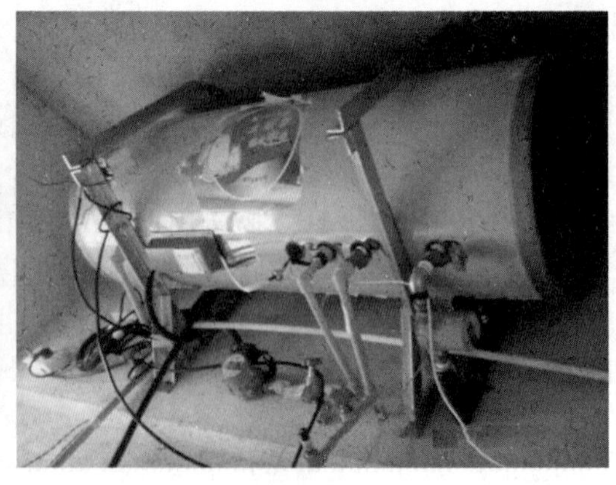

图 2-31　3 号太阳能热水器示意图

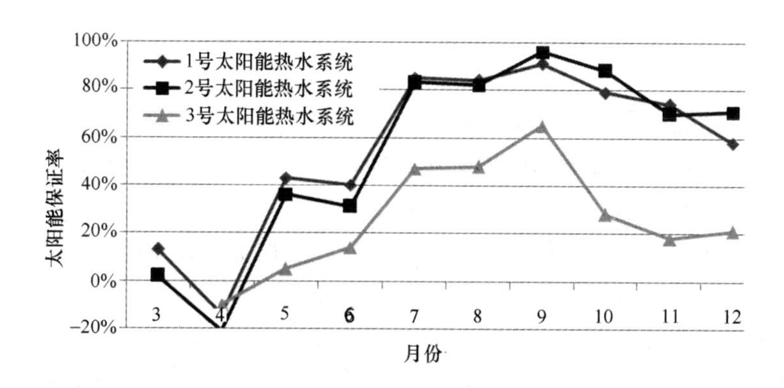

图 2-32　3 套太阳能热水系统的月平均太阳能保证率

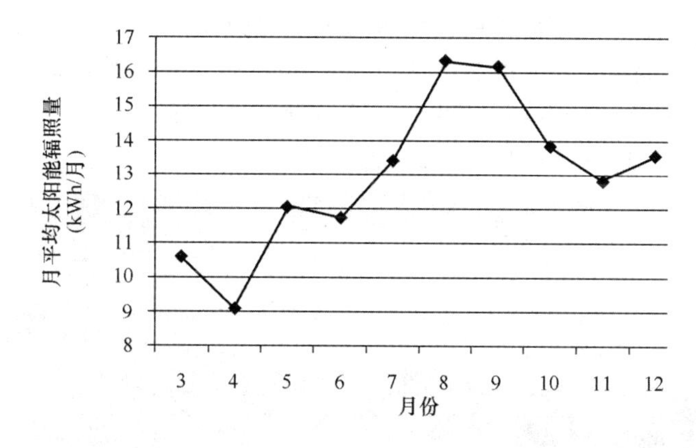

图 2-33　月平均太阳能辐照量（2008 年 4～12 月）

从图 2-33 的月平均太阳能辐照量曲线可以看出，太阳能保证率的变化趋势与太阳能辐照量的变化趋势基本一致，太阳辐照量高，则太阳保证率也高，反之，太阳保证率就低。图 2-34 为这 3 套太阳能热水系统的水箱温度曲线，可以看出，尽管在 8 月，昼夜温差也达到了 25℃左右。这说明这 3 套太阳能热水系统的保温性能较差，使得太阳能保证率受太阳能辐照量影响较大。

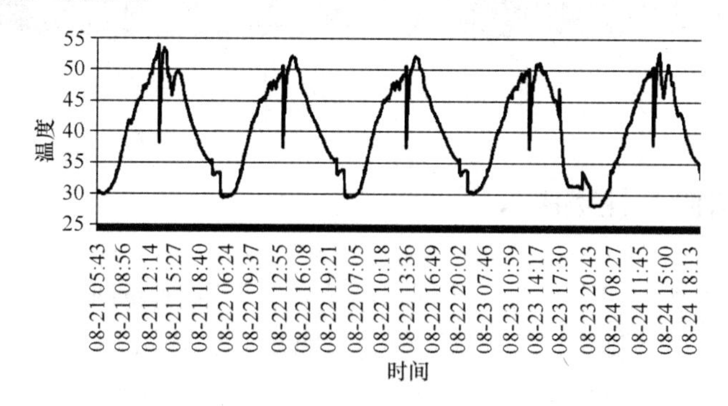

图 2-34　集热水箱水温（2008 年 8 月 21～24 日）

（2）示范增量成本概算

在 313 套别墅上全部安装太阳能热水系统。太阳能热水系统总投资 320 万元。平均每套太阳能热水系统约为 1 万，按常规 60L 电加热热水器成本约为 2000 元计算，每套太阳能热水示范增量成本约为8000元，增量成本共计250.4万元。

4. 专家点评

本项目可再生能源利用的内容是太阳能热水系统，只有部分太阳能/风能互补照明系统。根据地区气候特点及工程使用性质，在多种可再生能源利用节能环保技术中，选择采用上述方案，是比较务实和合理的。在太阳能集热器及系统的结构与建筑一体化方面，作为示范工程的重点技术环节，进行了比较深入的研究和试验，技术路线基本可行，可以为太阳能热水系统在居住建筑中的扩大应用提供示范效应。

项目按计划完成设计、施工、设备安装、设备运行等多个环节，完成了一年六个月的连续数据监测，以第一手资料为依据，编写了完善的分析总结报告。监测分析报告、经验总结报告具体、详实、合理，具有很好的参考价值，是较为成功的应用示范案例。为可再生能源与建筑集成示范工程在低层居住建筑的推广应用提供了宝贵经验。

开发单位：广州城建开发景城房地产有限公司　王　华　傅建伟

设计单位：广州珠江外资建筑设计院　黄泰赟　李　琼

技术支撑单位：中国科学院广州能源研究所　舒　杰

图2-35　宁夏“清水湾”住宅区一期示范工程实景图

2.5 宁夏“清水湾”住宅区一期工程

宁夏银川“清水湾”住宅区一期工程（图2-35）位于宁夏回族自治区首府银川市新区西部，为新建独栋或联排别墅住宅区，总建筑面积5.2万m^2，共99户。该示范项目采用与建筑结合的太阳能光热技术，主要为住户提供一年四季的太阳能生活热水。项目采用分离式非承压太阳能热水系统，与建筑结合较好。该项目于2007年投入使用。

1. 系统设计

(1) 设计依据

《民用建筑太阳能热水系统应用技术规范》GB 50364—2005；

《家用太阳热水器技术条件》NY/T 343—1998；
《家用太阳集热水器热性能试验方法》GB/T 12915—1991；
《全玻璃真空太阳集热管》GB/T 17049—1997；
《太阳热水系统设计、安装及工程验收技术规范》GB/T 18713—2002。

（2）设计气象参数

① 气象条件：银川年平均气温 8.52℃，日照时数约 8.2h/d。

② 太阳辐照量：宁夏地区水平面年直射辐射量 6024MJ/m^2，水平面年散射辐射量 2478MJ/m^2，倾角等于当地纬度，倾角面上的太阳能年辐射总量 6862MJ/m^2。

（3）设备选型

① 集热器：全玻璃真空集热管太阳能集热器；

② 集热器总面积：4.68m^2；

③ 非承压水箱容积：200L；

④ 辅助热源形式及用量：电加热，每户 2kW。

（4）系统原理

本系统为双回路闭式承压型太阳能热水系统，循环工质采用防冻液，系统具有防冻性能（－50℃以上可正常工作）；贮热水箱采用非承压开式水箱，用水时自动上水，出水带压力，用水感觉舒适，见图 2-36。

采用的过热保护措施是：当温差大于设定温差时，启动循环泵，对整个系统进行循环，使得系统的温度趋于一致；当水位小于设定水位时，温度过高，电磁阀打开，自动补水，降低系统的温度。

采用的防冻保护措施是：当系统温度低于 5℃，启动循环泵，对系统进行防冻循环。

（5）控制系统设计

① 温差集热循环控制：当集热器温度大于水箱温度 7℃时，启动系统循环，将热水取出。

② 水箱补水方案：自动快速补水、手动补水、定时上水、定温上水。

③ 辅助加热方案：定时加热、恒温加热、手动加热。

④ 防冻循环功能：集热器管路防冻、用户管路防冻。

⑤ 高温保护功能：集热器高温保护功能、水箱高温保护功能。

⑥ 其他功能：停电保持、故障报警、安全防护等。

2. 太阳能与建筑结合要点

（1）集热器的整体集成设计

结合建设工程施工的特点要求，以及避免过多交叉施工和工程周期较长的特点，将常规太阳能现场组装的设计，针对工程现场情况，特殊设计成整体，减少了集热器连接件和集热器热损失，实现整体安装与减少工程施工时间。

（2）太阳能管道口的整合设计

本项目中建筑为新建建筑，在建筑设计阶段预留了太阳能系统管路通道口，减少了太阳能管线长度，减少了每天多次的集热循环造成的集热管线热损失，无论从施工角度还是经济方面考虑，均做到了最大程度的节约。同时，合理的室内预埋管线设计保证了系统的室内管线与连接管线的美观。

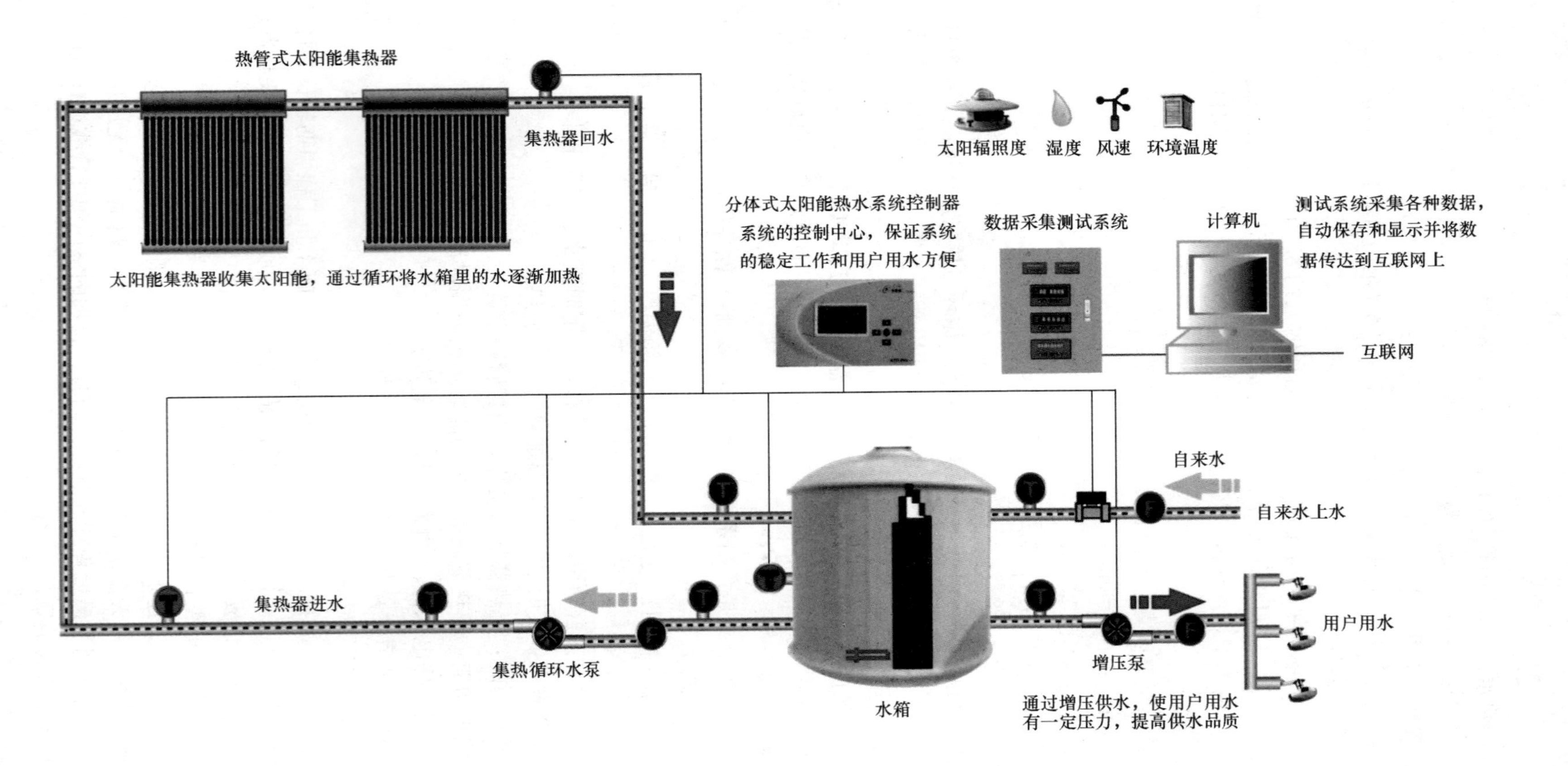
热管式太阳能集热器
集热器回水
太阳能集热器收集太阳能，通过循环将水箱里的水逐渐加热
太阳辐照度
湿度
风速
环境温度
分体式太阳能热水系统控制器
系统的控制中心，保证系统
的稳定工作和用户用水方便
数据采集测试系统
计算机
测试系统采集各种数据，
自动保存和显示并将数
据传达到互联网上
互联网
自来水
自来水上水
集热器进水
集热循环水泵
水箱
增压泵
用户用水
通过增压供水，使用户用水
有一定压力，提高供水品质

图 2-36　系统原理图

(3) 集热器与屋顶的结合

本项目的建筑集成是将集热器采用底部整体框架连接成整体，整体框架与屋顶的预埋件连接，见图 2-37。在施工过程中，基础部分的预埋按图纸规定尺寸要求，水平误差不应大于 10mm。预埋件做到坚固可靠，预埋件底部应与现浇楼面可靠连接，并做好防水、防腐。将角铁支架用不锈钢螺栓组装紧固，将坡屋顶安装螺栓套在槽框上安装夹子固定在支架上。集热器吸热面的摆放应朝南，偏东不大于 10°，偏西不大于 15°。联集器的支撑框固定在预埋件上要整齐、美观。要做到横平、竖直，连接牢固可靠，抗风能力强。

图 2-37 太阳能集热器屋顶安装设计（左）与效果（右）

(4) 水箱集成设计

水箱放置在阁楼上。将水箱从包装箱内取出，按设计图要求摆放位置进行安装施工，安装固定后其垂直度不得超过 2mm，并有可靠的接地。具体布置见图 2-38。

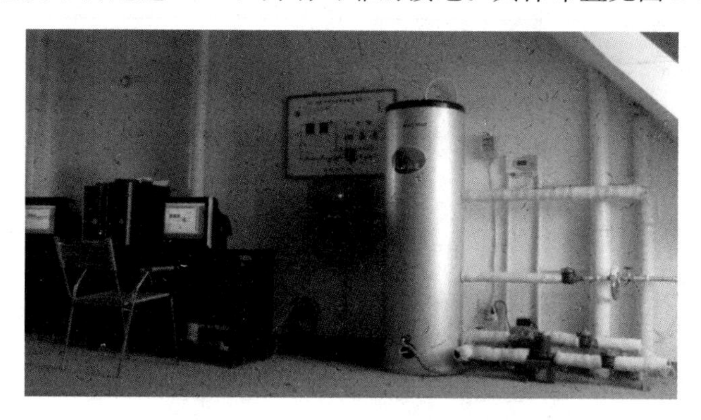

图 2-38 太阳能蓄热水箱的布置

(5) 集热器循环管路的集成设计

集热器循环管路要按设计图纸合理配置，管道要平直、美观，不得有弯曲。冷热水管水平安装时，热水管应安装在冷水管的上方，冷热水管垂直安装时，冷热水管应隔离。冷热水管道穿墙体或楼面时应设钢套管，套管穿冷热水管施工完成后，用聚氨酯现场发泡，管口采用熟石膏封口。管道保温采用 20mm 厚橡塑，外缠扎带布，扎带布颜色在坡屋顶与屋顶瓦颜色一致，在室内颜色为白色。

(6) 电源及控制线的集成设计

电源及控制线的线径必须符合设计要求。电控箱应垂直安装距地面 1200mm，偏差不大于 30mm。走线要整齐、合理，线管的固定要牢固，电控仪表及水泵的接线以设备说明为准，控制系统安装完毕后测试整体绝缘电阻不小于 10MΩ。

3. 系统评价

(1) 系统性能评价分析

该工程采用能效评价法对 4 户太阳能热水系统的用水情况进行了评价，每户 360m^2，四户系统分别属于四种建筑风格和四种用能模式，如表 2-8 所示。

测试对象用热水模式 **表 2-8**

住　户	用热水模式
1	度假用别墅，周一到周五无人使用， 周六周日每天晚上 8：00～9：00 之间使用 150L
2	周一至周五每天 8：00～9：00 之间用水约 100L，周六周日不使用。
3	每天晚上 8：00～9：00 之间用水量约 100L
4	每天用水量约 160L，上午 10：00～11：00 用水约 40L， 下午 3：00～4：00 用水约 40L，晚上 8：00～9：00 用水约 80L。

4 套不同用热水模式的太阳能热水系统，1 年运行的月平均太阳能保证率如图 2-39 所示。

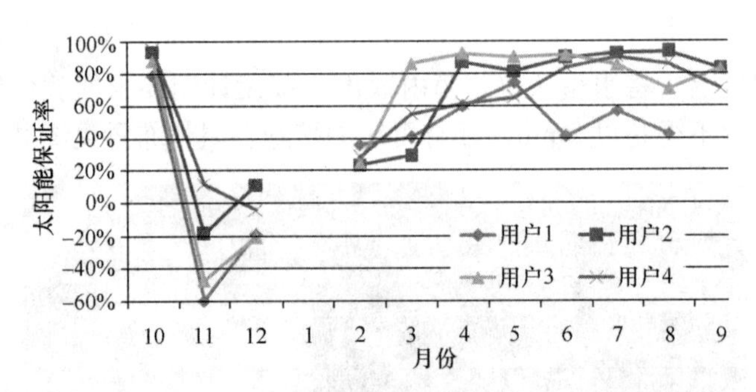

图 2-39　4 套太阳能热水系统的月平均太阳能保证率

从图 2-39 可以看出，4 套系统在 11 月～次年 2 月的月平均太阳能保证率都低于 40%，甚至在 11 月和 12 月份出现负值；在其他季节的运行效果基本满足要求，4～10 月的太阳能保证率都高于 40%。这是由于冬季运行工况与设计工况不符，用户用热量与设计值相差过大，导致系统效率、得热量、常规能源替代量都低于系统设计值。

其中，用户 1 和 2 的太阳能保证率比用户 3 和 4 略低，这是由于用户 1 和 2 采用间歇性用水模式，与设计工况 24 小时用水其实并不相符，也导致了系统效率、得热量、常规能源替代量都低于系统设计值。

因此，太阳能热水系统应根据用户实际用热水需求进行设计，从而最大限度提高太阳能保证率。

(2) 示范增量成本概算

该项目太阳能供热水系统增加的总成本为 125.19 万元，各项造价及参数如表 2-9 所示。

每户分体式非承压热水循环中心设备参数及造价　　表 2-9

序号	工程项目	规　　格	数量	单位	单价(元)	金额(元)
A	全玻璃真空管太阳集热器+电辅助补热					
1	全玻璃真空管集热器	φ58×1800mm×20 支	1	套	2360	2360
2	储热水箱(承压水箱)	200L	1	台	3600	3600
3	膨胀水箱	ER18	1	个	869	869
4	太阳能控制器	TN	1	套	1000	1000
5	过热保护		1	套	1200	1200
6	铜管	TP2ϕ15×0.8			1550	1550
7	太阳能集热循环泵	UPS 25-80	1	台	750	750
8	小计	11329				
9	安装费	600				
10	税收 6%	716				
11	合计	12645				
12	太阳能热水器总造价	12645×99=1251855 元=125.19 万元				

4. 专家点评

本项目可再生能源利用的主要内容为太阳能供应生活热水和太阳能光电用于室外照明，根据宁夏地区太阳能资源丰富和本项目主要为低层建筑的特点，利用方案基本合理，与建筑结合作了一定深度的考虑，技术路线可行。

项目选取四种典型用水工况进行为期一年的系统比对监测，采集数据完整，太阳能热水系统的指标：太阳能保证率为 60%～68%；太阳能集热系统效率 45%；热水系统效率 90%。项目进行了太阳能热水系统集热水箱、水泵与控制的集成化设备开发，为太阳能热水的推广应用提供了良好的条件

开发单位：宁夏住宅建设发展（集团）有限公司　蔺建民　王银花

设计单位：宁夏现代建筑设计院（有限公司）　孙中华　张　恒

技术支撑单位：北京创意博能源科技有限公司　邹怀松　唐　轩

2.6　辽宁盘锦润诚苑住宅小区

辽宁盘锦润诚苑住宅小区（图 2-40）位于辽宁盘锦兴隆台区惠宾街北、泰山路西，全部为新建住宅楼。小区占地面积 7.3 万 m^2，总建筑面积 14.2 万 m^2，其中居住面积 12.2 万 m^2，公共建筑 2 万 m^2，总投资 4.2 亿元，达到了节能 65%的建筑标准。小区共有住户 844 户，42 个单元，楼高 6～15 层不等，共 16 栋。该项目以每单元（22～28 户）为一套集中制热水系统，冬季利用换热器提取采暖余热作为辅助能源。该项目已于 2009 年 9 月投入使用。

1. 系统设计

(1) 设计依据

《太阳能热水系统设计、安装及工程验收技术规范》GB/T 18713—2002；

《建筑给排水设计规范》GB 50015—2003；

《真空管太阳集热器》GB/T 17581—1998；

图 2-40 辽宁盘锦润诚苑住宅小区示范工程实景图

《钢结构设计规范》GB 50017—2003；

《建筑结构载荷规范》GB 50009—2001（2006 年版）；

《家用太阳热水器技术条件》NY/T 343—1998；

《设备及管道保温技术通则》GB 4272—92；

《家用和类似用途电器的安全通用要求》GB 4706.1—1998；

《太阳能热利用术语》GB/T 12936—1991；

《家用太阳热水系统热性能试验方法》GB/T 18708—2002；

《建筑物防雷设计规范》GB 50057—94。

（2）设计气象参数

① 地理位置：东经 122°03′，北纬 41°11′。

② 大气压力：冬季，102.53kPa；夏季，100.53kPa。

③ 太阳辐照量：参照沈阳（东经 123°27′，北纬 41°44′）的水平面总日射月均日辐照量（表 2-10），年水平面总日射辐照量为 4801.56MJ/m^2。

水平面总日射月均日辐照量（MJ/m^2） **表 2-10**

月份	1月	2月	3月	4月	5月	6月	7月	8月	9月	10月	11月	12月
日均辐照量	6.41	10.60	14.72	17.48	17.05	15.53	16.37	17.49	16.21	11.05	8.46	6.42

④ 室内采暖热负荷：8500kW。

（3）设备选型

① 集热器：真空集热管太阳能集热器。

② 集热器总面积：1785m^2。

③ 保温水箱：水箱采用圆形水箱，相关参数如表 2-11 所示。

保温水箱选择表 **表 2-11**

项目 \ 水箱类型	2t	2.5t	3t	4t
尺寸	Φ1400×1500 高	Φ1400×1900 高	Φ1400×2250 高	Φ1710×1750 高
内胆材料	SUS304 不锈钢 0.6mm	SUS304 不锈钢 0.6mm	SUS304 不锈钢 0.6mm	SUS304 不锈钢 0.6mm
外胆材料	SUS304 不锈钢 0.5mm	SUS304 不锈钢 0.5mm	SUS304 不锈钢 0.5mm	SUS304 不锈钢 0.5mm
保温层厚度	55mm	55mm	55mm	55mm

④ 集热循环泵。

设计参数：工作流量：真空管型太阳能集热器按照 0.015～0.02L/（sm^2），本系统取 0.015 计算，太阳能热水系统循环流量为 0.675L/s；扬程 H>5.8m。

水 泵 选 型 表 **表 2-12**

型号	电源	输出功率(W)	最高扬程(m)	最大排水量(m^3/h)	口径(mm)
PH-251E	220V，50Hz	250	7.5	13.8	65

⑤ 热水供水泵。

设计参数：工作流量 Q=1.67L/s（20 户同时用水，每户用量 5L/min）、H=6m。

型号选择：与集热循环泵相同。

⑥ 辅助加热。

冬季供暖期间，当用水温度低于设定温度（如 42℃）时，供水通过换热器，利用供暖余热加热，保证用户的用水温度。热负荷 104.7kW，换热面积 $5m^2$。型号选择：B3－52－120－3.0，总换热面积 $6.24m^2$，具体参数见表 2-13。

换 热 器 选 型 **表 2-13**

型号	最大流（m^3/h）	设计压力（MPa）	单片面积（m^2）	最大板数（片）
B3-52	12	3.0	0.052	120

（4）系统原理

该工程以每单元（22～28 户）为一套集中制热水系统，该系统由全玻璃真空管太阳能集热器集中制热，不锈钢水箱集中储水，利用温差循环，自来水定温补水，冬季利用换热器提取采暖余热作为辅助能源，用户管道采用增压循环。全套系统采用智能控制柜全自动控制，每天可产生 50℃热水 3t，利用分户计量的方式供给用户生活所需，热水。

此外，利用采暖余热作为辅助能源技术：将太阳能集热系统与换热器相结合，解决北方冬季，特别是中高层住宅楼的采暖。由于可利用太阳能面积所限，满足不了生活所需热水的难题。具体办法是：利用换热器将冬季采暖回水的余热传递给换热器内流经的冷水，完成换热过程，再经太阳能集中供热水装置进行处理，提供给用户所需热水。系统原理图见图 2-41。

（5）控制系统设计

① 自动补水：采用电磁阀控制进水，当达到设定时间（8：00 及 2：00，可调，2 次），电磁阀自动打开，向水箱内补水，水满自停；当水位低于设定水位 H，电磁阀自动打开，向水箱内补水，水满自停；

② 循环泵保护：在供水时间段，当水位低于设定水位 H 时，循环泵 P2 自动停止；

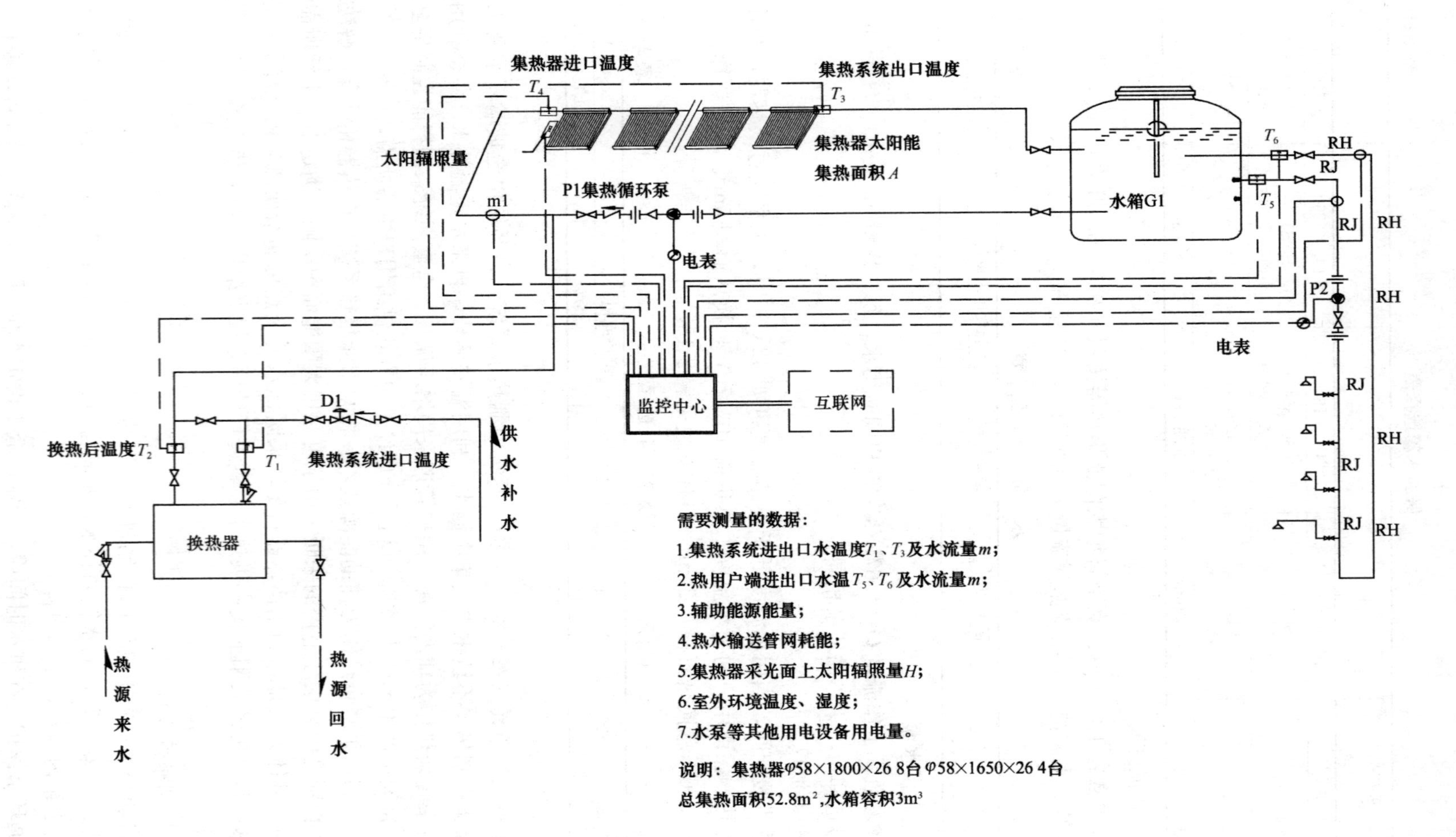

图 2-41　系统原理及测试原理图

③ 水温显示：水温显示范围为 0～99℃；

④ 水位显示：自上而下显示 1～4 级水位，无水时 1 级水位指示灯闪烁；

⑤ 循环控制：当集热器温度 T_1 比储热水箱温度 T_2 高 10℃（可调）时，循环泵 P1 自动启动，将集热器中的热水打入储热水箱，将储热水箱中的冷水打入集热器；当集热器温度 T_1 比储热水箱温度高 5℃（可调）时，循环泵停止；

⑥ 防冻控制：当防冻点温度 T_4 低于 5℃（可调）时，循环泵 P1 启动，将水箱中的热水打入管道，当防冻点温度大于 10℃（可调）时，循环泵停止；当防冻点温度 T_5 低于 2℃（可调）（循环泵出现故障）时，伴热带自动启动，达到设定温度停止，防止冬季管路冻堵；

⑦ 漏电保护：在电源进线中设置了漏电保护断路器，当相线对地出现漏电电流时电源自动切断。

2. 太阳能与建筑结合要点

该项目采用集中储水分户计量的形式，集热器布置于屋顶预制基础之上，与建筑整体结合，管道经管道井入户。防冻措施采用防冻循环和电热带。其关键技术：

一是防爆管技术，在集热器最高点设液位探头，该处无水时自动报警且循环系统停止运行。

二是防冻循环技术，在管路温度最低处设温度探头，低于设定温度时循环泵启动，达到设定温度时停止，实现防冻效果，系统正常运行时，电热带不启用。

三是利用采暖余热作为辅助能源技术。将冬季采暖回水利用换热器传热给冷水，再经集中供热水装置处理后提供给用户。

3. 系统评价

（1）系统性能评价分析

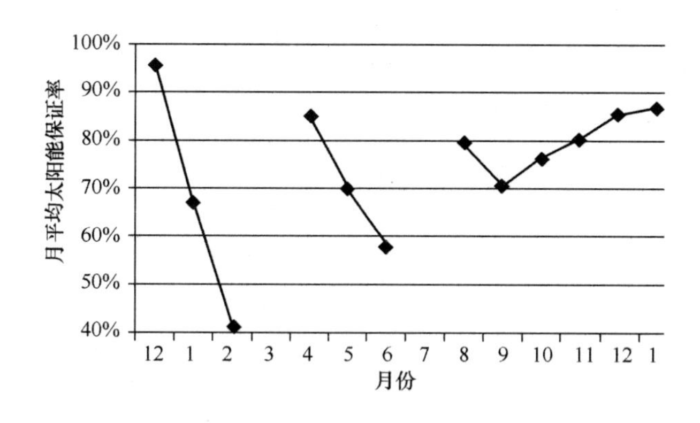

图 2-42　太阳能热水系统的月平均太阳能保证率

该工程采用能效评价法对太阳能热水系统的太阳能保证率进行了监测评价。图 2-42 为该系统 2009 年 12 月至 2011 年 1 月的月平均太阳能保证率曲线。由于该系统冬季采用集中供热系统作为辅助能源，而实际上几乎所有热源都由集中供热系统提供了，因此供暖期的太阳能保证率不能体现太阳能热水系统的性能。

（2）示范增量成本概算

太阳能系统初投资 416.3 万，燃气热水器需投资 200.6 万，该工程采用太阳能热水系统的增加投资为215.7万元。

4. 专家点评

该项目所利用的可再生能源技术主要有地源热泵和太阳能，其中太阳能主要用于供应热水。

该项目对上述两项技术分别进行了两个方案的分析比较，又进行了技术选型和集成分析，并考虑了太阳能集热器与建筑一体化的设计，使项目的具体实施方向比较明确。

开发单位：盘锦辽河石油房地产开发有限公司　俞树荣　王　罡

设计单位：沈阳都市建筑设计有限公司　李东方　魏　东

技术及其设备支持单位：盘锦东飞科技有限公司　王炳章　李长元

3 地源热泵应用工程

3.1 南京锋尚国际公寓

图 3-1 南京锋尚国际公寓示范工程实景图

南京锋尚国际公寓项目（图 3-1）位于江苏省南京市下关区小桃园公园内。项目由 14 幢 4 层公寓楼、14 幢独立别墅、一幢物业楼、一所幼儿园、地下车库和会所组成。公寓 238 套，别墅 14 幢，共 252 套。项目规划用地面积 19.75 万 m^2，建设用地面积 5.32 万 m^2，容积率 0.9，绿化率 36%，地上建筑面积 4.8 万 m^2，地下建筑面积 3.42 万 m^2，项目示范面积为 8.22 万 m^2。该项目在建筑围护结构的节能优化设计实现建筑节能 65%的基础上，综合应用毛细管辐射采暖制冷系统技术、新风溶液除湿技术，以及地源热泵系统技术等可再生能源技术。该项目于 2008 年 10 月投入使用。

1. 系统设计

（1）设计依据

《采暖通风与空气调节设计规范》GB 50019—2003；

《地源热泵系统工程技术规范》GB 50366—2005。

（2）围护结构节能措施（表 3-1）

围护结构节能措施表 **表 3-1**

	做　法	热工性能参数
屋面	20mm 水泥砂浆抹灰＋120mm 挤塑聚苯板＋200mm 钢筋混凝土板＋20mm 水泥砂浆抹灰	$K=0.35$
外墙	20mm 石材＋80mm 空气层＋70mm 挤塑聚苯板＋180mm 钢筋混凝土板＋20mm 水泥砂浆抹灰	$K=0.5$
外窗	断热型铝合金窗框＋Low－e 中空玻璃＋活动外遮阳	$K=2.0$，$S_c=0.25$

(3) 设计参数及设备选型

① 冷热负荷计算

整个项目占地面积较大，为了减少输配系统能耗，根据建筑布局分为三个独立的系统，分别为南区 A 段（1 号、10 号、11 号、12 号、15 号）、南区 B 段（2 号、3 号、5 号、6 号、7 号、8 号、9 号）、北区（1 号、2 号、会所）。

本工程的空调冷热源系统采用土壤热泵复合式系统，南区 A 段集中设置一个机房，机房位置设在地下室内。南区 A 段的冷热源系统形式为冬季地下换热器承担全部的冬季热负荷，夏季部分冷负荷由地下换热器系统承担，不足的冷负荷由冷却塔承担。生活热水集中由土壤热泵提供，单设一台高温型土壤热泵机组来提供生活热水。整个小区的冷热负荷统计如表 3-2 所示。

建筑物负荷统计表 **表 3-2**

	南区公寓	北区公寓	别墅	总负荷（kW）
冷负荷（kW）	823	527	177	1526
采暖热负荷（kW）	329	316	110	755
生活热水负荷（kW）	360	276	92	728

注：由于采用独立的溶液除湿新风系统，上述冷热负荷均为建筑物的显热负荷。

② 地下换热器设计

采用竖直埋管形式，地埋管为双 U 形 PE 管，管径 *DN*32。南区 A 段换热器 65 个，孔间距 10m，孔深 80m。

③ 设备选型（表 3-3）

设　备　选　型　表 **表 3-3**

序号	设备名称	技　术　参　数	数量	备注
1	螺杆式冷水机组（LS-1）	制冷量 269kW，功率 61kW，冷冻水供回水温度 7/12℃，冷却水供回水温度 32/37℃	1 台	MSW080℃
2	螺杆式热泵机组（RB-1）	制热量 195kW，功率 46kW，冷水供回水温度 7/12℃；地下侧机组进出水温度 30/35℃；制热量 164kW，功率 51kW，热水供回水温度 45/40℃；地下侧机组进出水温度 0/－4℃	1 台	MWH060CB
3	生活热水用热泵机组（RB-2）	制热量 227kW，功率 85kW，热水供回水温度 60//55℃；地下侧机组进出水温度 0/－4℃	1 台	MWH150AB

续表

序号	设备名称	技术参数	数量	备注
4	板式换热器	换热量260kW，夏季一次侧乙二醇温度7/12℃，二次侧水温16/19℃；冬季一次侧乙二醇溶液温度45/40℃，二次侧水温35/31℃	2台	
5	冷却塔	处理水量$80m^3/h$，湿球温度28℃	1台	
6	集水器	L=2000mm，DN250	1台	
7	分水器	L=2000mm，DN250	1台	
8	地下换热器	80m深	65个	

(4) 系统原理（图3-2）

夏季供冷：小负荷工况采用直供模式，中负荷工况采用土壤源热泵模式，高负荷采用土壤源热泵+冷水机组（调峰）模式；冬季供热及平时生活热水均采用土壤源热泵模式。

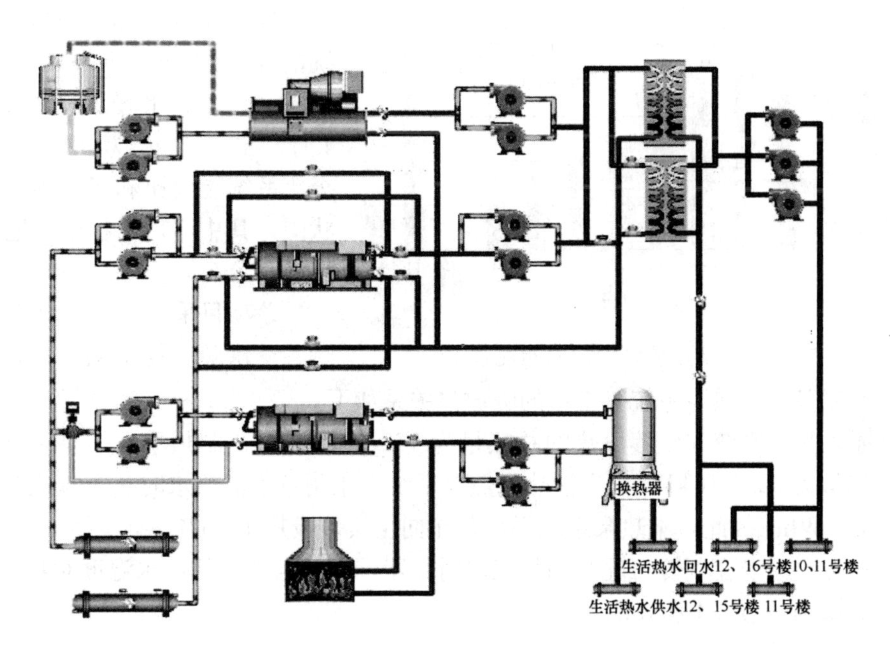

图3-2 系统原理图

(5) 控制系统原理

关于地源热泵与辐射空调控制的控制策略如下（以南区A段为例）：

① 直供模式：小负荷工况<90kW，首先设置毛细管末端供水温度为19℃，开启一台循环水泵。

② 热泵机组模式：中负荷工况90～184kW，设置毛细管末端供水温度为16℃，地源热泵启动后，改为常规控制箱自动控制，二次冷冻水仍为一台水泵运行。

③ 热泵机组+冷水机组模式：大负荷工况184～430kW，开启另一台循环水泵，同时开启冷水机组。

在每户设置一组集分水器，向该户的毛细管席回路供冷热水。集/分水器总供水管上装有电动两通阀，在各户户内公共区域设置 1 个温控器，通过温控器控制该户集/分水器总管上的电动两通阀的通断实现室内温度的控制。此外，为了防止辐射吊顶结露，在每户安装一个露点探测器，由其自动控制该户集/分水器总管上的电动两通阀的通断，作为防结露保护。

（6）土壤热平衡解决措施

本项目采用土壤源热泵系统进行冬季供暖、夏季供冷以及全年的生活热水制备，系统平均每年向土壤多吸热 12.5%，可以认为全年系统向土壤吸放热基本平衡。但是，为了确保系统实际运行效果，应注重制热工况时的土壤温度，当发现地埋管出水温度（热泵机组进水温度）低于 4℃时，应开启辅助电加热器进行加热，以减少热泵系统向土壤的吸热量，从而解决土壤全年的热平衡。

2. 系统应用评价

（1）系统性能评价分析

该工程采用能效评价法对地源热泵系统的空调（制热）工况系统能效比进行了监测。

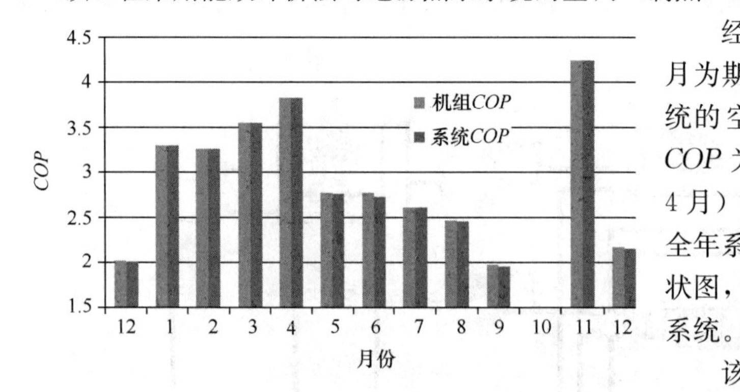

图 3-3 地源热泵月平均系统/机组能效比

经过 2009 年 12 月～2010 年 12 月为期 1 年的监测，该地源热泵系统的空调工况（5～9 月）平均 *COP* 为 2.5；采暖工况（12～次年 4 月）平均 *COP* 为 3.2，图 3-3 为全年系统能效比和机组能效比的柱状图，其中 10 月未开启地源热泵系统。

该项目采用土壤源热泵系统进行冬季供暖、夏季供冷，以及全年的生活热水制备，故热泵系统对土壤的吸放热关系如下：

制冷季，热泵系统向土壤放热的总热量为 163.9 万 kWh；制热季，热泵系统从土壤吸热的总热量为 72.3 万 kWh；生活热水热泵系统全年制备生活热水时从土壤吸热的总热量为 115 万 kWh。因此，本热泵系统平均每年向土壤多吸热 12.5%。

该地源热泵系统在制冷工况和制热工况时，不同的机组地源侧回水温度对热泵机组的性能系数的影响见表 3-4 和 3-5。

制热工况系统性能 **表 3-4**

监测数据	制热工况Ⅰ	制热工况Ⅱ	制热工况Ⅲ
热泵机组地源侧回水温度（℃）	5.4	4.4	6.5
热泵系统制热量（kW）	173.3	177.1	169.5
热泵机组耗电量（kW）	45.3	47.3	43.3
热泵系统制热平均性能系数（kW/kW）	3.83	3.74	3.91

制冷工况系统性能 **表 3-5**

监测数据	制冷工况Ⅰ	制冷工况Ⅱ	制冷工况Ⅲ
热泵机组地源侧回水温度（℃）	38.1	37.1	39.2
热泵系统制冷量（kW）	131.3	129.3	133.3
热泵机组耗电量（kW）	33.4	32.3	34.5
热泵系统制冷平均性能系数（kW/kW）	3.93	4.00	3.86

由表可见，地源热泵系统性能系数受热泵机组地源侧回水温度影响，在其他条件不变的情况下，制冷工况热泵机组地源侧回水温度越低，制热工况热泵机组地源侧回水温度越高，热泵机组的制冷（热）性能系数越大。

(2) 示范增量成本概算

与常规冷水机组＋锅炉系统相比较，地源热泵系统初投资增加 149 万元。

3. 专家点评

该项目达到当地地方节能设计标准的规定，实现 65％节能标准。主要节能技术：1. 土壤源热泵＋辐射采暖空调方式；2. 新风溶液除湿技术；3. 薄膜太阳能发电，供空调用电。并且进行了 25 年地下换热器运行温度预测，能源利用合理有推广性。

该项目采用地源热泵系统为小区集中空调系统及生活热水提供冷热源；采用光电技术，装机功率 42.4kW，实现了光电膜与建筑屋面相结合；集成采用了围护结构节能技术、地源热泵、太阳能光电等技术，取得了较好的社会与环境效益。该项目采用的地源热泵技术，在夏热冬冷地区具有很好的应用推广前景。

开发单位：南京锋尚房地产开发有限公司　张在东　陈亚君　刘　江

设计单位：北京威斯顿建筑设计有限公司　李　为

技术支撑单位：锋尚建筑节能环保系统技术（北京）有限公司　曾剑龙　江良明

3.2　浙江省建筑科学设计研究院办公楼

图 3-4　浙江省建筑科学设计研究院办公楼示范工程实景图

浙江省建筑科学设计研究院办公楼（图 3-4）地处杭州市文二路 28 号，于 1988 年竣工，总建筑面积 3593m^2，建筑物体形系数 0.256。南北朝向，主体为 6 层框架结构，建筑物总高度为 25m。地上一层为商铺及大楼门厅，二～六层为办公用房。根据办公楼实际使用情况，二～六层的办公楼供冷供热及新风由地源热泵系统供能，总改建面积为

$2978m^2$。该项目于2008年6月投入使用。

1. 系统设计施工说明

(1) 设计依据

① 地源热泵系统

《采暖通风与空气调节设计规范》GB 50019—2003；

《地源热泵系统工程技术规范》GB 50366—2005；

《建筑节能工程施工质量验收规范》GB 50411—2007。

② 太阳能光伏系统

《单晶硅太阳能电池总规范》GB 12632—90；

《地面用光伏(PV)发电系统概述和导则》GB/T 18479—2001；

《家用太阳能光伏电源系统技术条件和试验方法》GB/T 19064—2003；

《民用建筑电气设计规范》JGJ/T 16—1992；

《国际电工委》IEC 61125(2005版)。

(2) 围护结构节能改造

外围护结构原为240mm实心黏土砖砌体，屋面为现浇混凝土，以加气混凝土砌块做保温层；四个立面的窗墙比分别为：东0.11，南0.29，西0.04，北0.26。

(3) 设计参数及设备选型

环境参数。本地区的夏季始于6月份，终于9月末、至10月初，夏季持续天数在105～117天之间，平均气温27.5～29.0℃，需要制冷；冬季始于12月份，终于次年3月份，持续100～113天，平均气温4.0～5.5℃，需要供暖。

空调总冷负荷为185kW，制冷期4个月；空调的总热负荷92kW，制热期4个月。空调平均运行时间为每天10小时。

地耦换热器。本示范工程采用化学稳定性好、耐腐蚀、导热系数大、流动阻力小、热膨胀性好的高密度聚乙烯(HDPE100)管作为地埋管材料。垂直埋管选用管 $De32\times2.9mm$。内流速：单U控制在0.6～1.0m/s。

设备选型。地源热泵空调系统的机组设备初步选择如表3-6所示。

设备选型表 **表3-6**

设备型号	制冷量(kW)	输入功率(kW)	数量(台)
VKC100 WR7	88	19.7	2
PS030	3.2	0.82	21
总计	243.2	56.62	

(4) 系统原理

该地区夏季潮热有制冷除湿需求，冬季阴冷有供热需求，过渡季节部分时间温度适宜但湿度较大，有除湿需求，因此，采用基于地源热泵的温湿度独立控制系统来满足以上需求。

本工程土壤源热泵系统采用垂直埋管，共埋设42口井，每7口井一个环路，共6个环路，单井深度80m，采用两台热回收的螺杆式热泵机组，功率制冷量170kW，功率28kW，如图3-5所示。地源热泵系统结合溶液除湿系统的温湿度独立控制系统，进一步提高系统效率。闭式冷却塔辅助散热，全热回收系统提供生活热水。

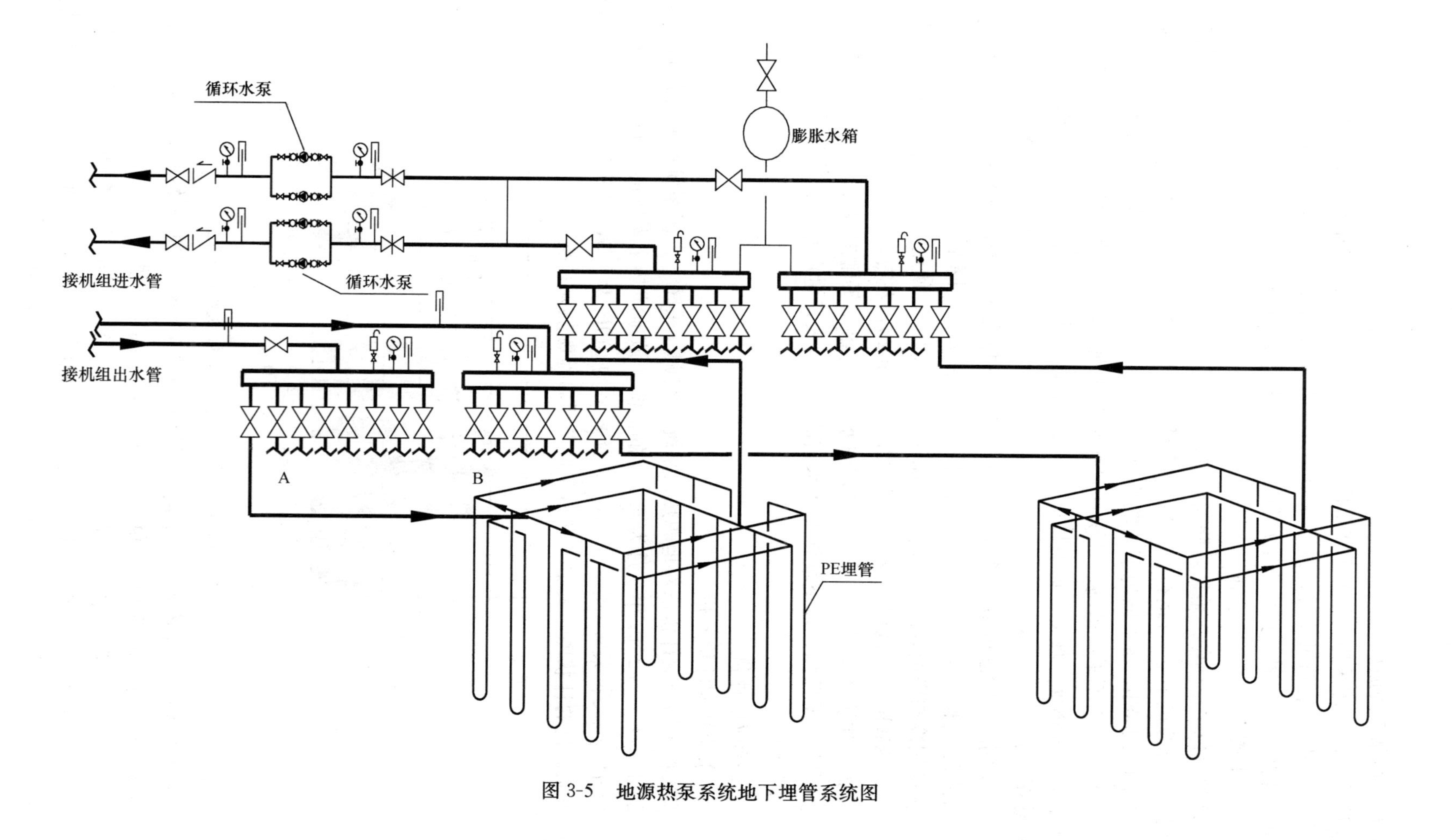

图 3-5　地源热泵系统地下埋管系统图

(5) 控制系统原理

该项目冷热源采用 KRWH1001 机组两台，夏季室外平均温度大于 28℃时开启中央空调制冷，同时开启新风系统；过渡季节室外平均湿度大于 80%开启除湿系统，冬季室外平均温度低于 12℃时开启中央空调供暖，同时开启新风系统。

(6) 土壤热平衡解决措施

该项目位于夏热冬冷地区，建筑物供冷周期为 4 个月，供热周期为 3 个月，每月开机 22 天，每天开机 10 小时运行。根据 PKPM 软件计算结果，可以推算夏季向地下的排热量为 23.8 万 kWh，冬季向地下的取热量为 11.2 万 kWh，土壤负荷不平衡率为 52.9%，远大于 10%，若不采取措施，日积月累势必造成地下温度场温度逐年升高，导致系统效率的下降且破坏地下环境。该项目从以下几个方面考虑综合技术措施，从而保证地下温度场的热平衡：

① 使用溶液除湿机组，通过热回收将夏季废热提供溶液除湿机组再生器溶液再生，夏季共消耗废热 46464kWh，可将负荷不平衡率由 52.9%降至 32.1%。

② 使用冷却塔调峰。将负荷在 171kW 以上的时间，使用冷却塔进行调峰，可调负荷量为 36580kWh，可将负荷不平衡率由 32.1%降至 20%左右。

③ 扩大建筑冬季热负荷需求，增加热水洗手、淋浴等附加服务。

④ 辅助地温监测、地下埋管的回水监测、热量表计量向地下排热量等方式控制地下热平衡问题。

2. 系统应用评价

(1) 系统性能评价分析

该项目采用能效评价法对地源热泵系统的空调（采暖）工况系统能效比进行了监测。经过 2009 年 8 月～2010 年 8 月为期 1 年的监测，该地源热泵系统的空调工况（6～8 月）平均 *COP* 为 2.9；采暖工况（11 月～3 月）平均 *COP* 为 3.5，图 3-6 为全年系统能效比和机组能效比的柱状图，其中 4 月和 5 月未开启地源热泵系统。

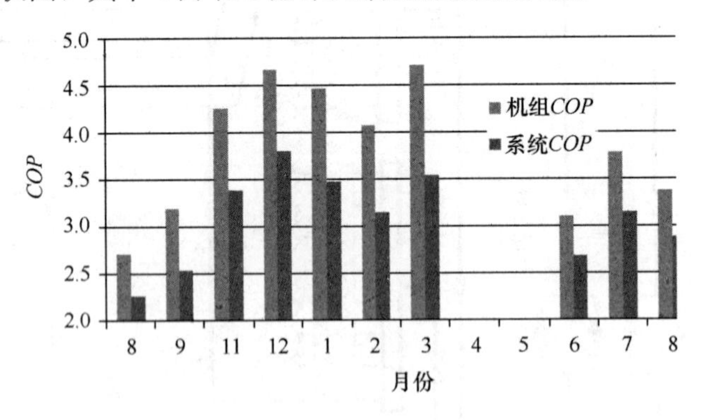

图 3-6　地源热泵月平均系统/机组能效比

该项目除评价系统效率外，更需要评价地源热泵系统与原分体空调之间的能耗比较。2009 年 6～8 月份空调工况时，供冷主要由分体空调来提供；2010 年空调工况时，8：00～18：00 的供冷主要由中央空调系统来承担；其余时段由分体空调来提供。图 3-7 为 2009 年 6～9 月份分体空调 24 小时的总能耗和地源热泵系统 8：00～18：00 的总能耗比较。由于缺乏 2010 年 6～9 月 18：00～8：00 分体空调能耗的数据，无法准确比较两个系

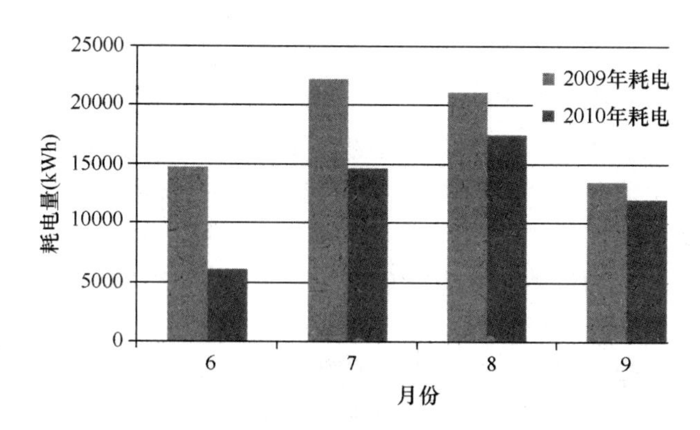

图 3-7　分体空调（24 小时）与地源热泵系统（8：00～18：00）的能耗比较

统的能耗情况。

整个运行过程中，预先设计的土壤平衡措施并未采用，图 3-8 为该系统运行一年期间土壤温度的变化曲线，可以看出，土壤的自然恢复能力足以满足第二年的运行。

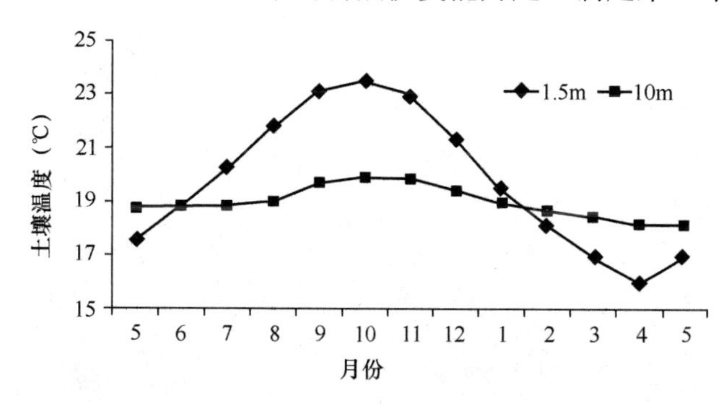

图 3-8　全年土壤温度变化曲线

（2）示范增量成本概算

增量成本主要发生在地源热泵投资部分，将系统与当地常规能源系统——风冷热泵进行增量比较，增量成本为 34 万元，具体见表 3-7。

两种方案投资表（单位：万元）　　**表 3-7**

设　备	风冷热泵	地源热泵
制冷主机	35	22
机械除湿新风机组	5×0.8	0
溶液除新风机组	0	13
再生器	0	13
冷冻水循环泵	0.5	1
冷却水循环泵	0	0.5
钻孔及其埋管费用	0	30
热泵热水机	6	0
合计	45.5	79.5

3. 专家点评

该项目地处夏热冬冷地区，既有空调冷负荷，也有采暖热负荷，采用地源热泵系统的能源利用形式合理。进行了土壤热响应测试和地质勘测，得到试验井的散热、取热指标值，作为系统的设计依据。以冬季采暖热负荷作为地源热泵系统的设计依据，夏季空调采用冷却塔辅助，以达到土壤的热平衡。设计过程科学合理。

该项目采用地源热泵系统，满足了建筑物供冷供热需求，采用冷凝热回收技术制备生活热水，提高了可再生能源综合利用效率。系统具有较完善的监测功能，涵盖了地埋管区域土壤温度监测、室外温度监测与空调系统运行参数监测，积累了一年的系统监测数据。对夏热冬冷地区公共建筑的地源热泵应用有较强的针对性，经济、社会效益显著，示范作用良好，对推广应用具有指导意义。

开发单位：浙江省建筑科学设计研究院有限公司　李海波　曾宽纯　陆麟

设计单位：浙江省建筑科学设计研究院建筑设计院　李海波　曾宽纯　陆麟

技术支撑单位：浙江省建筑科学设计研究院有限公司　李海波　曾宽纯　陆麟

3.3 广西大学学生公寓

图 3-9　广西大学学生公寓示范工程实景图

广西大学学生公寓（图 3-9）位于南宁市大学路 100 号，该区域水文地质较好，具有实施亚热带地源热泵节能系统得天独厚的自然资源。该工程共有 83844m^2 采用了地源热泵热水系统和太阳能－地源热泵耦合热水系统，为在校学生提供生活热水。该项目于 2008 年 9 月投入使用。

1. 系统设计

（1）设计依据

《地源热泵系统工程技术规范》GB 50366—2005；

《通风与空调工程施工质量验收规范》GB 50243—2002。

（2）设计参数及设备选型

① 制热负荷

居住人数总共 13974 人，按每人每天 40kg50℃洗浴热水设计，其日供应热水量为 558.96t，配置机组总制热负荷为 1787kW。

② 地下换热器，如图 3-10 所示。

③ 设备选型

表 3-8 为主要设备配置。

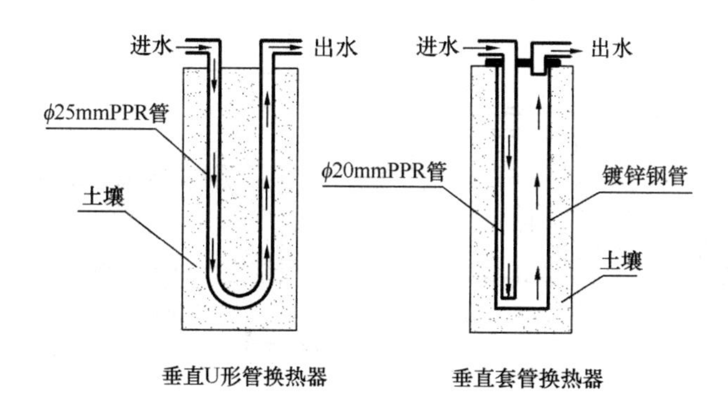

图 3-10 地下换热器示意图

主 要 设 备 配 置 **表 3-8**

序号	设备名称	数量	单位	规格型号
1	地源热泵热水设备	36	台	D5、8、15、20HP
2	热循环水泵	72	台	IRG100-160（Ⅰ）
3	自来水加压泵	36	台	SLS40-100（Ⅰ）型
4	地能水泵	36	台	ISG100-125
5	不锈钢保温水箱	23	个	120T
6	管材（含弯头、水阀等）		批	PP-R 热水管
7	土壤打井	613	口	
8	IC 智能控水系统	3171	个	CL-M925S
9	太阳能板	7500	M2	平板型

（3）系统原理

如图 3-11 所示，采用土壤换热器与太阳能集热板并联形式，太阳能供热系统和地源热泵系统互补间歇使用，土壤换热器与太阳能集热板并联形成了两种运行模式，模式一：太阳能系统所采集的热量直接作为生活热水。模式二：阴天或夜间地热能制热水循环—冷冻水循环，把地下热能吸收，送到蒸发器；制冷剂循环，把冷冻水吸收来的热能在蒸发器释放给制冷剂，并经过压缩机压送到热交换器放热，交换给生活热水，使热水升温。

（4）土壤热平衡解决措施

一是本系统设备每天运行时间为 15h 左右，每天有三分之一以上的时间停歇运行，给土壤温度场的恢复提供了充足的时间；二是该地区地下水渗流速度较快（有些地方达 4.77m/d），约为一般地下水渗流速度的二十多倍，而制热水吸取地下的热量与北方取暖相比要少得多，设备停机 2 小时后，渗流地下水带来的热量又迅速恢复土壤热能；三是，太阳能辐射和丰富的降雨都会不断地给大地补充大量的热能。因此，该系统不存在土壤热平衡问题。

2. 系统应用评价

（1）系统性能评价分析

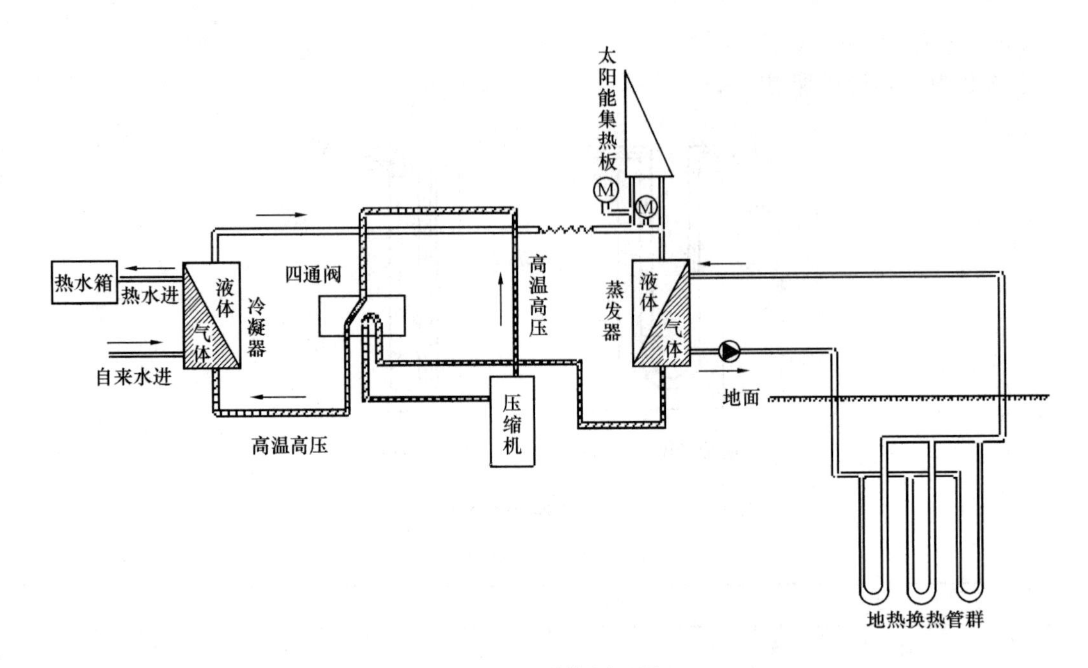

图 3-11　系统原理图

该工程采用能效评价法对两个楼的两套地源热泵热水系统的热水工况系统能效比进行了监测，见图 3-12 和图 3-13。

根据两套地源热泵热水系统从 2010 年 4 月～2010 年 11 月的监测数据，其中 4 号楼 6、7、8 月停运，5 号楼 7、8 月停运。4 号楼地源热泵热水系统的系统平均 *COP* 在 4.1 左右，机组 *COP* 在 4.3 左右；5 号楼地源热泵热水系统的系统平均 *COP* 在 3.9 左右，机组 *COP* 平均在 4.1 左右。

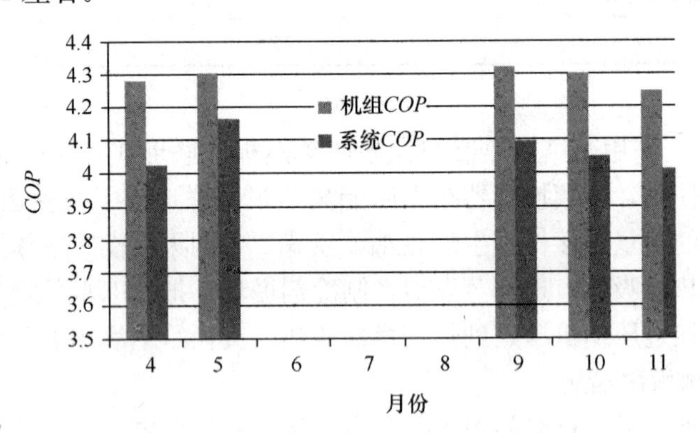

图 3-12　4 号楼地源热泵月平均系统/机组能效比

(2) 示范增量成本概算

本示范工程新增投资 1055.3 万元，增量成本为 125.9 元/m^2。

3. 专家点评

该项目应用地源热泵系统向既有建筑供应生活热水，一是对建筑的围护结构进行节能改造，改善室内热环境；二是将太阳能集热器直接作为热泵的蒸发器，能源利用合理，可以减少向土壤取热的量。增量成本比较合理。

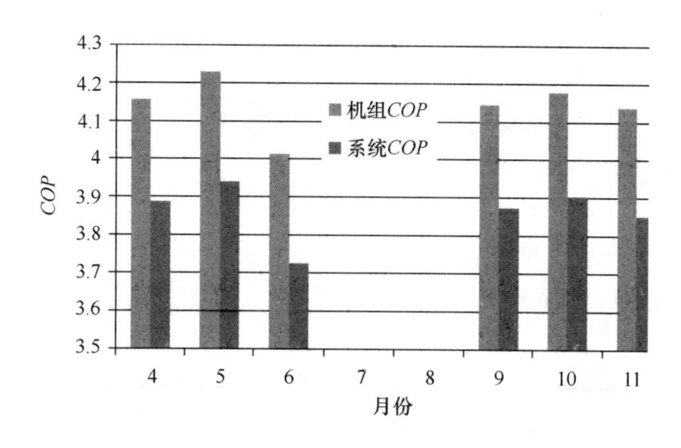

图 3-13　4 号楼地源热泵月平均系统/机组能效比

开发单位：广西大学

设计单位：广西大学设计研究院

技术支撑单位：广西钧富凰地源热泵有限公司、广西大学地源热泵研究所　胡映宁　林　俊

3.4　湖北出入境检验检疫局综合实验楼

图 3-14　湖北出入境检验检疫局综合实验楼示范工程实景图

湖北出入境检验检疫局综合实验楼示范工程（图 3-14）建设地点在汉阳琴台路北侧，总用地面积 25251m^2，总建筑面积 27074m^2。主楼地下 1 层，地上 19 层，东西副楼各 5 层。主楼地下机房、一～十九层办公楼、西附楼三～五层（21000m^2）采用地埋管地源热泵空调系统作为建筑物的冷热源及提供卫生热水。该项目于 2009 年 9 月投入使用。

1. 系统设计

（1）设计依据

《采暖通风与空气调节设计规范》GB 50019—2003；

《地源热泵系统工程技术规范》GB 50366—2005；

《高层民用建筑设计防火规范》GB 50045—1995（2005 年版）；

《办公建筑设计规范》JGJ 67—89；
《汽车库建筑设计规范》JGJ 100—98；
《汽车库、修车库、停车场设计防火规范》GB 50067—1997；
《环境空气质量标准》GB 3095—1996；
《大气污染物综合排放标准》GB 16297—1996；
《生物安全实验室建筑技术规范》GB 50346—2004。

（2）围护结构节能措施（表 3-9）

表 3-9

	朝向	构造	面积（m^2）	窗墙比	传热系数（W/（m^2.K））
外围护体系	屋顶	1. 25mm 干硬性水泥砂浆； 2. 20mm 细石混凝土； 3. 20mm 水泥砂浆； 4. 90mm 沥青膨胀珍珠岩； 5. 20mm 挤塑聚苯乙烯泡沫板	3471		墙体：0.58 天窗：—
外围护体系	东向	1. 30mm 聚苯颗粒保温砂浆； 2. 250mm 加气混凝土砌块； 3. 20mm 水泥砂浆	1488	0.18	墙体：0.92 窗：1.9
	南向	1. 30mm 聚苯颗粒保温砂浆； 2. 250mm 加气混凝土砌块； 3. 20mm 水泥砂浆	3241	0.35	墙体：0.92 窗：1.9
	西向	1. 30mm 聚苯颗粒保温砂浆； 2. 250mm 加气混凝土砌块； 3. 20mm 水泥砂浆	1620	0.19	墙体：0.92 窗：1.9
	北向	1. 30mm 聚苯颗粒保温砂浆； 2. 250mm 加气混凝土砌块； 3. 20mm 水泥砂浆	3170	0.33	墙体：0.92 窗：1.9

（3）设计参数及设备选型

1）空调冷热负荷

① 主楼一层、五～十八层办公室

空调逐时冷负荷综合最大值：1800kW，热负荷：1350kW。

② 一层包装实验室

空调逐时冷负荷综合最大值：22kW，热负荷：6kW。

③ 二层 PCR，电泳，前处理实验室

空调逐时冷负荷综合最大值：33kW，热负荷：8kW。

④ 二层无菌实验室

空调逐时冷负荷综合最大值：44kW，热负荷：12kW。

⑤ 二层纺织品实验室

空调逐时冷负荷综合最大值：22kW，热负荷：6kW

⑥ 九层计算机房

空调逐时冷负荷综合最大值：36kW，热负荷：12kW

综上，夏季空调逐时冷负荷综合最大值：主楼1830kW，单身公寓、附楼实验室895kW，共2725kW。冬季空调总热负荷：主楼1300kW，单身公寓、附楼实验室360kW，共1660kW。

2）地下换热器设计

土壤换热器采用垂直钻孔埋管的方式，在室外分12个区域进行埋管：形式为双U形PE管 *De*25，钻井直径为150mm，井距采用5×5m，井深95m，总钻井数量为324。

3）设备选型（表3-10）

空调机组采用两台制冷量为940kW部分热回收地源热泵机组，夏季提供7/12℃冷水，冬季提供至空调末端装置使用；同时提供50/55℃卫生热水至热水箱供单身公寓、实验室和厨房使用。过渡季节及冬季选用一台200kW全热回收地源热泵机组提供50/55℃卫生热水至热水箱供单身公寓、实验室和厨房使用。

设备选型表 **表3-10**

主要设备	型　　号	数　量
部分热回收地源热泵机组	Q_L=940kW，Q_H=972kW，Q_R=76kW，功率：制冷176kW，制热208kW，供回水温℃：制冷工况7/12℃，30/35℃；制热工况40/45℃，10/5℃。卫生热水50/55℃。	2
全部热回收地源热泵机组	Q_R=200kW，功率：制热35kW380V，供回水温℃：制热工况50/55℃，10/5℃。	1
地源侧循环水泵	ISR150-125-315A N=22kW 1450r/m L=187M³/h H=32M	2
冷冻水循环水泵	ISR150-125-315 N=30kW 1450r/m L=210m³/h H=32M	2
冷冻水循环水泵	ISR150-125-160A N=7.5kW 2900r/m L=380m³/h H=28M	2

（4）系统原理

单身公寓、东附楼实验室（5000m²）采用VRV空调单独进行制冷及供暖。主楼一～十九层办公楼、地下机房、西付楼三～五层（21000m²）采用地埋管地源热泵空调系统作为建筑物的冷热源及提供卫生热水。

设计主楼夏季冷负荷为1830kW，冬季负荷为1300kW，所需卫生热水负荷200kW。

土壤换热器采用垂直钻孔埋管的方式，在室外分12个区域进行埋管：形式为并联双U形PE管 *De*25，钻井直径为150mm，井距采用5×5m，井深95m，设计钻井数量为311总，实际钻孔数量327口。

空调机组采用二台制冷量为940kW部分热回收地源热泵机组，夏季提供7/12℃冷水，冬季提供45/40℃热水，至空调末端装置使用；同时提供50/55℃卫生热水至热水箱供单身公寓、实验室和厨房使用。过渡季节及冬季选用一台200kW全热回收地源热泵机组提供50/55 ℃卫生热水至热水箱供单身公寓、实验室和厨房使用，见图3-15。

（5）控制系统原理

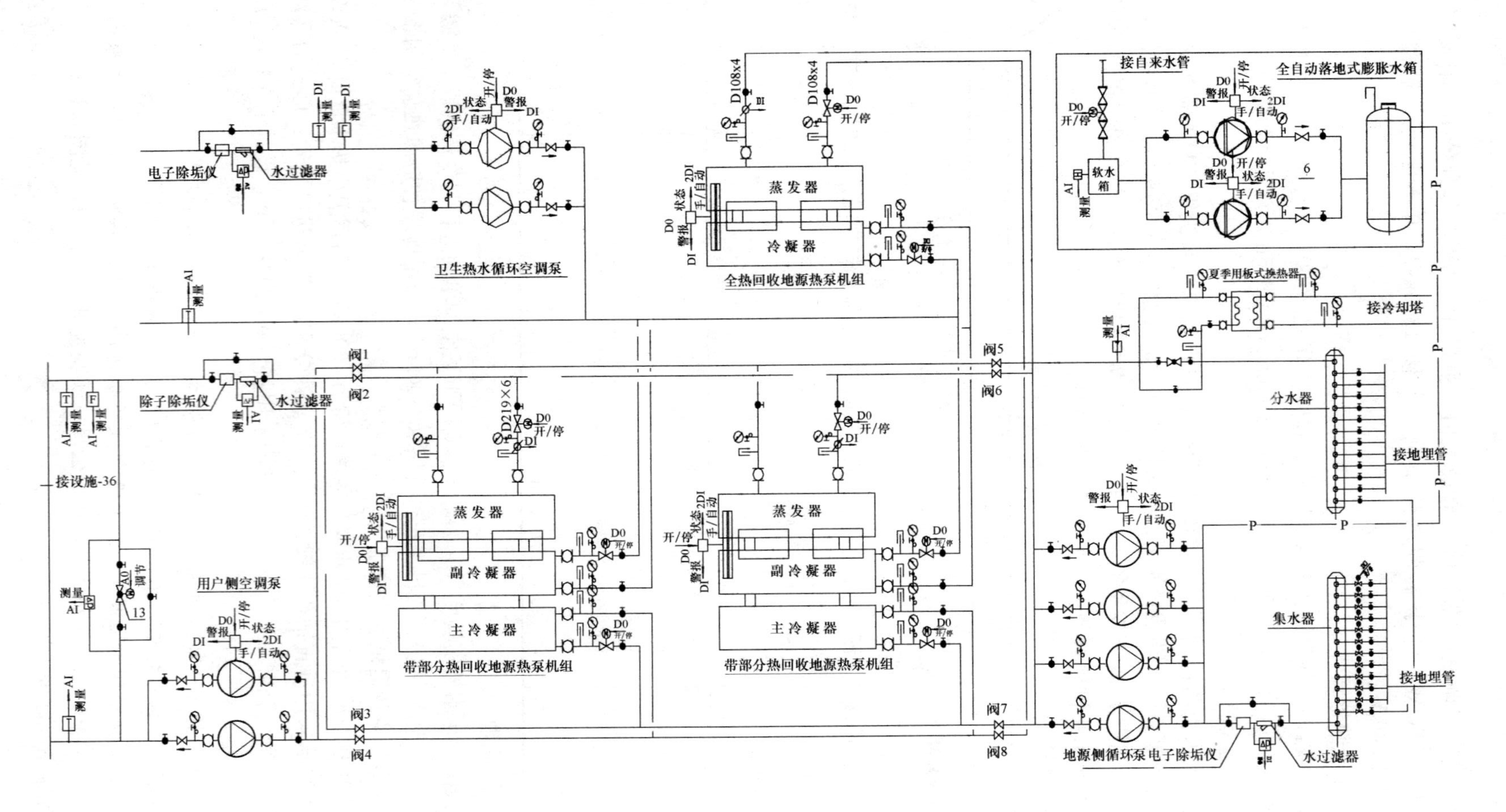
电子除垢仪
水过滤器
卫生热水循环空调泵
全热回收地源热泵机组
蒸发器
冷凝器
接自来水管
全自动落地式膨胀水箱
软水箱
夏季用板式换热器
接冷却塔
除子除垢仪
接设施-36
阀1
阀2
阀3
阀4
阀5
阀6
阀7
阀8
D108x4
D219×6
副冷凝器
主冷凝器
带部分热回收地源热泵机组
用户侧空调泵
分水器
集水器
接地埋管
地源侧循环泵
电子除垢仪

图 3-15　系统原理图

土壤源热泵在夏季需要同时供冷与供热（或生活热水）时，考虑热回收问题，从而提高系统整体运行 *COP* 值。

全年土壤热平衡冷却塔运行策略：①当冷负荷较大时，采用开式冷却塔加板换系统串联方式连接，稳定机组进出水温度，提高机组的运行 *COP* 值，同时分担土壤负荷；②当冬夏负荷相差较大时，采用冷却塔对土壤降温，土壤温度传感器检测到土壤平均温度高于正常地温时，开启冷却塔、冷却水泵、地源侧冷水泵对土壤进行降温，使土壤达到常年正常温度。

（6）取热和放热的热平衡分析计算及解决热平衡的技术措施

1）土壤换热器设计计算负荷及土壤热平衡计算

① 土壤换热器设计计算负荷按冬季从土壤总吸热量计算：180000kWh，土壤换热器设计按冬季从土壤总吸热量进行设计布管，全年利用热回收地源热泵机组提供卫生热水作为辅助冷却源措施。

② 夏季热回收地源热泵机组总冷凝负荷 787000kWh，主冷凝器冷负荷 680000kWh，副冷凝器 107000kWh 为夏季卫生热水负荷。

③ 夏季向土壤总释放量为：680000kWh，全年土壤浅层自然散热量按夏季地源热泵机组实际总冷凝负荷 680000kWh 的 30%计算，即 200000kWh。

④ 全年土壤总蓄热量为 480000kWh，总蓄热量/总吸热量＝2.7，全年热不平衡量为 300000kWh，此热量即为过渡季节及冬季卫生热水负荷，以达到土壤年度热平衡。

2）全年土壤热平衡冷却塔运行措施

① 夏季制冷调峰。采用开式冷却塔加板换系统串联方式连接，稳定机组进出水温度，提高机组的运行 *COP* 值，同时分担土壤负荷，采用湿球温差控制方式开启冷却塔。当热泵进水温度与当时湿球温度的差值大于 3℃时，开启冷却塔；小于 0.5℃时，冷却塔自动关闭。

② 土壤降温。当空调系统第二个夏季运行前一个月，土壤温度传感器检测的平均温度高于空调系统第一个夏季运行前的检测的平均温度 1℃时（此数值可修改），开启冷却塔、冷却水泵、地源侧冷水泵对土壤进行降温，直至使土壤达到常年正常温度为止。

2. 系统应用评价

（1）系统性能评价分析

该项目由于缺少电耗数据，无法采用系统能效比进行评价，仅能根据该项目 2009 年 12 月～2010 年 9 月的运行监测数据测出机组能效比。从图 3-16 可以看出，该项目冬季（12 月～3 月）平均机组 *COP* 为 3.3；夏季（12 月～9 月）平均机组 *COP* 为 2.5。

（2）示范增量成本概算

采用地源热泵比水冷机组＋冷却塔＋燃气锅炉增加初投资 382 万元（表 3-11）。

3. 专家点评

该项目为既有建筑改造项目。采用地源热泵空调及采暖。可平衡冬夏热量不平衡，夏季部分热量采用人工 筑湖、雨水系统，在湖内埋管及喷泉散热；应用太阳能光伏发电供办公室用电；围护结构节能改造，电梯节能改造等。

该项目在围护结构节能改造的基础上，采用地源热泵结合溶液除湿的温湿度独立控制采暖空调系统，并对建筑能耗进行了监测。重点针对夏热冬冷地区城市中心建筑地源热泵

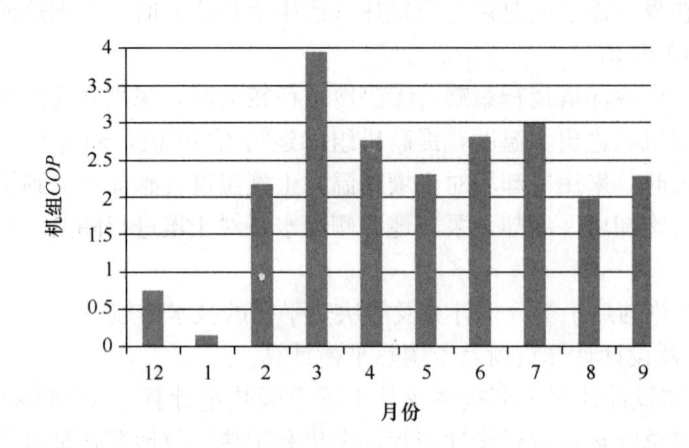

图 3-16 地源热泵系统的月平均机组能效比

应用的地下热平衡问题、各类型围护结构节能措施对能耗的影响、建筑能耗无线监测技术进行了研究。示范工程全年运行监测数据表明，地源热泵采暖空调系统运行稳定，与改造之前相比节能效果明显。该项目采用的可再生能源在建筑上的集成应用技术对夏热冬冷地区既有建筑的节能改造有较强的针对性，经济、社会效益显著，示范作用良好，对推广应用具有指导意义。

表 3-11

	土壤源热泵	水冷机组＋冷却塔＋燃气锅炉
空调主机	210	120
冷却塔	10	50
循环水泵	20	45
燃气锅炉	0	60
板式换热器	10	35
机房间管道、阀门、辅助设备安装	80	150
室外管网	20	50
土壤热交换器（钻孔、PE 管、挖土、回填、水泥砂浆）	510	0
管理及税金	82	50
小计	942	560

开发单位：湖北出入境检验检疫局　周培海

设计单位：中南建筑设计院　张银安

技术支撑单位：湖北风神净化空调设备工程有限公司　郁云涛

3.5 河北建设服务中心办公楼

图 3-17 河北建设服务中心示范工程实景图

河北建设服务中心办公楼（图 3-17）位于石家庄市新华路 65 号，为河北省建设厅直属机关办公楼。总建筑面积 22192m^2，绿地率为 35.2%，容积率为 1.26。项目采用地源热泵系统满足建筑夏季供冷和冬季采暖的需求。该项目于 2008 年 6 月投入使用。

1. 系统设计

(1) 设计依据

《地源热泵系统工程技术规范》GB 50366—2005；

《采暖通风与空气调节设计规范》GB 50019—2003；

《公共建筑节能设计标准》GB 50189—2005。

(2) 围护结构节能措施

围护结构节能是该项目采用地源热泵系统的前提，该项目采用的建筑节能措施包括：外墙采用大孔径轻集料复合保温砌块，砌块规格 360×240/290×190。该砌块以粉煤灰等工业废渣为主要原料，内掺浮石、膨胀珍珠岩等轻质骨料，以水泥为胶结材料经蒸压形成的多腔空心砌块。空腔内填充表观密度 20kg/m^3 的聚苯乙烯泡沫塑料，抗压强度 2.5MPa。总体密度 800kg/m^3；经国家建材局检测中心试验检测，其平均传热系数值为 0.4W/（m^2·K）。无需另加外保温材料，可直接采用聚合物水泥砂浆粘贴面砖。同时采取了处理热桥构造问题的措施。

(3) 设计参数及设备选型

① 空调冷热负荷

经计算，该工程夏季空调冷负荷为 1350kW，冬季空调热负荷为 675kW。

② 地下换热器设计

地下换热器采用并联式系统，垂直埋管，水平连接管采用同程式，双 U，立管采用

$DN32$ 的 PE 聚乙烯管，井深 100m，井中心距 5m，采用细沙与混凝土（比例 2.4∶1）注浆回填，换热孔共 135 个，换热面积 3375m^2。单井吸热能力 5kW，释热能力 6kW。由于该地区温度不低于 4℃，不需防冻。

③ 设备选型

该工程采用 320 个深 50m 的单 U 形竖直地埋管换热器，平均深度 50m，总长度 16000m，辅助 400m^3 消防水池蓄能。安装两台水源热泵机组，名义制冷量 1059kW，名义制热量 1288kW，制冷输入功率 207kW，制热输入功率 290kW。机组能效比：制冷 5.11，制热 4.23；机房内能效比：制冷 4.12，制热 3.78。系统能效比：制冷 2.685；供热 3.093。夏季供应 7/12℃冷水，地源水温 25/30℃，冬季供应 40/45℃热水，地源水 5/10℃。具体设备见表 3-12。

设 备 选 型 表 **表 3-12**

序号	设备名称	型号	数量	备注
1	螺杆式地源热泵机组	热量 800kW 冷量 850kW 耗电 195kW	2 台	夏季 2 用 冬季 1 用
2	风冷螺杆机组	冷量 874kW 耗电 273kW	1 台	
3	冷冻水循环泵	Q=140t/h H=22m	2	1 用 1 备
4	冷却水循环泵	Q=80t/h H=20m	2	1 用 1 备
5	补水泵	Q=2t/h H=55m	2	1 用 1 备
6	软水器	Q=6t/h	1	
7	软化水箱	v=4m^3	1	
8	数字补水定压装置	SDZ2-8-30	1	

（4）系统原理

该系统（图 3-18）以水（或加有防冻液的水）作为冷热量载体，水在埋于岩石内部的换热管道与热泵机组间循环流动，实现机组与大地土壤之间的热量交换。冬季循环水通过埋在岩石下面之高密度聚乙烯管环路，从岩石中吸收热量，使循环水温度升高，供给地源热泵机组；夏季循环水通过地埋管将热量排放到土壤中，使循环水温度降低供给地源热泵机组。埋管式地源热泵系统采用垂直埋管系统；地下换热器采用并联式系统；考虑到系统的水力平衡等因素，地下埋管环路设计为并联系统。

（5）土壤热平衡解决措施

本建筑夏季空调冷负荷为 1350kW，冬季空调热负荷为 675kW，地源热泵承担 60% 的冷负荷和全部热负荷。即一年内，制冷期向地下释放的热量为 97.2 万 kWh，供暖期将从地下提取的热量为 81 万 kWh，每年系统从土壤吸取的热量小于系统向土壤释放的热量，差值为 16.2 万 kWh，因此要采取措施减少系统向土壤的放热量。

为了减少土壤的热堆积，该项目设置了一台冷却塔（150m^3/h），承担部分空调负荷，减少夏季向土壤的放热量；同时通过夏季夜间开启冷却塔和冷水机组，对土壤蓄冷，来调节和控制土壤的温度，缓解热堆积问题。

2. 系统应用评价

（1）系统性能评价分析

该工程采用能效评价法对地源热泵系统的空调（采暖）工况系统能效比进行了监测。

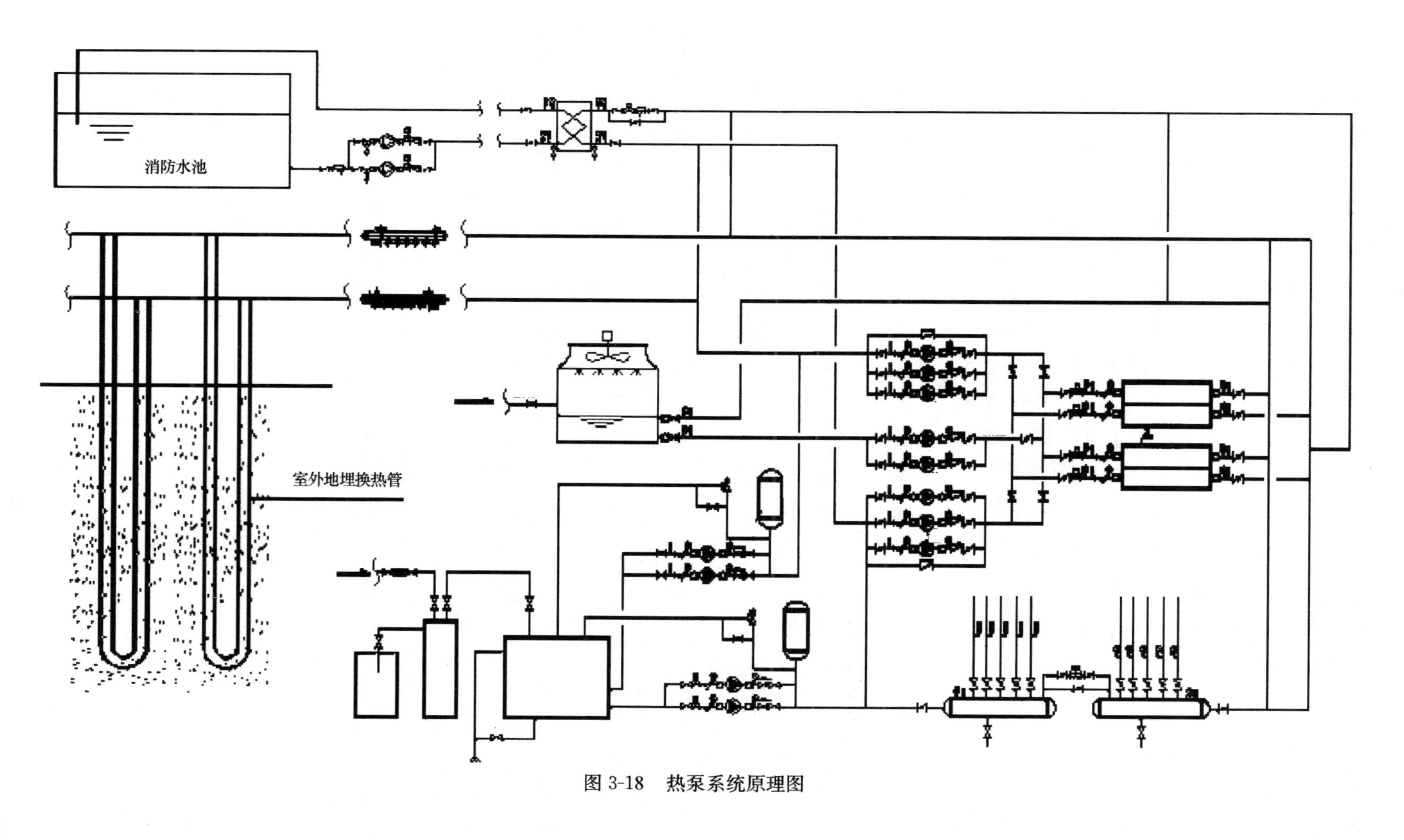

图 3-18 热泵系统原理图

经过2008年8月～2009年9月为期1年的监测，该地源热泵系统的空调工况（5月～9月）平均*COP*为2.7；采暖工况（11月～3月）平均*COP*为3.4，图3-19为系统能效比和机组能效比的柱状图，其中10月和4月未开启地源热泵系统。

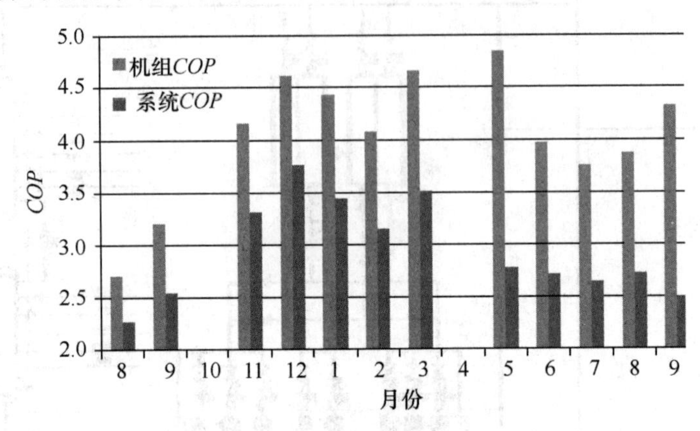

图3-19　地源热泵月平均系统/机组能效比

（2）示范增量成本概算

该项目室外地下换热器的造价为310万元，热泵机房造价为172万元，建筑物的空调末端与传统空调一样，不做增加计算。与采用城市集中供热换热站＋冷水机组＋冷却塔冷热源系统（工程投资为393.92万元）相比，采用地源热泵技术的增量资本为88.08万元。

3. 专家点评

该项目采用了地源热泵系统作为空调系统冷热源，实测冬季供热系统平均能效比为3.09，夏季空调系统平均能效比为2.68。采用了热工性能较好的围护结构体系，空调冷热负荷较低；利用了土壤的自然恢复能力，使土壤温度冬夏基本平衡，办公楼室内温度达到了设计要求，运行效果良好。运行监测结果真实可靠，基本达到了预期的目标。该项目围护结构体系保温技术应用合理，能源利用基本合理，但技术特点不突出。该项目增量投资基本合理，但投资回收期较长。该项目的实施对推动河北地源热泵市场的健康成长和产业化进程有一定帮助。

开发单位：河北省建设信息中心　邵立森　胡　毅　郭建军

设计单位：河北省建筑设计院　方国昌　郝一川　侯建军

技术支撑单位：河北地海能源科技有限公司　郑晓亮　石静璇

4 太阳能光伏发电工程

4.1 威海市中玻光电有限公司光伏建筑一体化办公楼

图 4-1 威海市中玻光电有限公司光伏建筑一体化办公楼示范工程实景图

威海市中玻光电有限公司办公楼位于威海市经区环山路西 9 号，临近城市中心区与经济技术开发区交界处。公司办公楼是 1993 年 4 月建造的，总建筑面积 2034m²，主要建筑工程用途为办公场所及待客场所，本项目结合建筑改造增设光伏发电系统。该项目于 2009 年 9 月投入使用。

1. 系统设计施工说明

(1) 设计依据

《建筑物的电气装置》IEC 60364-7-712—2002；

《光电器件（PV）系统通用接口的特性》IEC 61727—2004；

《薄膜地面光伏组件》IEC 61646；

《地面用薄膜光伏组件涉及鉴定和定型》GB/T 18911；

《建筑一体化光伏屋面验收规范》ICCAC 365；

《光伏建筑一体化（BIPV）组件企业标准》Q/WZG002-2008。

(2) 设计参数及设备选型

本项目装机总功率 28.96kW$_p$，安装光电面积 845m²，采用非晶硅光伏组件，参数见

表 4-1。项目采用德国 KACO 新能源有限公司生产的逆变器，其中 powador 4501xi 2 台，powador3501xi 2 台，powador 1501xi 9 台。该逆变器附带 powador-monitor 软件，可以实现远程光伏发电系统的采集监控参数见表 4-2。

非晶硅光伏组件参数表（型号 CGS-40H/G1245×635） **表 4-1**

规　格	单　位	值
额定功率（P_{max}）	W	40
功率偏差	%	±5
开路电压（V_{oc}）	V	60.2
短路电流（I_{sc}）	A	1.14
最佳工作电压（V_{mp}）	V	44.6
最佳工作电流（I_{mp}）	A	0.90
系统最大直流电压	V	600
尺寸	mm	1245×635
厚度	mm	7
重量	kg	13.5
功率温度系数	%/℃	−0.19
最佳工作电压温度系数	%/℃	−0.28
最佳工作电流温度系数	%/℃	0.09
环境温度	℃	−40～85

逆 变 器 参 数 表 **表 4-2**

型号 参数	powador 1501xi	powador3501xi	powador 4501xi
最大输入功率（W）	2000	4000	6000
最大输入电流（A）	14	30.5	22
额定输出功率（W）	1500	3300	4600
额定输出电流（A）	6.5	14.5	20
最大输出功率（W）	1650	3600	5060
最大输出电流（A）	7.2	15.7	22
最大转化效率	95.0%	95.0%	94.8%
尺寸（mm）	340×200×450	340×220×500	340×200×650
重量（kg）	14	23.9	29.8
无负载电压	≤500		
MPP 范围（V）	125～400		
极性保护	短路二极管		
过压保护	变阻/过滤		
适应电网电压	190～253VAC		
适应电网频率	47.5～50.2Hz		
畸变因数	≤3%		
防护等级	IP54 可户外安装		

（3）系统原理（图 4-2）

光伏发电系统经逆变器转换为交流电并入建筑内部电网供给建筑供电系统。同时，采

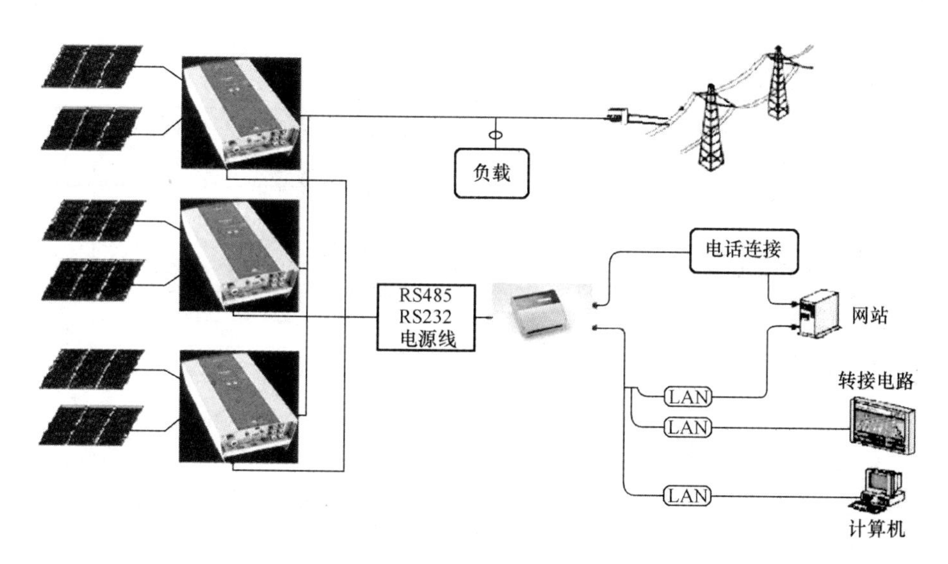

图 4-2　系统原理图

用数据监测系统监测光伏发电系统相关数据，通过 RS485 数据线采集逆变器数据，以月为单位进行数据整理，相关数据在互联网及数据采集器本身均可提取查询。

（4）光伏发电系统与建筑结合的部分节点做法（图 4-3、图 4-4）

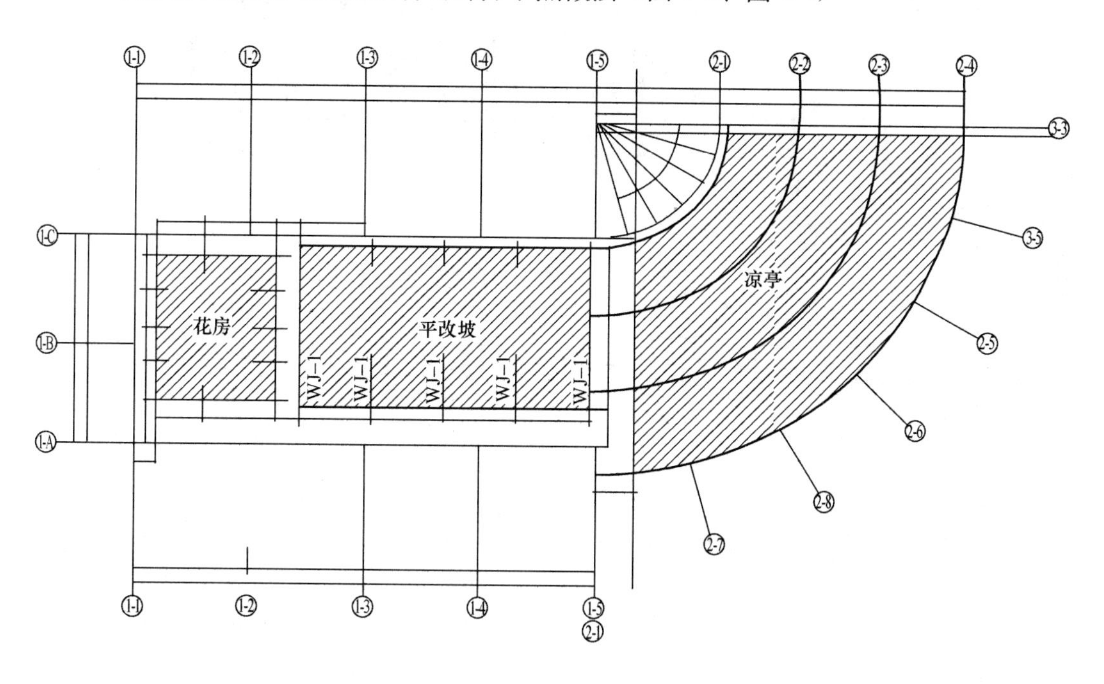

图 4-3　系统与建筑结合的部分节点做法（一）

2. 系统应用评价

（1）系统性能评价分析

该工程采用能效评价法对 5 套光伏发电系统的效率进行了运行监测。通过 2009 年 10 月～2010 年 10 月为期一年的监测，该工程的光伏发电系统效率在 3.5%～4%之间，图 4-5 为 5 套光伏发电系统的月平均光伏发电系统效率。

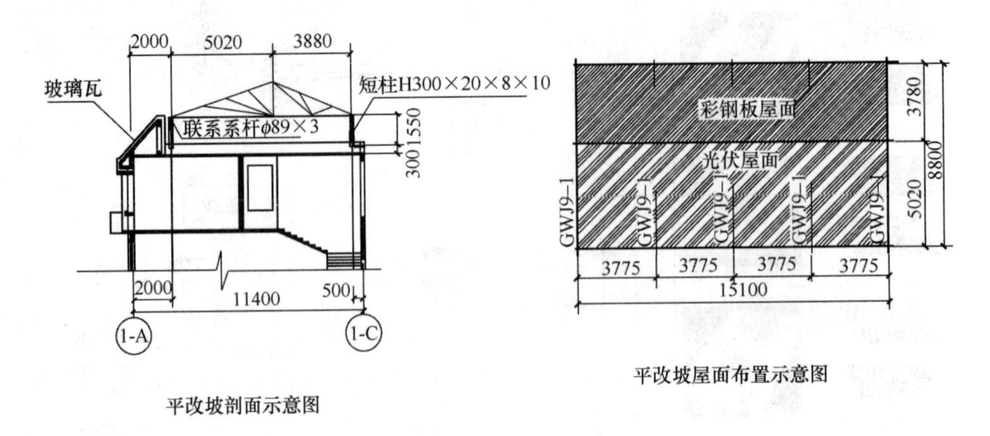

图 4-4　系统与建筑结合的部分节点做法（二）

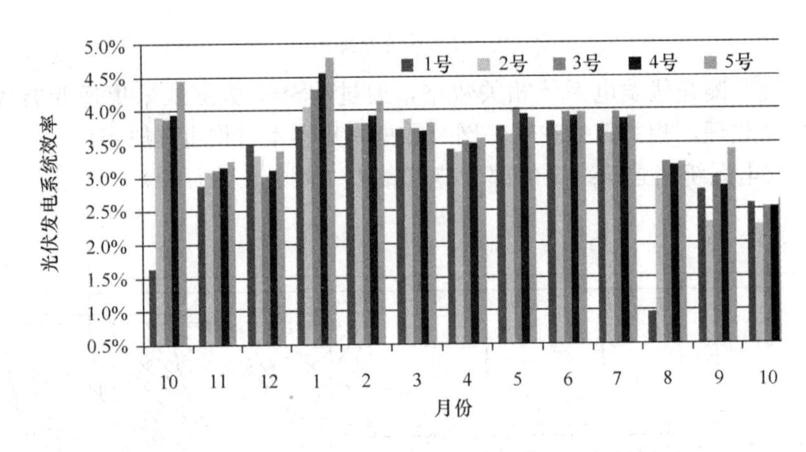

图 4-5　5 套光伏发电系统的月平均光伏发电系统效率

(2) 示范增量成本概算

本项目将部分屋顶由彩钢瓦结构用非晶硅组件替代。非晶硅光伏系统部分价增量成本约为 100 万，考虑采用钢结构作为组件的支架，增加屋顶的负载，相应增加了造价，合计增量成本约为 120 万。

3. 专家点评

该项目为既有建筑改造项目，在建筑屋顶南、西、东南立面安装非晶硅光伏发电组件，光伏系统发电并入厂区电网，用于厂区生活生产用电，项目通过监测量化组件在实际环境条件下组件温度对发电效率的影响，研究 BIPV 系统夏季的遮阳效果、冬季保温效果，量化分析 BIPV 系统对建筑冷、热负荷的影响。项目同时对并网发电系统的发电质量进行监测，为光伏发电系统并网提供相关数据。该项目光伏与建筑结合技术示范意义较强。

开发单位：山东蓝星玻璃（集团）有限公司　葛言凯　解欣业

设计单位：珠海兴业幕墙工程有限公司　庄晓亭　徐荣盛

技术支撑单位：威海中玻光电有限公司　吴　军　王迎德

4.2 金水·童话名苑

图 4-6 金水·童话名苑示范工程实景图

金水·童话名苑项目（图 4-6）位于合肥市经济技术开发区，翡翠路与丹霞路交口东南角。规划用地面积 61487.7m²，总建筑面积 120629.7m²，其中住宅建筑面积 95306m²，由 6 层、11 层、18 层、24 层建筑组成，项目总户数 1184 户。该项目节能设计在满足节能 50%的基础上，采用太阳能光电利用技术，目标总能耗减少 65%以上。太阳能光伏总负荷为 50kW，可保证小区内 95%以上的公共照明用电。该项目于 2009 年 6 月投入使用。

1. 系统设计施工说明

（1）设计依据

《夏热冬冷地区居住建筑节能设计标准》JGJ 134—2001；

《合肥市居住建筑节能设计标准实施细则》；

《民用建筑热工设计规范》GB 50176—93；

《建筑外窗空气渗透性能分级及其检测方法》GB/T 7107；

《太阳能照明系统》Q/YL 05—2006；

《太阳能照明灯》Q/YL 04—2006；

《太阳能红外控制 LED 公用灯》Q/YL 01—2005。

（2）设计参数及设备选型

太阳能光伏总负荷为 50kW。该系统完全采用太阳能供电，包括：太阳能消防应急照明、太阳能公共楼道照明、太阳能地下车库照明、太阳能庭院道路照明、太阳能楼宇对讲供电。

① 太阳能消防应急照明

太阳能消防应急照明，是由太阳能电池、系统控制器、蓄电池构成的储供电系统及照明应急灯、疏散指示标志灯、红外感应开关组成。

本方案的系统控制器主要是由单片机、集成块、仪表、继电器、开关以及其他一些电子元器件组成。除了为蓄电池提供最佳的充电电流，快速、平稳、高效地为蓄电池充电以外，还具备故障提示功能、欠压提示功能、应急启动功能（遇火险或者其他紧急情况使得供电系统被损毁时，系统自动切换启动备用电池供电）、自动报警功能（备用电池即将耗尽时，自动启动无线报警信号，通过电话拨号器向消防部门报告）。

图 4-7　公共楼道照明实景图

② 太阳能公共楼道照明（图 4-7）

太阳能公共楼道照明，是由太阳能电池、系统控制器、蓄电池构成的储供电系统及 LED 照明器、红外感应控制器组成。

本方案的系统控制器除了具有智能充电功能外，还设有光电开关功能。光电开关电路保持检测太阳能电池电压。白天，太阳辐射强使得太阳能电池输出电压较高，此时光电开关切断蓄电池对系统的供电；傍晚，太阳辐射弱使得太阳能电池输出电压很低，此时光电开关自动接通使蓄电池对系统供电。

本方案采用红外感应控制器控制光源的开启与关闭。夜晚，光电开关首先自动接通蓄电池对系统的供电，但是各个楼道 LED 照明器仍然保持关闭。当有人进入红外感应开关前方 5m、120°的扇形感应范围内时，红外感应开关自动接通该 LED 照明器的电源并保持照明，人离开后延时一段时间自动关闭。

③ 太阳能地下车库照明（图 4-8）

太阳能地下车库照明系统由太阳能电池、系统控制器、LED 照明应急两用灯、蓄电池、交流保障和红外感应控制器组成。本方案设计主供电电源为太阳能光伏发电，交流保

图 4-8　地下车库照明实景图

障作为辅助电源。根据地下车库照明的特点，从节能的角度考虑，本方案设计地下车库平时70%数量的LED照明应急灯常明，以保持车库的基本照明，另外30%的LED照明应急灯由红外感应开关控制保持灭灯守候状态。当有车辆或人员进入前方5m、120°的扇形感应范围内时，红外感应开关自动接通该LED照明应急灯照明以增加照度，为车辆或人员提供良好的照明。

LED照明应急灯内置蓄电池。当有火灾或其他险情发生使得整个系统供电电路被损毁时，LED照明应急灯自动切换使用灯内置电池并保持照明至少90分钟以上，以利于抢险和人员、车辆的疏散。

④ 太阳能庭院道路及景观照明（图4-9）

图4-9　庭院道路及景观照明实景图

太阳能庭院道路及景观照明由太阳能电池、系统控制器、光控开关、蓄电池、LED主照明器和LED副照明器组成。

本方案的系统控制器除了具有智能充电功能外，另设有光控开关和时控开关功能。光控开关电路保持检测太阳能电池的输出电压。白天，太阳辐射强使得太阳能电池输出电压较高，此时光控开关切断蓄电池对系统的供电；傍晚，太阳辐射弱使得太阳能电池输出电压很低，光控开关自动接通使蓄电池对系统供电，此时LED主照明器和LED副照明器同时照明。与此同时，系统控制器内的时控开关开始计时。时控开关一个计时周期的结束时间是下半夜的凌晨。当一个计时周期结束时也就是在下半夜的凌晨时，系统控制器将LED主照明器关掉以节约能源。只有LED副照明器工作至天亮。

⑤ 太阳能楼宇对讲供电

太阳能楼宇对讲供电系统由太阳能电池、系统控制器、蓄电池组成。太阳能电池通过系统控制器对蓄电池充电，蓄电池为单元门主机、室内分机和电控锁供电。

以上所述的主要设备配置见表4-3。

主要设备配置表 表 4-3

序号	名　　称	规格型号	单位	数量	备　　注
一	太阳能消防应急照明				
1	太阳能电池组件	GFM-4	套	52	SHARP
2	环保型胶体蓄电池	6-FMJ-8	只	771	BUDDY
3	系统控制器	YL-III	套	52	
4	配电箱	YLPDX	套	52	
5	LED 消防应急灯	YL-XD	套	771	
6	LED 疏散指示灯	YL-XZ	套	536	
7	红外感应控制器	YLHP2000	只	536	Israelites
二	太阳能公共楼道照明				
8	太阳能电池组件	GFM-6	套	57	SHARP
9	环保型胶体蓄电池	6-FMJ-55	只	57	BUDDY
10	系统控制器	YL-I	套	57	
11	配电箱	YLPDX	套	57	
12	LED 光源含外饰	YLGYD	套	837	
13	红外感应控制器	HP2000	个	837	Israelites
三	太阳能地下车库照明				
14	太阳能电池组件	GFM-16	套	125	SHARP
15	环保型胶体蓄电池	6-FMJ-100	只	125	BUDDY
16	系统控制器	YL-II	套	125	
17	配电开关箱	YLPDX	套	2	
18	LED 照明器	YLCKD	套	411	
四	太阳能楼宇对讲供电				
19	太阳能电池组件	GFM-5	套	64	SHARP
20	环保型胶体蓄电池	6-FMJ-55	只	64	BUDDY
21	系统控制器	YL-IV	套	64	
五	太阳能庭院及景观照明				
22	太阳能电池组件	GFM-6	套	72	SHARP 芯片
23	环保型胶体蓄电池	6-FMJ-55	只	72	BUDDY
24	系统控制器	YL-V	套	72	
25	LED 照明器	YLTYD	套	124	
26	蓄电池盒	YLDH	套	72	

(3) 系统原理（图 4-10）

① 智能充电过程

维护充电：当电池电压较低时，充电工作在小电流维护充电状态下，工作原理为 U3 的 9 脚（同相端）电位低于 8 脚（反相端），U3 输出低电位，T4 截止。U4 的 11 脚电位约 0.18V，此时充电电流约 250mA。

快速充电：随着维护充电继续，蓄电池电压逐渐升高，充电转入大电流快充模式下，U3 的 9 脚（同相端）电位高于 8 脚（反相端），U3 输出高电位，T4 导通，U4 的 11 脚电位约为 0.48V，充电恒定输出约 1A 电流给蓄电池充电。

限压浮充：当蓄电池接近充足电时，充电自动转入限压浮充状态下，此时的充电电流会由快速充电状态逐渐下降，至蓄电池完全充足电后，充电电流仅为 10～30mA，用以补

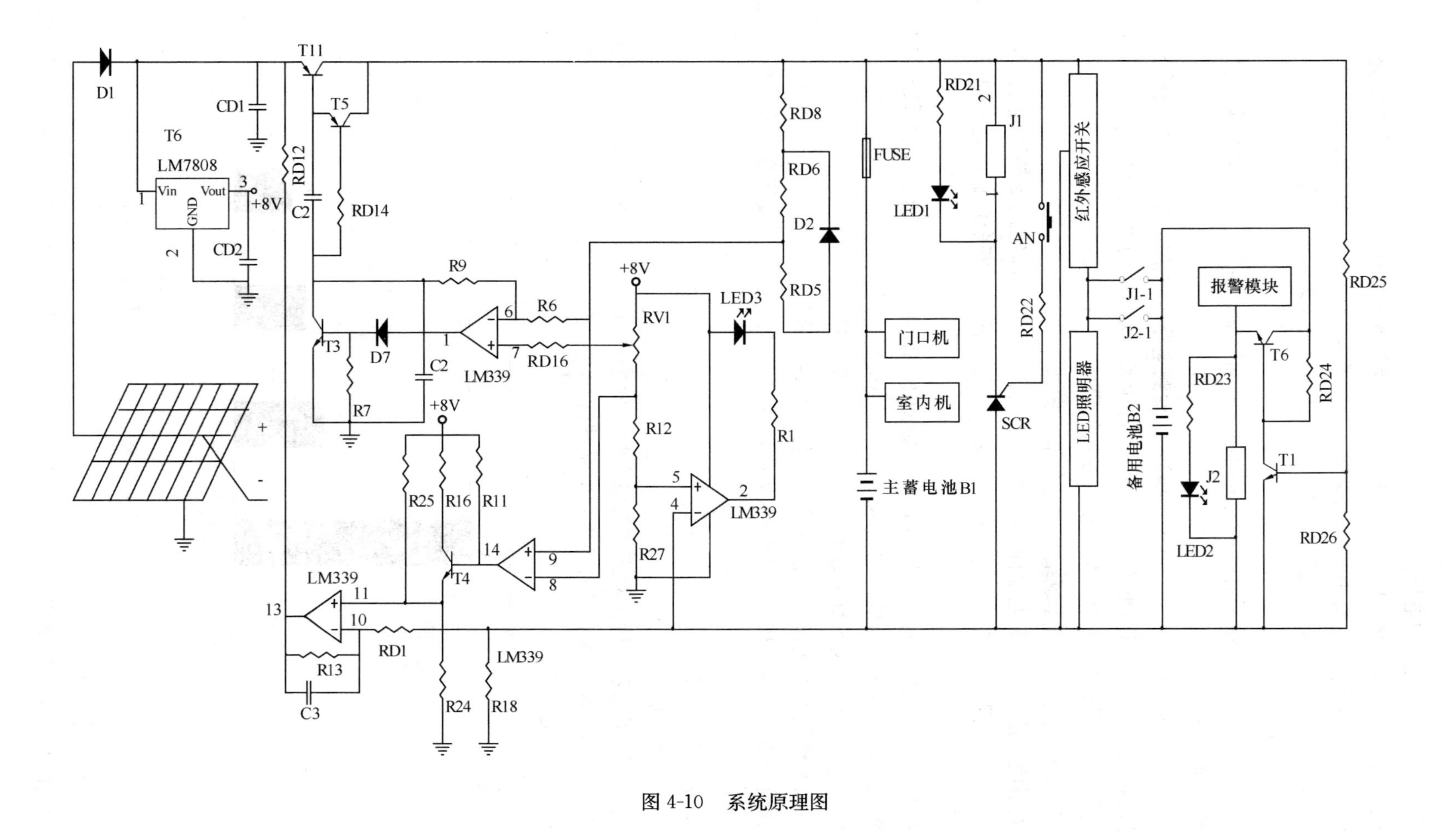
D1
T6
LM7808
Vin
Vout
GND
+8V
CD1
CD2
T11
T5
RD12
C2
RD14
R9
T3
D7
R7
LM339
R6
RD16
+8V
RV1
LED3
R12
R1
R27
R25
R16
R11
T4
R24
R18
RD1
R13
C3
RD8
RD6
D2
RD5
FUSE
门口机
室内机
主蓄电池B1
RD21
LED1
J1
AN
RD22
SCR
红外感应开关
LED照明器
J1-1
J2-1
备用电池B2
报警模块
T6
RD23
J2
LED2
RD24
T1
RD25
RD26

图 4-10　系统原理图

充电池因自放电而损失的电量。

保护及充电指示电路：D1、U3、U4、T11 及外围元件构成反极性保护电路，当电池反接时，充电限制输出电流不致发生事故。充电指示由 U1、LED3 及外围元件构成，充电时，LED3 点亮，充电进入浮充状态后，LED3 熄灭，表示充电结束。

② 消防应急启动

当发生火灾等紧急情况时，系统消防应急自动启动，备用电池启动供电，消防应急照明系统开始工作。

由 RD24、RD26、T1、T2、J2 组成电压检测电路，主蓄电池 B1 的电压低于 10V 时，T2 导通，J2 动作，其常开触点 J2-1 闭合，备用蓄电池 B2 为光源提供电源，同时 T2 输出高电平，为报警模块供电，报警模块发射报警信号，LED2 是报警指示灯。

(4) 光伏发电系统与建筑结合的部分节点做法

太阳能电池：太阳能电池面向正南安装，方位角 0°。固定式支架倾角设计，倾角定为 40°～45°，太阳能电池金属部位设防雷装置。结构简单，安全可靠，安装调试及管理维护都很方便。

控制箱安装位置：安装在公共部位的墙壁内，控制箱内安放蓄电池和系统控制器。

蓄电池：安放在嵌入墙内的配电箱内，避免阳光直射。

照明灯：与传统照明灯的安装方式和位置完全一致。

室内布线预埋方式：主线预埋位置与传统布线方式相同。

分线预埋方式为：在每层楼道楼板下 15～30cm 处预留一个接线盒，安装红外感应控制开关。

2. 系统应用评价

(1) 系统性能评价分析

该工程采用能效评价法对光伏发电系统的效率进行了运行监测。通过 2009 年 6 月～2010 年 9 月的监测，该工程的光伏发电系统效率在 2.9%左右，图 4-11 为该系统的月平均光伏发电系统效率。

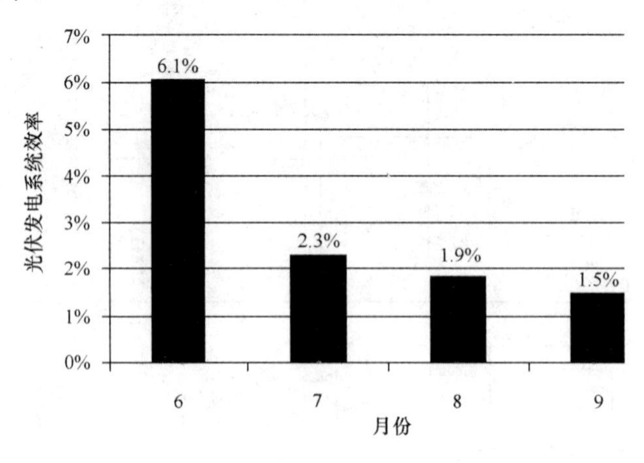

图 4-11 光伏发电系统的月平均光伏发电系统效率

(2) 示范增量成本概算

太阳能照明应急系统初投资为 311 万元，传统照明设备基准投资为 48 万元，因此增量成本为 263 万元。

3. 专家点评

该项目对建筑光电一体化技术的论述较为详细，技术支撑单位在此方面的研究较为充分，已落实到设计方案上，技术路线可行。增量成本基本合理。不足之处在于，和建筑一体化的构造节点有所缺乏。

开发单位：安徽省金水房地产开发有限公司　李　峻　任俊超

设计单位：安徽建筑工业学院建筑设计研究院　章　琳

技术及其设备支持单位：安徽云龙科技发展有限公司、公安部沈阳消防研究所　张晓云　张　克

5 其他可再生能源建筑应用工程

5.1 联合国工发组织国际太阳能技术促进转让中心

图 5-1 联合国工发组织国际太阳能技术促进转让中心示范工程实景图

该工程（图 5-1）总建筑面积 13977m^2，地上 5 层、局部地下 1 层，建筑总高度 22.3m，具备行政办公、实验研发、国际会议、培训接待等四部分功能。该工程在结合成熟的太阳能技术的同时，集中考虑了从被动太阳房设计到地源热泵系统、光伏发电系统、太阳热水器系统，在会议中心屋顶安装 60kW 光伏并网发电系统，生态中庭顶部设置 250m^2 太阳能热水系统，太阳能系统与地源热泵结合提供空调制冷与供热。该工程于 2009 年底交付使用。

1. 系统设计

（1）设计依据

《地源热泵系统工程技术规范》GB 50366—2005；

《真空管型太阳能集热器件》GB/T 17581。

《公共和居住建筑太阳能热水系统一体化设计、施工及验收规程》DBJ 15—52—2007

（2）设计气象参数

① 太阳辐照量：兰州地区年平均太阳辐射量为 5314MJ/（m^2 · a）

② 气象条件：年平均气温 10℃，年日照时数约 2600h

（3）设备选型

① 50kW 并网光伏发电系统技术：主要由光伏阵列、并网逆变器、计算机监控等部

分组成，两个 25kW 三相光伏并网逆变器将太阳能发出的直流电逆变后直接送入电网。电力系统按传统的三相四线制组成。

② 太阳能热水系统与地源热泵联合供热的技术：系统由热管真空管太阳能集热器（250m^2）、地源热泵机组（二台，800kW/台，$COP \geqslant 4$）、储热水箱、循环水泵和管路等组成。

③ 太阳能与地源热泵系统联合制冷技术：系统由热管真空管太阳能集热器、溴化锂吸收式制冷机、储热水箱、储冷水箱循环水泵、地源热泵和管路等组成。

④ 太阳能钟塔：采用面积为 4m×4m 的太阳能钟，400Wp 光伏电源驱动，与 24m 钟塔成一体化结构，蓄电池、控制器、报时扩音器等安置在塔架内部。

（4）系统原理图（图 5-2）

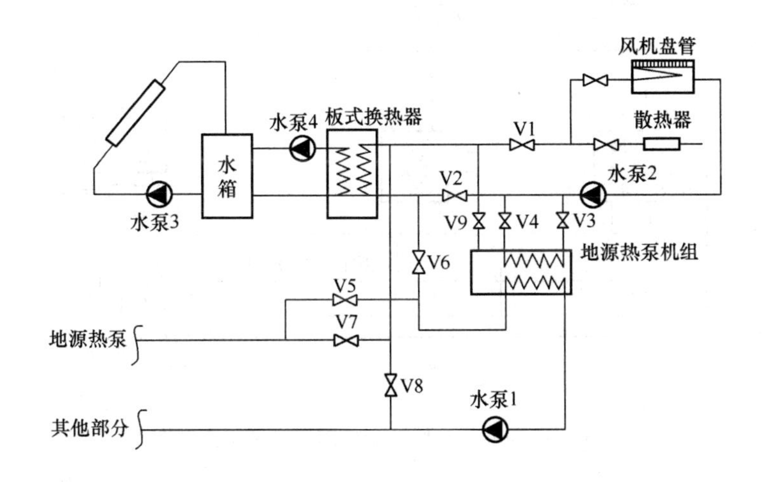

图 5-2　太阳能热水系统与地源热泵串联供热系统原理图

（5）控制系统设计

1）在供暖时期，室外温度较高，采暖负荷较小，太阳热水系统产生的热水温度 T_g 较高，当 $T_g>50$℃时，可以直接利用，阀门 V1、V2 开启，其余阀门关闭，水泵 2、3、4 开启，水泵 1 关闭，热泵机组关闭；2）当 40℃$<T_g<$50℃时，太阳热水系统产生的热水不能直接应用，但与热泵机组串联，进入热泵机组的冷凝器，阀门 V2、V3、V5、V9、开启，其他阀关闭，水泵都开启，热泵机组开启；3）30℃$<T_g<$40℃时，太阳能不能直接利用，用以加热土壤侧地埋管换热器，V3、V4、V6、V7 开启，热泵机组开启，4）当 15℃$<T_g<$30℃时，太阳热水器热水不能直接利用，可进入热泵机组的蒸发器，V3、V4、V6、V8 开启，其他阀门关闭，热泵机组开启；5）15℃$>T_g$ 时，太阳能系统停止运行，V3、V4、V5、开启，其他阀门关闭，水泵 1、2 开启，3、4 关闭，热泵机组开启。

采用这种供暖方式，可以提高热泵机组蒸发器侧的温度和冷凝器侧的出水温度，从而提升热泵机组的 *COP* 值，确保 $COP \geqslant 4.1$。同时，本工程还采用了太阳能与地源热泵系统联合制冷方案，该系统由热管真空管太阳能集热器、溴化锂吸收式制冷机、储热水箱、储冷水箱循环水泵、地源热泵和管路等组成

2. 可再生能源利用技术与建筑集成要点

（1）太阳能光伏系统

本光伏系统采用光伏建筑一体化技术，中庭屋顶部分采用透光中空保温太阳能电池组件，在利用太阳能发电的同时兼有采光、保暖、降温、遮阳、防雨等多重功能，使屋顶帆板和楼面屋顶上的光伏阵列起到发电、屋面遮阳与大楼总体装饰作用。

该电站总装机容量 50.52kW，年发电量可达 64000kWh，每年可节约标准煤约 25.6t，减排二氧化碳 63.8t。该系统采用并、离网发电相结合的供电方式，可基本满足本建筑内办公、科研、培训教学等日常用电需求。

本光伏发电系统的数据采集、运行监测由计算机监控系统完成。见图 5-3。

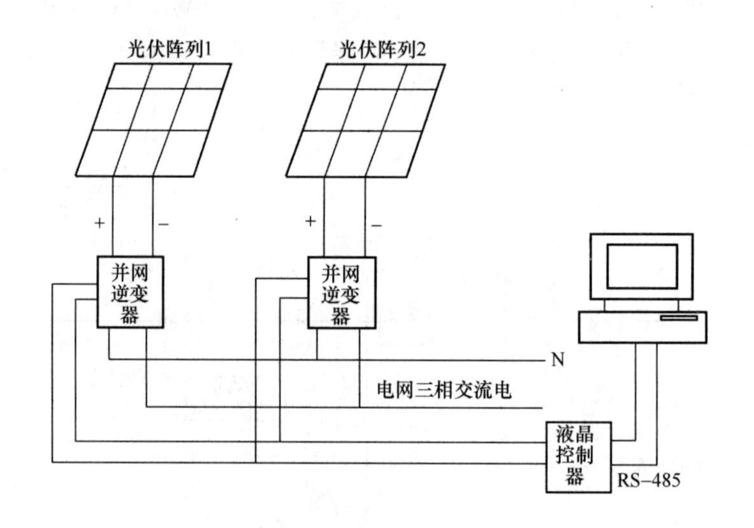

图 5-3　50kW 光伏三相并网发电系统方框图

本系统构建了 RS-232/RS-485 串行通信相结合的大型光伏电站逆变系统参数监测及计量体系，完善控制系统和功能完备的光伏电站中心监控系统使系统运行的各项参数和状态通过数据采集回路送至计算机储存分析并给出运行状态和评价结果。值班人员能够在任何时刻都能掌握电站的运行情况，并随时处置系统出现的故障和问题。

该电站将光伏发电与建筑节能相结合，是适用于西北寒冷地区太阳能光伏建筑一体化的示范工程。

(2) 太阳能热水系统

采用目前比较先进的太阳能热水生产技术，集实用、示范、装饰为一体，并与旁边的太阳能光伏发电系统一起成为国际太阳能中心大楼的有机组成部分。

该系统采用直径 70mm、长度 1800mm 的热管式真空管，总装机 1080 支，总集热面积为 182.2m^2，效率＞50%，太阳能系统保证率＞58%，每天提供约 50℃热水 16m^3，每年可节约标准煤约 25t，减排二氧化碳约 62t。可基本满足该建筑内每天的热水需求。

该系统另有三台 10kW 的空气源热泵作为太阳能热水的辅助热源。

该系统为一项典型的太阳能热水系统示范工程，具有技术先进、设计合理、布局美观、运行可靠等优点，充分展现了太阳能热利用与建筑的完美结合。

(3) 水源热泵系统

水源热泵冷热水机组利用逆卡诺循环原理，冬季将水中的低品位能量提“取”出来转化为高品位能量，供给室内采暖；夏季把室内的热量“取”出来，释放到水中，以达到降温目的，是一种新型无污染的节能空调系统。

该水源热泵系统采暖制冷面积 13977m^2，冬季采暖期为 5 个月，夏季制冷期为两个月；负荷平均系统为 0.56，运行时间系数：冬季为 0.8，夏季为 0.6，热泵的 $COP>4.1$；冬季单位面积最高热负荷 91.6W/m^2，夏季单位面积最大冷负荷 80.14W/m^2。

系统采用浅表水循环，在 60%负载情况下一台机组运行，所需地下水 65m^3/h，在 100%负载情况下二台机组运行，所需地下水 130m^3/h，系统设置 12 口供水井（口径 0.3m，深 22m）、两口回灌井（口径 2m，深 9m），含水层厚度约 6m，渗透系数约 40m/d。

3. 系统应用评价

(1) 节能效果分析

该项目工期延误，目前没有完整的监测数据。根据其设计值评价其系统性能如下。

① 工程自身节能估算

兰州是太阳能资源较丰富的地区，年平均太阳辐射量 5314MJ/（m^2 · a），年日照时数 2600h，本工程整个建筑运用被动太阳能采暖技术设计，节能率≥65%。测试计算表明，每平方米太阳房每年可以节约标煤 20～40kg；按最低 20kg 计，本工程每年自身节约标煤 20kg×13976＝279.52t。

② 地源热泵节能减排的估算

兰州冬季采暖 5 个月，夏季制冷降温两个月，工程的冬季热负荷，1118.08kW，夏季冷负荷：978.32kW。

通过计算利用地源热泵与城市热网供热和电制冷，本建筑全年可节约能源为

冬季供热：1058242kWh（约 106 万度）；

夏季制冷：91619.43（约 9 万度）

③ 50kW 光伏并网发电系统

据计算，在兰州，该光伏发电系统年发电约 7.5 万度电。

(2) 示范增量成本概算

本工程建设所需钢材、水泥、木材总用量估算如下，钢材：1187t、水泥：3775t、木材：322m^3。该工程建设固定资产投资总额 7912 万元，建安工程费合计 6911 万元，是总投资的 87.35%，其他工程费 553 万元，占总投资 6.99%，基本预备费 448 万元，占投资 5.66%。详细比例见表 5-1。

建设项目总投资比例构成 （单位：万元） **表 5-1**

项目名称	建安工程款			其他工程费	基本预备费	合　计
	综合楼	示范基地	仪器设备			
估算投资	5154	242	1515	553	448	7912
构成（%）	65.14	3.06	19.15	6.99	5.66	100

太阳能成本增量估算为967.0万元，其中50kW光伏并网发电系统418.2万元，太阳能热水系统，面积250m^2，投资48.45万元。地源热泵系统的投资为469.2万元，其他不可预见费为31.15万元。

综合1和2项，即本示范工程总投资为7912万+967万=8879万元

4. 专家点评

该项目位于甘肃黄河边上，可再生能源中以太阳能和风力资源较为丰富，技术路线基本可行。在设计中贯彻了自然通风、采光遮阳等被动式节能技术及生态理念，与建筑一体化做得比较好。

实际效果有待投入运行后进行验证。

开发单位：联合国工业发展组织国际太阳能技术促进转让中心/甘肃自然能源研究所 喜文华 张兰英

设计单位：清华大学建筑设计院 栗德祥

联合国工业发展组织国际太阳能技术促进转让中心/甘肃自然能源研究所 喜文华

技术支撑单位：联合国工业发展组织国际太阳能技术促进转让中心/甘肃自然能源研究所 喜文华 张兰英

5.2 常州天合光能有限公司办公楼

图5-4 常州天合光能有限公司办公楼示范工程实景图

常州天合光能有限公司办公楼（图5-4）位于常州高新技术开发区常州市光能工程技术中心厂区内，属于公共建筑。本工程总用地面积2952m^2，总建筑面积（示范面积）3880.93m^2，建筑基底面积1110.07m^2，容积率1.50。建筑层数地上4层，建筑高度17m。使用功能包括日常办公、产品展示、业务洽谈。该建筑应用的集成技术包括：光伏发电、自然通风、中庭采光、通风幕墙、阳光室、热回收和种植屋面。该工程于2008年底交付使用。

1. 系统设计

（1）设计依据

《公共建筑节能设计标准》GB 50189—2005

（2）设计气象参数

① 太阳辐照量：常州地区年均辐射量为4679.59MJ/（m^2·a）

② 气象条件：年平均气温16℃，年日照时数约2019h

（3）设备选型与技术措施

① 光伏发电：中庭南立面、顶部和办公楼屋顶安装有25kW光伏组件。组件可根据太阳朝向作手动调节，见图5-5。

② 自然通风：中庭上方北侧与一层大堂南侧入口形成自然通风；东西走廊两端拔风竖井与各层楼道形成自然通风，见图5-6与图5-7。

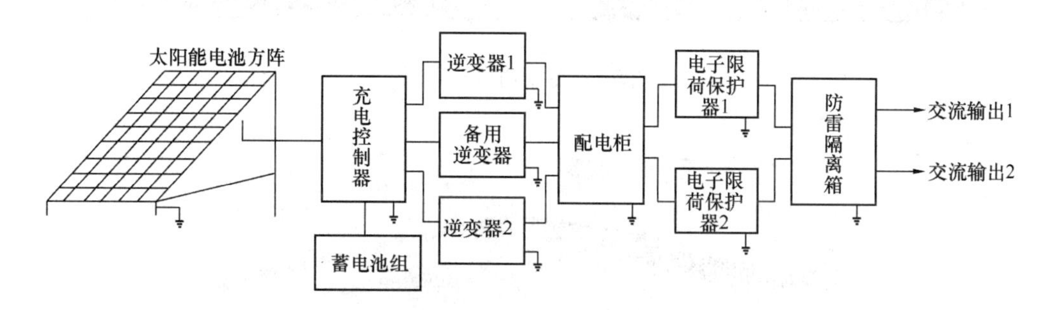

图5-5 光伏系统原理图

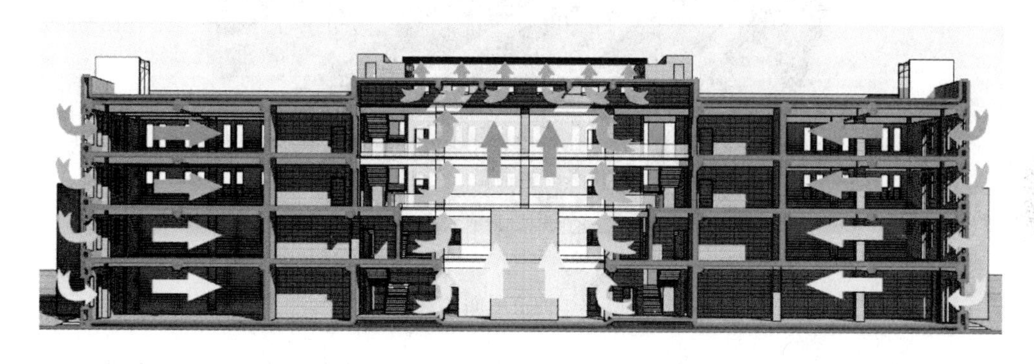

图5-6 夏季通风示意图

③ 中庭采光：中庭利用光伏组件与遮阳窗帘，调节冬夏两季光照，结合室内通风，达到冬暖夏凉，实现节能要求。

④ 通风幕墙和阳光室：南面阳台与幕墙开启窗户结合形成自然通风；东、南、西三面设置阳台，形成阳光室。阳台内设置双层遮阳帘。不同的开窗通风策略，配合不同的遮阳措施，组织室内空气流动，达到保温与隔热的作用。

⑤ 热回收：采用热回收效率为60%的新风机组。

⑥ 种植屋面：降低屋顶温度，提供休闲空间，见图5-8。

（4）系统原理图

2. 可再生能源利用技术与建筑集成要点

（1）种植屋面

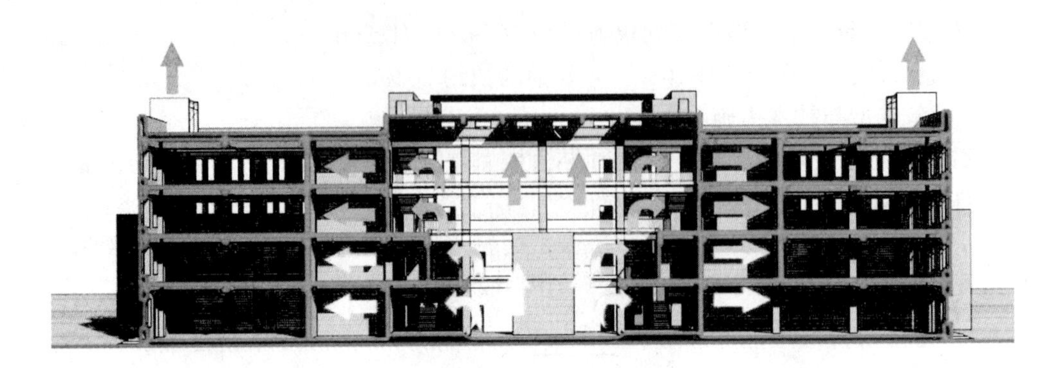
图 5-7　冬季通风示意图

图 5-8　种植屋面实景图

在办公楼部分屋面设置种植屋面（图 5-8 与图 5-9），其主要优点为冬天保温、夏天降温，夏天可省 25%的空调费用；延长防水卷材的使用年限。隔声效果明显，同时创造美观的屋面环境。

（2）屋面光伏组件

屋顶光伏组件采用倾斜式安装，能最大限度地接受阳光照射，提高光伏系统的发电效率，见图 5-10 和图 5-11。

（3）中厅自然通风系统

在办公楼两端的楼梯间顶部设置通风窗，利用热压原理中厅的新风送至各个室内空间，将室内污浊空气通过楼梯间顶部的通风窗排出室外，见图 5-12 和图 5-13。

（4）北向双层窗通风

办公楼北侧设置双层窗，夏季，外侧窗户上下窗扇打开，通过空气在其内部的流动带

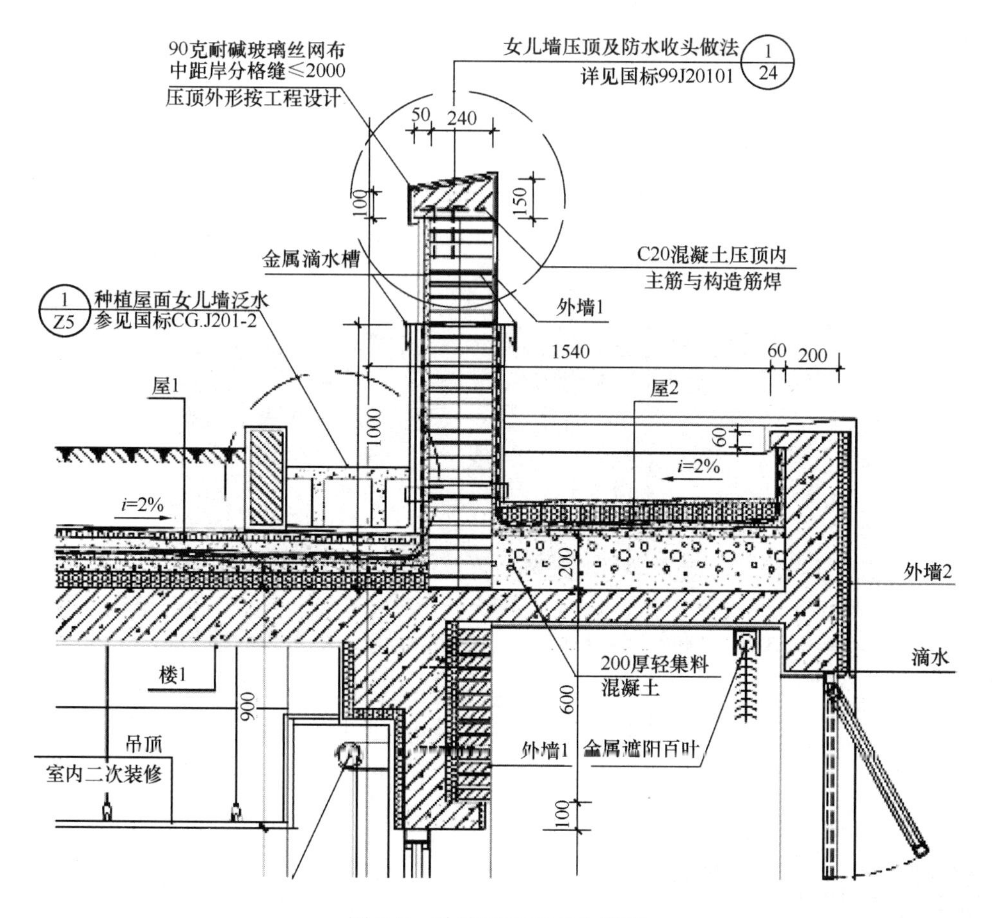

图 5-9　种植屋面节点大样图

图 5-10　屋顶光伏组件实景图

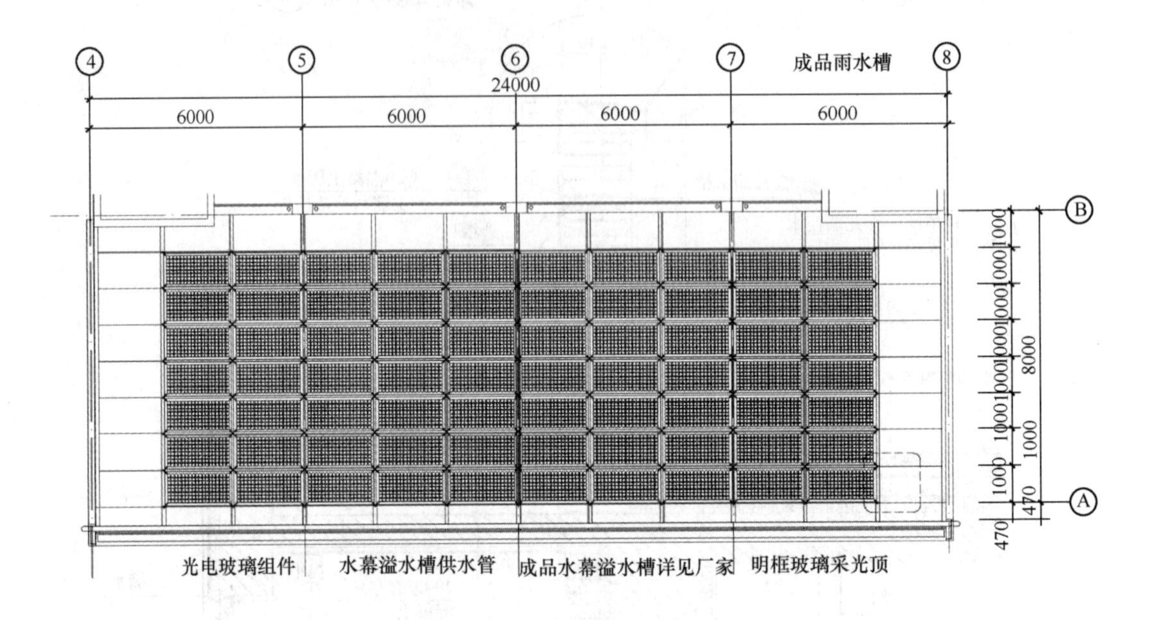

图 5-11　屋顶光伏组件屏幕布置图

图 5-12　中厅实景图（左）及中厅自然通风原理图（右）

走室内热量，从而达到降温目的，见图 5-14～图 5-16。

冬季关闭外侧窗户，打开内侧窗户的上下窗扇，通过阳光的照射为内外侧窗内的空气加热，通过空气流动提高室内空气温度。

（5）南向垂直通风道

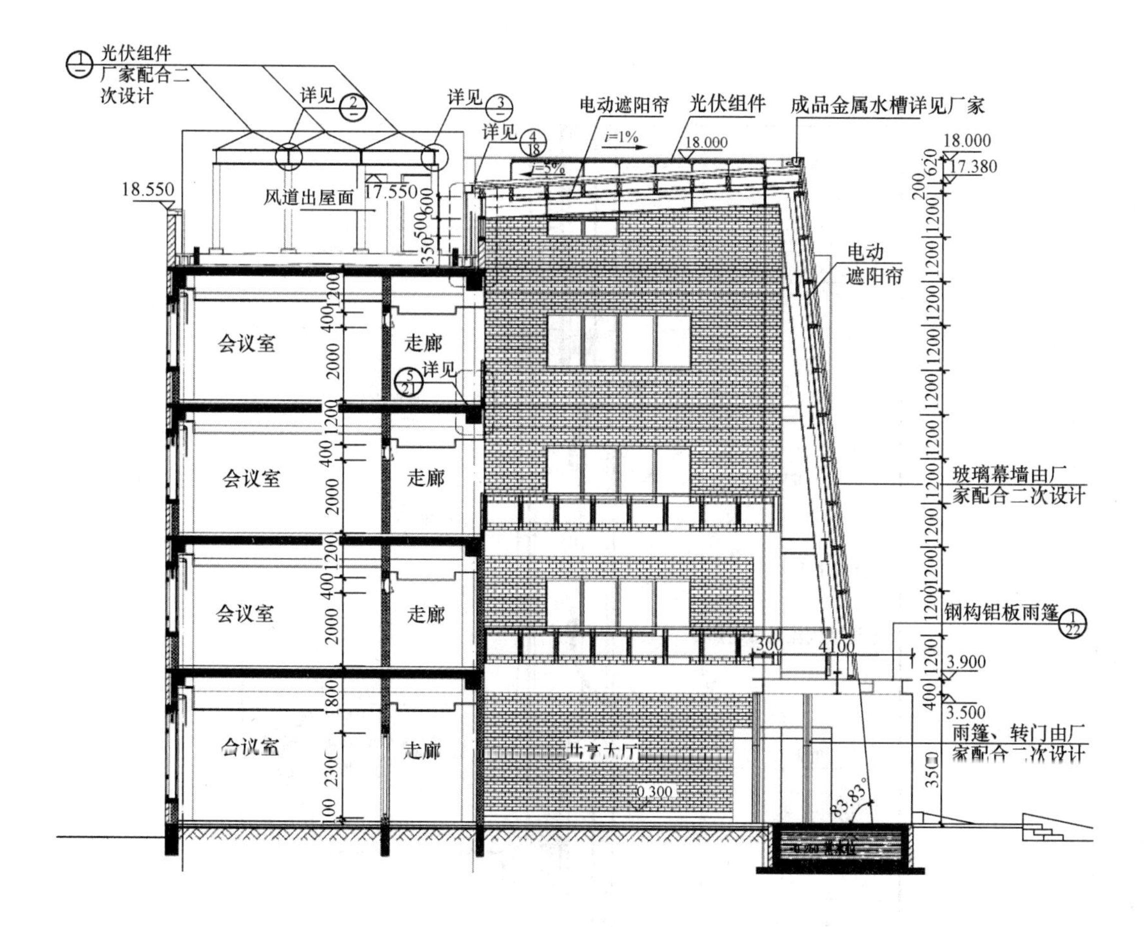

图 5-13　中厅建筑施工图

图 5-14　办公楼北向通风窗实景图

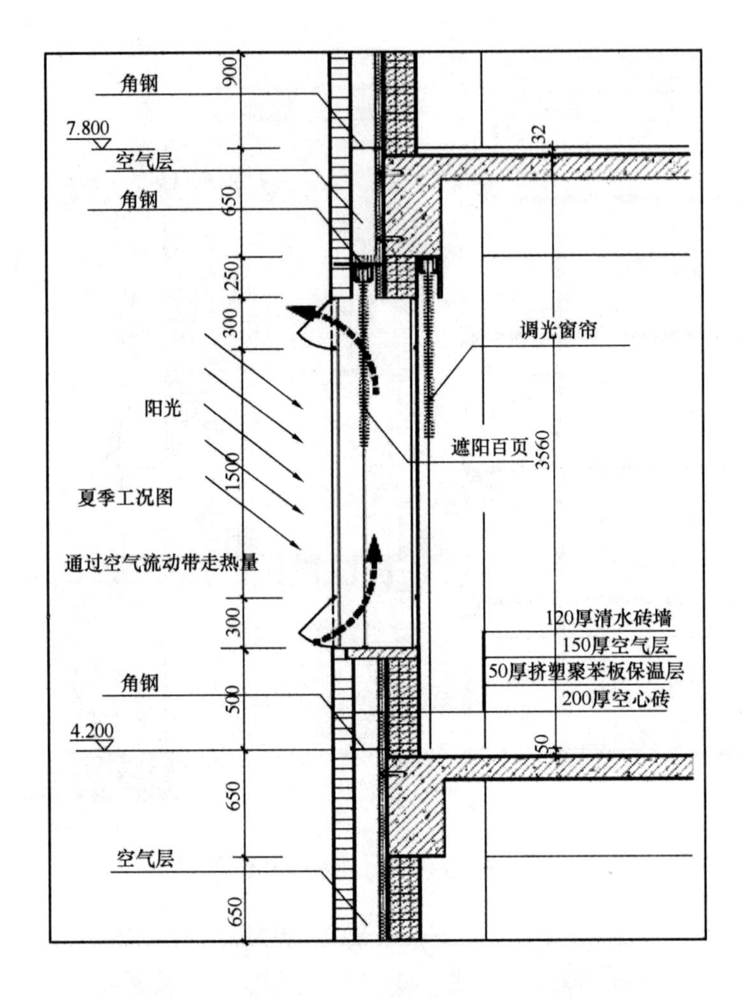

图 5-15　办公楼北向通风窗夏季通风原理图

办公楼南向二～四层之间设置垂直通风道，在夏季开启南向窗扇，通过空气在通风道中的流动带走室内热量。达到降温的目的。在冬季，关闭南向窗扇，利用阳光加热通风道内的空气，并将热空气送入室内，提高室内温度，见图 5-17～图 5-19。

3. 系统应用评价

(1) 系统性能评价分析

① 光伏发电方面

该工程采用能效评价法对光伏发电系统的系统效率进行了运行监测。通过 2008 年 9 月～2009 年 8 月为期一年的监测，该工程的光伏发电系统效率在 3.5%～4%之间，图 5-20 为月平均光伏发电系统效率曲线。

根据电表对一年的数据统计，建筑总能耗（照明＋电力系统）为 475270kWh，光伏系统总发电量为 14003kWh，则可再生能源替代率为 3%。

② 被动太阳能技术方面

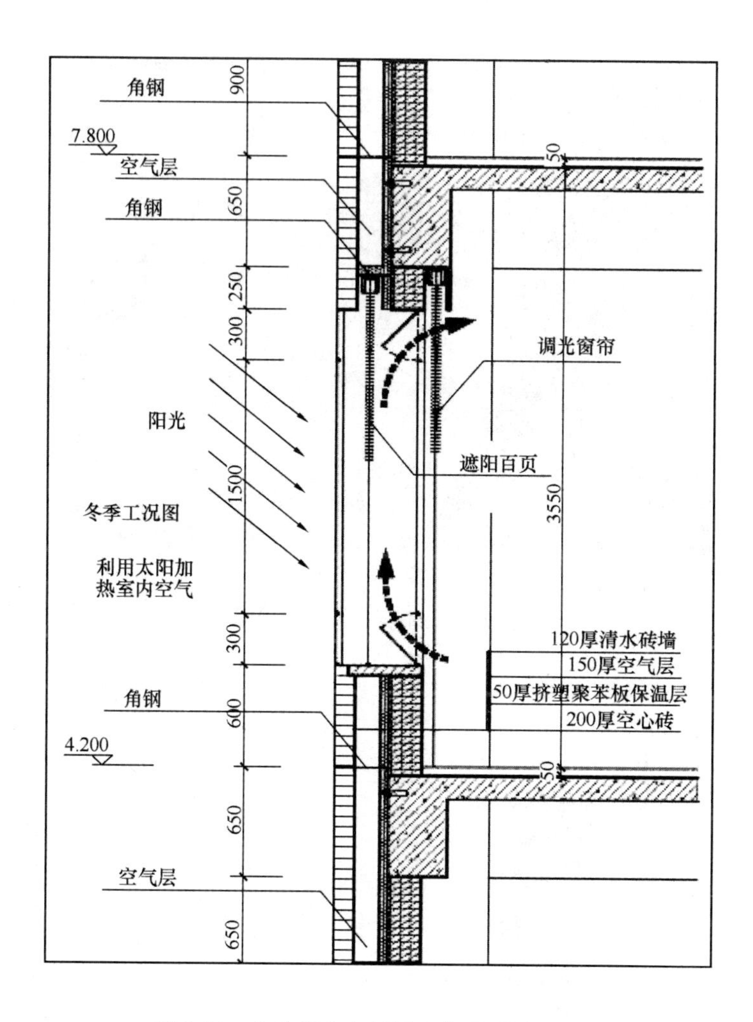

图 5-16 办公楼北向通风窗冬季通风原理图

该项目未进行被动式太阳能技术的运行监测，仅根据英国建筑能耗分析软件 IES-VE（虚拟环境）对该建筑的能耗进行了模拟分析（图 5-21）。在夏季和过渡季节夜晚采用自然通风后，建筑全年节约的能耗占建筑总能耗的 3.8%，加上中庭采光可实现 1.8%的节能贡献率，总贡献率为 5.6%。也就是说在常州以及类似气候地区被动太阳能技术的可再生能源贡献率为 5.6%。按照项目实际耗电量计算，被动太阳能技术可节约用电 26615kWh。

（2）示范增量成本概算

项目投资概算 1840 万元，其中土建 540 万，室内装饰 1000 万，弱电工程 300 万。光伏系统增加成本为 120 万元；热回收新风换气机增加成本为 1 万元（普通新风换气机：0.8 万元），总增加成本为 311.8 元/m^2。

4. 专家点评

该项目为新建公共建筑，建筑物按 65%节能标准设计，采用太阳能发电及自然通风、

图 5-17 垂直通风道实景图

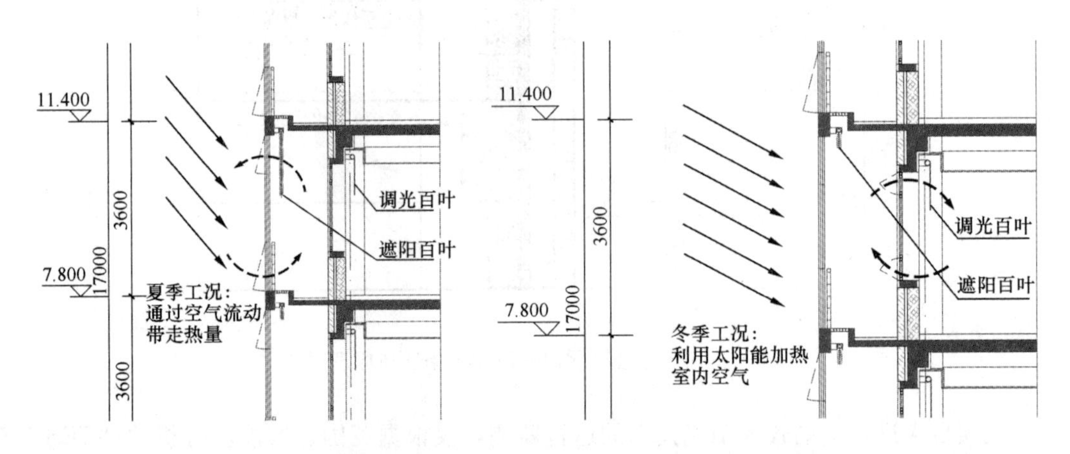

图 5-18 垂直通风道夏季（左）及冬季（右）工作原理图

自然采光、呼吸幕墙、热回收、种植屋面等技术，实现太阳能的综合利用，具有推广价值。

该项目完成了 1 年的光伏系统监测及两个夏季的太阳能通风冷却等多种技术测试，对其他工程应用具有借鉴意义。

开发单位：常州天合光能有限公司

设计单位：中国建筑设计研究院 张广宇 仲继寿 张磊 曾雁 王岩

技术支撑单位：中国建筑设计研究院

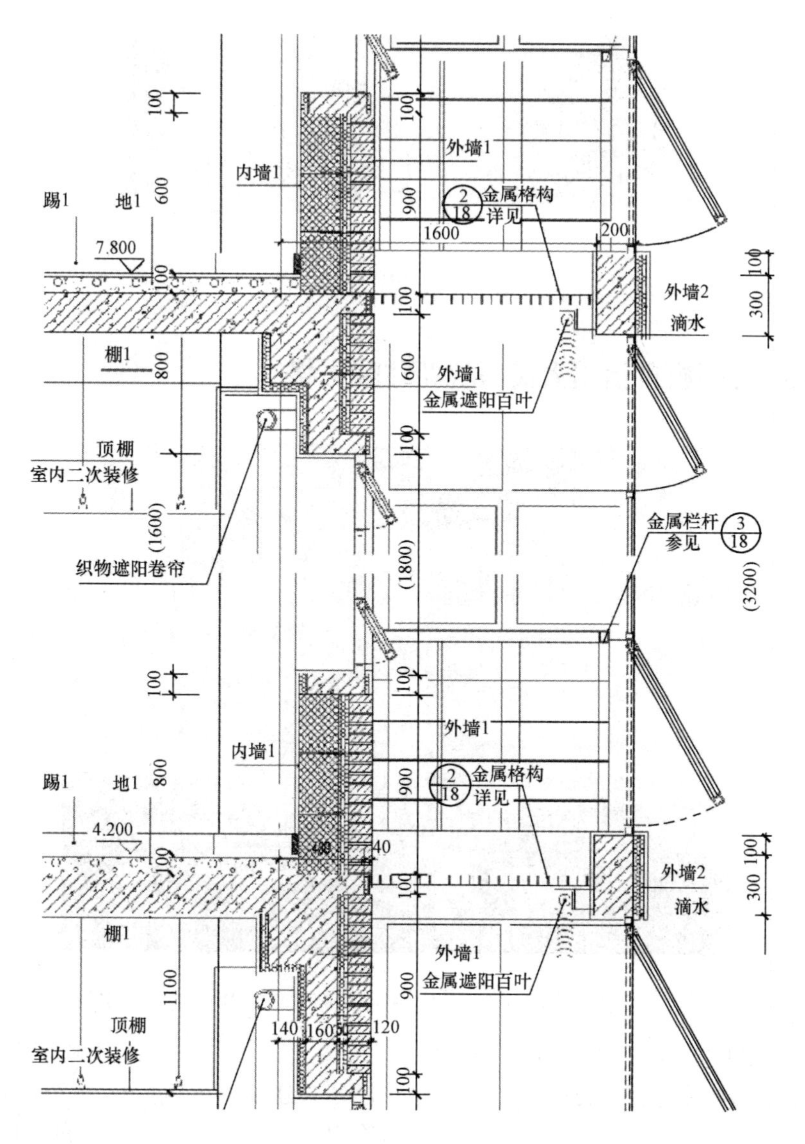

图 5-19 垂直通风道节点大样图

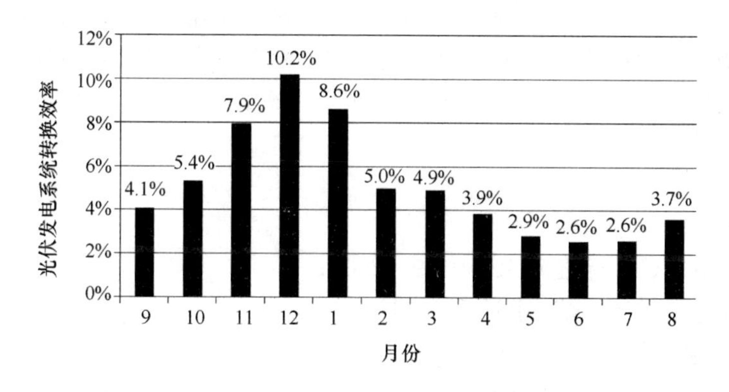

图 5-20 光伏发电系统的月平均光伏发电系统效率

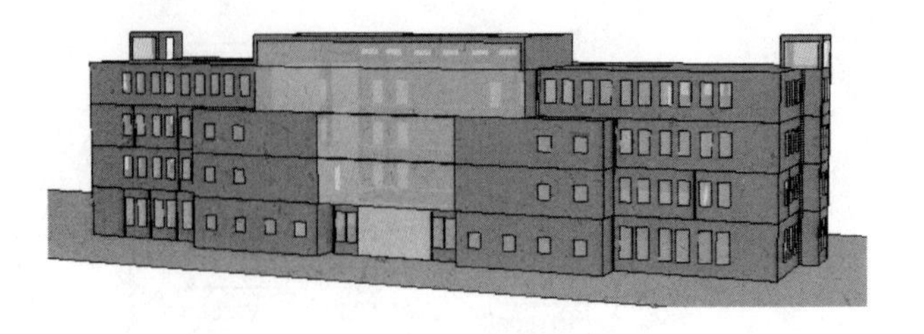

图 5-21　计算建筑模型

5.3　新疆昌吉回族自治州人民医院新住院大楼

图 5-22　新疆昌吉回族自治州人民医院新住院大楼示范工程实景图

新疆维吾尔自治区昌吉州人民医院新住院大楼（图 5-22）位于新疆维吾尔自治区昌吉市延安北路，项目属于一类高层防火医疗新建公共建筑，建筑面积为 25195.6m^2，地下一层是人防设备电器用房、一～三层是内科门诊用房、四～十五层是内科病房楼、十六层为多功能厅及库房。本项目利用采用干空气能的水冷却设备——间接蒸发冷水机组为地板辐射供冷的冷源，承担夏季室内部分显热冷负荷，利用采用干空气能的高效多级蒸发冷却空调机组为新风系统的冷源，承担全部室内潜热冷负荷其余的显热负荷，构成蒸发制冷地板辐射供冷＋独立新风空调系统，实现夏季供冷、冬季供暖。该工程于 2009 年 6 月竣工并投入使用。

1. 系统设计

（1）设计依据

《公共建筑节能设计标准》GB 50189—2005；

《综合医院建筑设计规范》JGJ 49—1988。

（2）设计气象参数

① 太阳辐照量：昌吉州地区年平均太阳辐射量为 5000～6490MJ/（m^2 · a）

② 气象条件：年平均气温 7.3℃，年日照时数约 2550～3500h

(3) 设备选型

① 本项目示范技术主要包括以干空气能为制冷动力源的直接蒸发冷却与间接蒸发冷却相结合的多级空气冷却技术、基于间接蒸发的水冷却技术以及由它们所构成的地板辐射末端供冷＋独立新风的新型空调系统技术。

② 采暖：两台 1400kW 常压燃气锅炉提供 95～70℃热水，经半即热式热器，分别制得 30～40℃、50～60℃热水，供地板辐射采暖系统，热负荷为 1125kW（44.6W/m²）；同时供冬季新风系统加热和楼梯间采暖之用（43.6W/m²）。

③ 制冷：屋顶设有一台蒸发冷水机组 840kW，提供地板辐射供冷，冷却水 16～21℃，承担室内显热冷量 45.0W/m²（铺设面积按 18500m² 计）。新风机组分别设在一～四、十五、十七层，新风不仅承担室内全部潜热冷负荷 205.2kW，还承担部分显热负荷 640.3kW，全热冷负荷 845.5kW，新风机组承担的全热冷负荷为 45.7W/m²。

(4) 系统原理

本项目采用利用干空气能为动力源的地板辐射末端供冷＋独立新风空调系统。地板辐射供冷/供暖＋独立新风中央空调系统是指夏季和冬季共用一套房间地埋盘管末端系统。夏季是以高温冷水作为冷媒，冬季则以低温热水作为热媒，通过埋设于地面楼板上部的碎石混凝土或水泥砂浆层内的盘管把地板降温/加热，并以地板表面作为辐射换热面，从而实现供冷/热的空调方式。地板辐射供冷在夏季供冷时，辐射地板带走围护结构、太阳辐射、设备等的显热负荷。独立新风带走室内湿负荷和人的显热负荷。新风系统在人在的时候开启，辐射地板可以连续运行，还可起到预冷的效果，利用围护结构的蓄冷节约能源，系统原理见图 5-23～图 5-25。

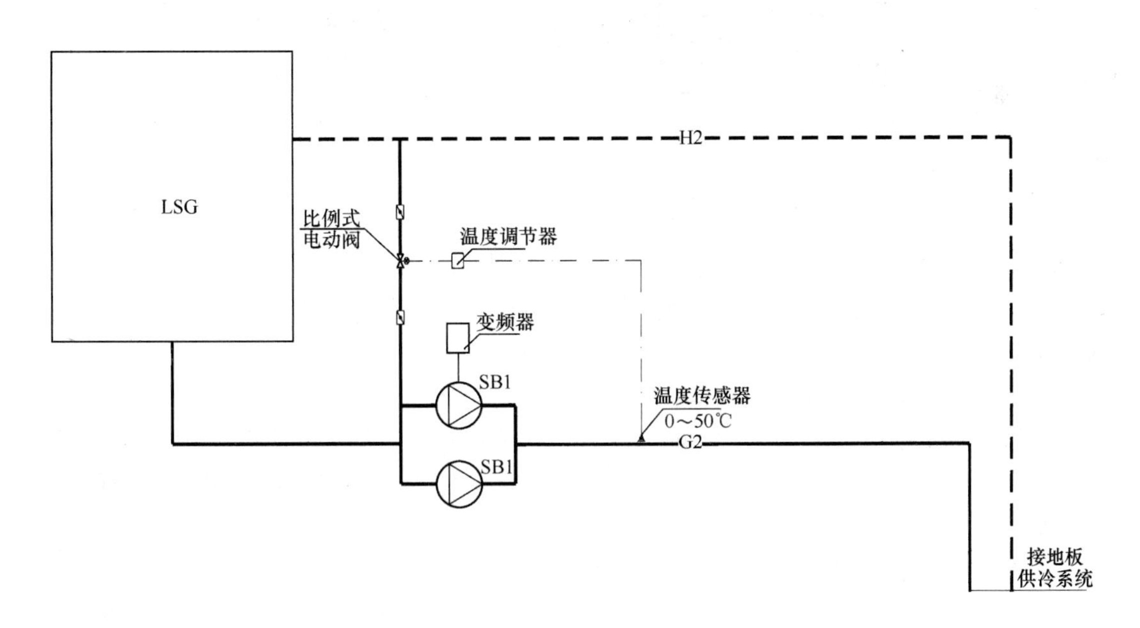

图 5-23　冷水机组温度自控原理图

系统特点如下：

① 以干空气能为动力源，开辟了在干旱、半干旱地区空气调节新的能源形式；本项目采用干空气能这种天然的、可再生的能源作为制冷的驱动能源，替代传统空调制冷所使

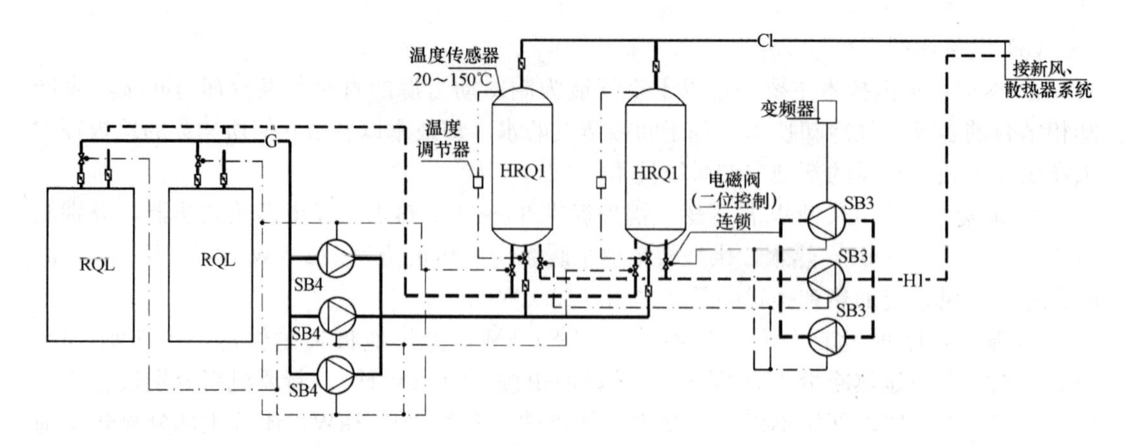

图 5-24　新风、散热器换热系统温度自控原理图

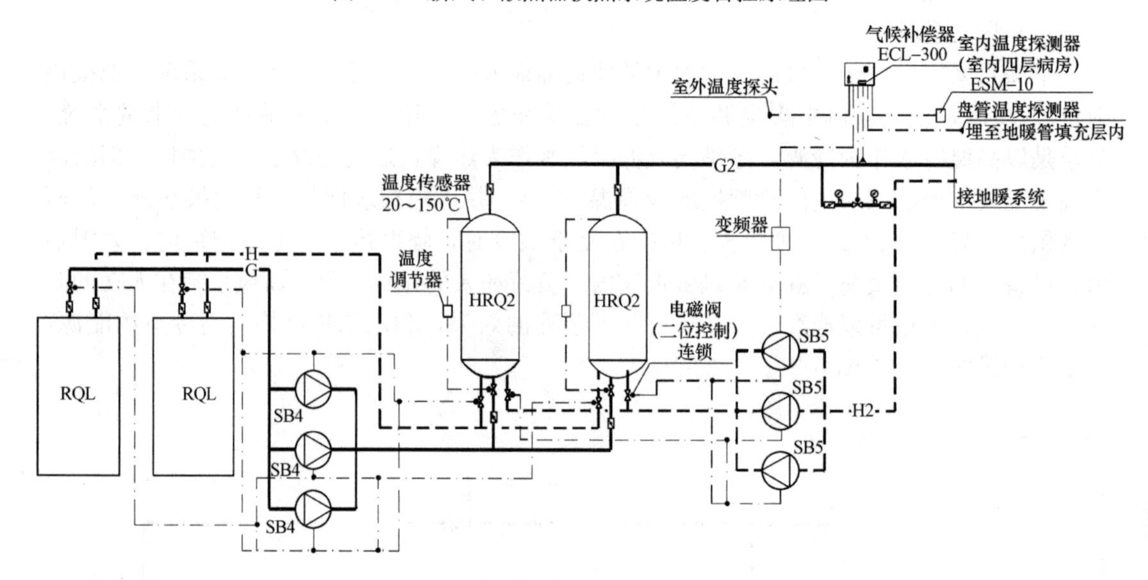

图 5-25　地暖换热系统温度自控原理图

用和消耗的常规能源（对电力、燃气等）。

② 工程示范技术相关的制冷设备 *COP* 值可达 10 以上，能源利用效率很高，因此节能潜力巨大。

③ 在相同制冷量的条件下，整个空调系统的运行能耗仅为电制冷空调系统的 1/4 左右，大大降低了运行能耗，可节电 60%左右，同时它的推广和应用还将缓解城市供电压力，改善电力负荷紧张状况，从而节约有限的资源，减少人类因开采和使用资源造成的生态环境破坏，有利于社会的可持续发展。

④ 空调系统运行过程无氟利昂，无温室效应气体排放。

⑤ 新风量充沛，能有效改善室内空气品质。本项目产品可以构成温湿度独立控制的地板辐射末端供冷＋独立新风的新型空调系统系统，在制冷的同时可以实现充足新风供给，避免了空气的二次污染，可稀释和置换出室内的有害物质，改善室内空气品质，营造清新舒适环境。

⑥ 结构简单，系统安全。

2. 可再生能源利用技术与建筑集成要点

我国的公共建筑中多采用基于传统冷水机组的湿工况风机盘管＋新风空调系统，冷水机组制取 7～12℃的低温水作为空调的冷媒，送入各个空调房间的末端风机盘管，由于水温低于空调房间的露点温度，在对室内空气降温的同时也对室内空气除湿，这对于夏季高温高湿地区是适合的一种空调方式，但对于西北等干燥炎热地区，在降温的同时再进行除湿，则是对能源的一种巨大的浪费。

在西北等干热气候地区，蕴涵丰富的干空气能。与传统制冷方式相比，我国西北的大部分地区在炎热的夏季室外空气湿度都非常小，合理使用干空气能等清洁的可再生能源用于空调制冷，用以替代常规能源，能够大幅度地节省空调系统的运行能耗和费用，综合投资也得到有效降低，在节能减排的同时，对优化和改善不合理的用能结构有着重要的现实意义。另一方面，西北地区经济水平落后，前瞻性地推广使用干空气能等新能源的推广应用，有利于该地区经济社会的良性发展。

该项目采用的地板辐射供冷/供暖系统＋独立新风中央空调系统，其中，地板辐射供冷/供暖系统的管道安装方式如图 5-26～图 5-28 所示。

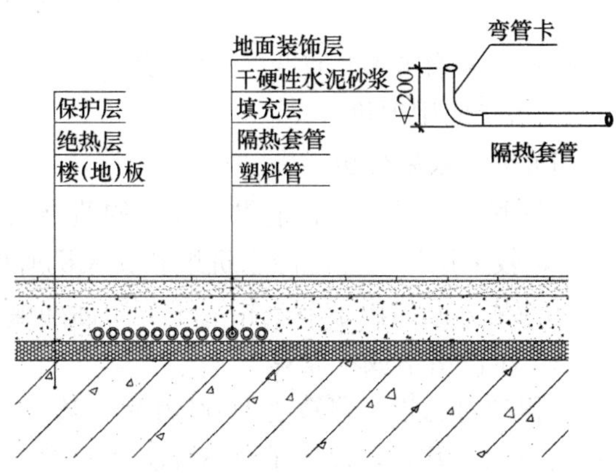

图 5-26　管道密集处隔热做法

辐射板以高温冷水作为冷媒传递冷量，其密度大、占空间小，效率高；冷媒通过辐射末端将冷量传递到室内环境表面，如地板表面，通过对流和辐射的方式直接与室内环境进行换热，极大地简化了能量从冷源到终端用户即室内环境之间的传递过程，减少了热量传递的不可逆损失，提高低品位自然冷源的可利用性；辐射冷却系统在干工况工作，即地板表面的温度控制在室内露点温度以上；这样，室内的热环境控制和湿环境、空气品质的控制被分开，辐射冷却系统负责除去室内显热负荷，承担将室内的温度控制在舒适的范围，而新风系统则负责室内人员所需的新鲜空气的输送、室内湿环境的调节，以及室内污染物的稀释和排放等任务。因此，温度、湿度独立控制，使得空调系统对热、湿、新风的处理过程分别实现最优，对建筑物室内环境控制的节能具有重要意义。辐射供冷系统还具有避免吹冷风感、提高舒适性，将采暖和空调的末端设备统

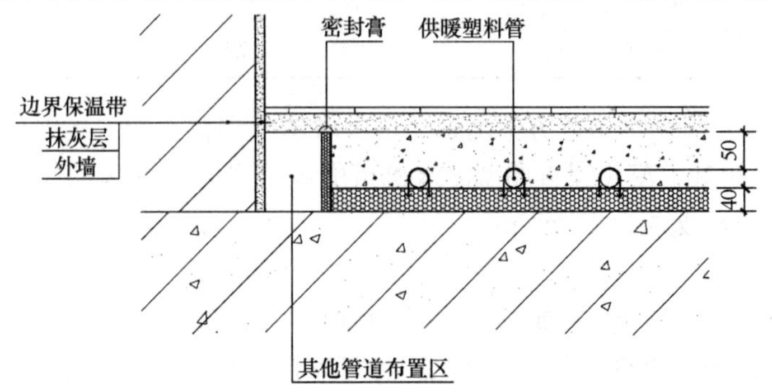

图 5-27　与其他管道共同敷设时的做法

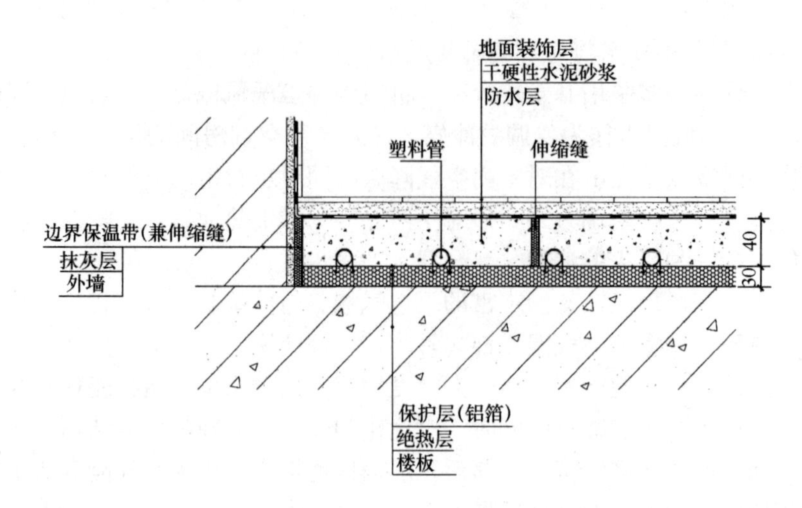

图 5-28　中间层楼板卫生间地面做法

一等特点，具有非常广阔的应用前景。

3. 系统应用评价

(1) 节能效果分析

该项目工期延误，目前没有完整的监测数据。根据其设计值，系统综合 *COP* 可达到 8 左右，较采用传统低温冷水机组和新风机所构成的常规空调系统，每年可减少运行电耗 55.5 万 kW，同时由于节电相当于节约标准煤 222t，每年减少二氧化碳排放 157.75t。

(2) 示范增量成本概算

工程项目总投资概算为 8000 万元，其中地板辐射供冷＋独立新风中央空调系统投资概算约为 530 万元，包括 1 台 SZHJ-L 间接蒸发冷水机、8 台 SZHJ-Ⅲ多级蒸发制冷空气处理机、送风管路及末端、辐射地板末端的供货、施工及技术服务费用。

投资对比分析表　　**表 5-2**

方案	季节	冷源、热源	采暖、空调系统	投资（万元）	合计（万元）
方案一	夏季	螺杆式冷水机组	风机盘管＋新风系统	500	620
	冬季	城市集中供热	散热器采暖	120	
方案二	夏季	溴化锂直燃型冷水机组	风机盘管＋新风系统	550	710
	冬季	燃气锅炉	散热器采暖	160	
方案三	夏季	间接蒸发冷水机组	地板辐射供冷供热＋新风系统	410	530
	冬季	城市集中供热		120	

从表 5-2 可以看出，本示范方案增量总成本较基于螺杆式冷水机组的风机盘管＋新风系统为 90 万元，较基于溴化锂直燃型冷水机组的风机盘管＋新风系统为 180 万元。平均每平方米的综合增量成本为 73 元/m^2。

4. 专家点评

可再生能源利用中最重要的原则就是因地制宜，该项目地处新疆，夏季高温干燥，空气湿度较少，这种干燥的空气事实上就是一种可以作为夏季空调制冷的可再生能源。该项目建筑面积 1.8 万 m^2，采用干空气的蒸发制冷（提供冷水）地板辐射供冷＋新风空调的方式，系统综合能效比大于8，比传统电制冷空调系统节能50%以上。并且初投资比传统的电制冷+风机盘管空调系统方式节省70元/m² 左右。该项目在新疆地区所具有的极为重要的示范和推广意义。

开发单位：新疆昌吉回族自治州人民医院

设计单位：新疆建筑设计研究院

技术支撑单位：新疆绿色使者空气环境技术有限公司　于向阳　吕正新

5.4 西藏自治区高原生态节能建筑

图5-29　西藏自治区高原生态节能建筑示范工程实景图

西藏自治区高原生态节能建筑位于西藏自治区日喀则地区定日县扎西宗乡拉隆村，属于喜马拉雅山脉北侧的珠峰自然保护区。该地区平均海拔在5000m以上。该建筑属于住宅建筑，工程总用地面积396m²，总建筑面积146.3m²，建筑共1层，为砌体结构。考虑到该工程位于严寒地区，结合高原地区气候特点，采用了以太阳能被动利用为主体的综合太阳能利用技术。该工程于2010年初投入使用。

1. 采暖设计

(1) 自然条件

本工程所在地区自然气候恶劣，生态环境脆弱，属于高原温带半干旱季风气候区，昼夜温差大，气候干燥，年降雨量少，蒸发量大，日照时间长。气候参数见表5-3。

定日县自然气候参数　　**表5-3**

项　目	参　数	说　明
年平均气温	2.8～3.9℃	
最冷月份	1月，平均−7.4℃	
最热月份	7月，平均12℃	
极端最高气温	24.8℃	
极端最低气温	−27.7℃	

续表

项　目	参　数	说　明
年日照时数	3393.3 小时	
日照百分率	77%	某时段内实际日照时数与该地理论上可照时数的百分，百分率愈大，说明晴朗天气愈多
太阳总辐射	8493kJ/m²	
年均降水量	319mm	降水多集中于 6～10 月
年均总蒸发量	2527.3mm	
年均风速	5.84m/s	

(2) 技术方案

该工程属于严寒地区，考虑到该地区冬季热负荷需求大于夏季冷负荷、要求防风保暖等特点，结合高原地区太阳能资源丰富的优势，决定采用符合严寒地区气候特点的以太阳能被动利用为主体的综合太阳能利用技术，包括：平板式空气集热器、附加阳光间、卵石蓄热太阳能炕和相变蓄热天窗等技术。

围护结构方案：

① 墙体：外围护结构墙体采用 400 厚黏土砌块，$K=0.6\mathrm{W/(m^2\cdot ^\circ C)}$。

② 屋顶：采用胶合板，上覆防水透气膜，150 厚覆土，$K=0.5\mathrm{W/(m^2\cdot ^\circ C)}$。

③ 外窗：外窗采用单框塑钢中空玻璃窗(5+10+5)，$K=2.7\mathrm{W/(m^2\cdot ^\circ C)}$。

供热供冷系统及冷热负荷估算：

根据对当地农宅的调研，普通农宅采暖耗标准煤量以 $3\mathrm{t/100m^2}$ 计算，则需要标准煤 4.5t。

2. 太阳能技术与建筑的结合

(1) 功能分区与温度分区结合

建筑所在地区处在山口处，冬季主导风向为西南向和西北向，为了避开减小恶劣气候的影响，在设计建筑布局和功能分区的同时，结合使用空间的主次之分又设计了温度分区。如图 5-30 所示，将牛圈、粮草库房、佛堂和厨房等辅助空间布置在建筑的西面和北面，作为空气缓冲层，以抵御冬季的西南风和西北风的直吹；将卧室和客厅等主要生活空间设置在东南面，一则可以避风，再者也能较好地接收阳光。

(2) 被动太阳能技术

① 阳光间技术

阳光间就是在建筑物的南侧，设置封闭的玻璃房间，充分利用阳光直射获取太阳的热能，加热阳光房内部空气温度，并将热能储存在与之相邻的墙体和蓄热体之中。在阳光间内设置通往卧室和起居室的门或窗，冬季白天阳光间内温度高于邻室温度时开门，利用自然对流的空气提高卧室和起居室的温度，其余时间关闭形成空气缓冲层，起到保温作用。设置上下两排可开启的窗户，在夏天可以将窗户全部打开流通空气，避免阳光房内温度过热。工作原理见图 5-31。

② 相变蓄热天窗

该工程采用了相变蓄热天窗，即相变材料与天窗相结合，除了满足作为天窗为室内采

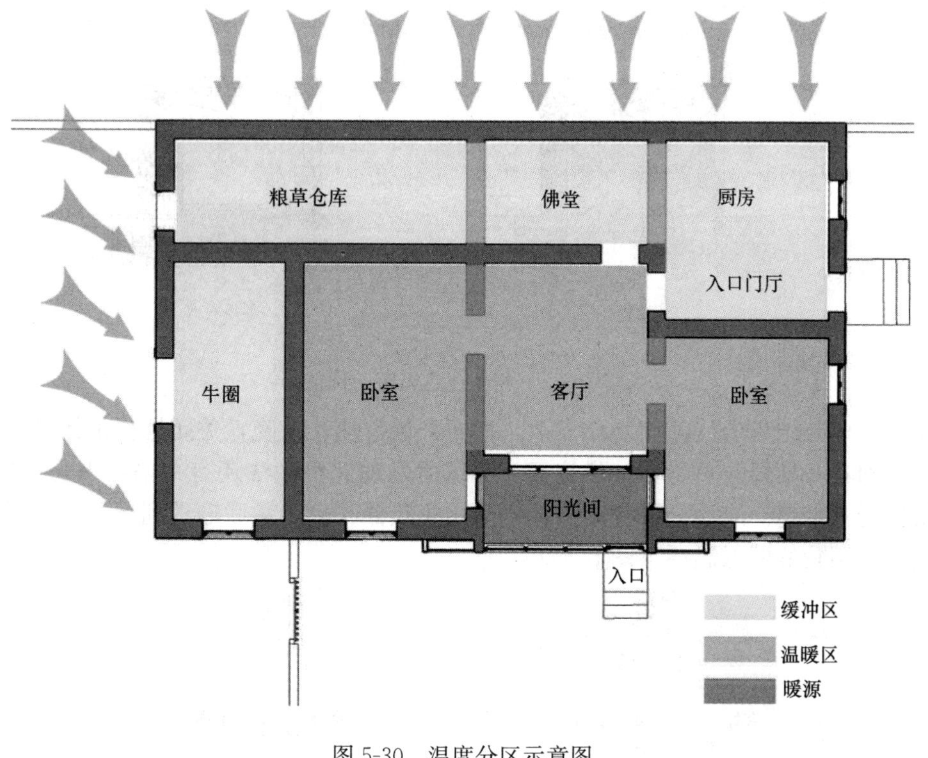

图 5-30　温度分区示意图

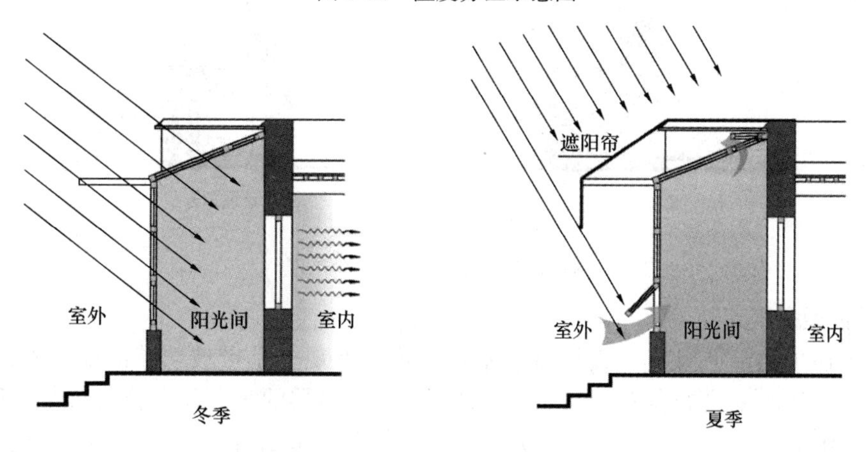

图 5-31　阳光间工作原理

光的基本功能外，还能够利用相变材料的蓄热放热的性能为室内采暖，实现了真正意义上的太阳能与建筑构件的一体化。具体实施为：将相变材料贴附在屋顶天窗开启扇上，白天打开窗扇接收阳光的照射，温度上升材料开始液化，并将能量储存在材料中，到了夜晚气温下降将天窗关闭，在材料由液态变为固态的过程中，能量开始向室内释放，为室内取暖。

③ 卵石蓄热太阳能炕

卵石蓄热性能好，可以作为蓄热体应用于炕中。在炕下空间堆满卵石，在墙体上开采光用的小窗洞，并在窗洞处设置可开关的挡板，上附保温材料和反光材料。白天，阳光经

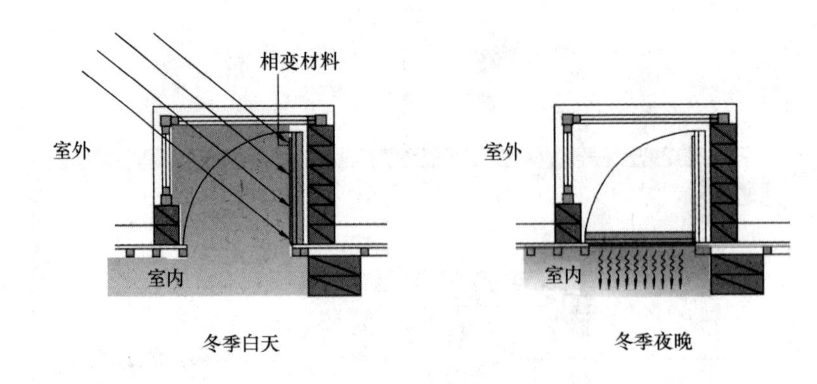

图 5-32　相变蓄热天窗的构造

小窗洞的直射和挡板的反射照到卵石上，卵石开始蓄热；夜晚，关闭挡板来保温，随着气温下降，卵石开始释放热量，加热炕板。测试后发现此种做法还有缺陷，因为室外风大，热量很快会被带走。应该全天关闭挡板，采用集热器收集热量后输送到卵石槽内蓄热，卵石槽内应采用较好的保温层（图 5-33）。

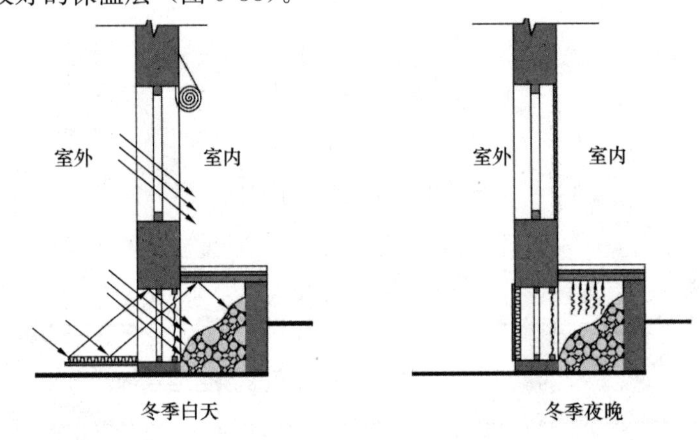

图 5-33　卵石蓄热炕工作原理

④ 平板型空气集热器

本方案还采用了平板空气集热器技术，集热器外观上是带玻璃罩的前后都开洞的盒子。在冬季，关闭集热器表面的洞口，阳光照射在集热器的表面，空腔内温度上升，热空气上浮并经墙体上方的洞口进入室内，而室内的冷空气下沉并经过墙体下方的洞口进入集热器内被加热，如此循环，为室内采暖。在夏季和过渡季，关闭墙体上方洞口，打开墙体下方洞口和集热器上方洞口，阳光照射在集热器上，空腔温度上升顺着集热器上方洞口流到室外，并产生负压，使室内空气顺着墙下方洞口进入空腔，这样可以使室内空气保持流动，形成自然通风。

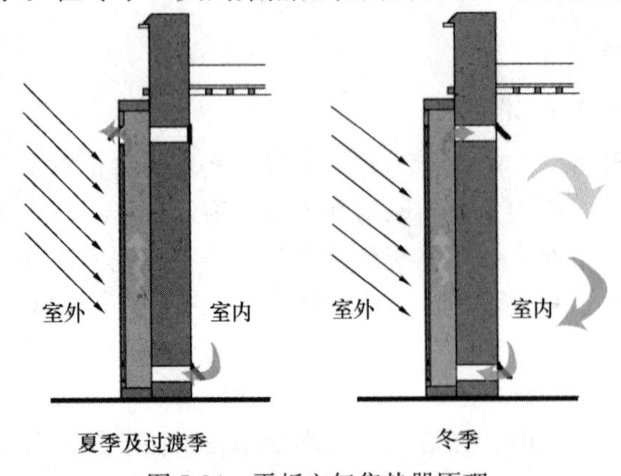

图 5-34　平板空气集热器原理

3. 系统应用评价

(1) 系统性能评价分析

① 室内热环境分析

由于该示范采用了温度分区的办法，将牛圈、粮草库房、佛堂和厨房等辅助空间布置在建筑的西、北面作为温度缓冲区，减少卧室和客厅等主要生活空间（温暖区）的采暖负荷需求，南侧阳光间作为热量来源，进一步补充生活空间所需的热量，以保证整个室内空间的温度呈由北向南的梯度分布。

根据数据分析，缓冲区有效抵御了西南风和西北风直吹，测试期内（2～6 月）温暖区与缓冲区之间的平均温差达到 4.1℃，而热源与温暖区之间保持着近 3℃的温差，如表 5-4 所示。

温度分区逐月实测值（℃） **表 5-4**

时间 \ 区域	室　外	缓冲区	温暖区	热　源
2 月	0.6	0.7	4.8	6.2
3 月	3.9	5.8	10.1	12.9
4 月	8.3	9.5	13.7	16.8
5 月	10.1	11.4	15	19.3
6 月	20.2	16.4	20.4	22.6
平均	8.6	8.75	12.8	15.6

室内热量始终维持从南到北的流动状态，在采暖需求最大的冬季（2～4 月），室内生活区域（起居室、东、西卧室）平均温度可达到 10℃，如图 5-35 所示。

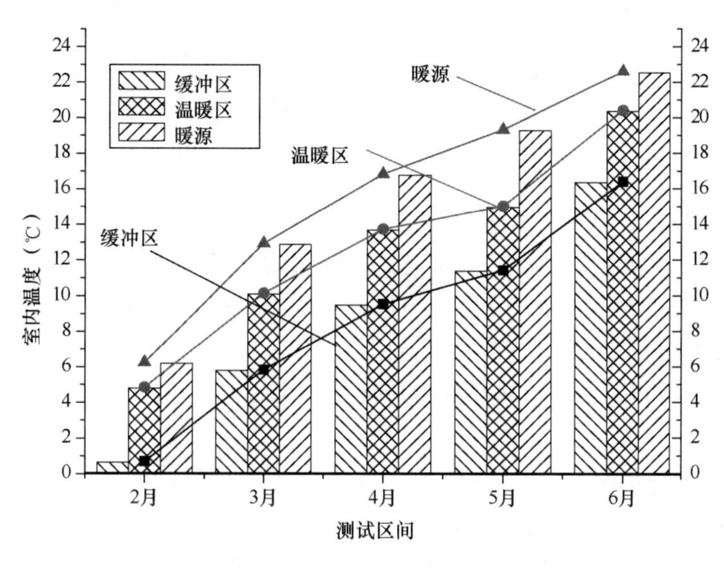

图 5-35　温度分区逐月情况图

除了利用平面布局的合理分布，本示范太阳房良好的围护结构热工性能也进一步改善了室内热环境。与选取的当地典型住宅进行对比可以了解，在没有采暖措施的情况下，对比住宅非采暖空间内的温度与室外气温较为接近，2～4 月平均室温仅为 5℃，十分寒冷，而示范住宅中非采暖空间平均温度与之相比提高约 2～3℃，2～4 月平均室温可达到 9℃左右，而在有局部采暖的卧室中，示范住宅也比对比住宅高约 1～1.5℃，2～4 月采暖平均室温达到 12℃以上。室内外温度对比见表 5-5 和图 5-36。

室内外温度对比　　表 5-5

区域 / 时间	对比客厅（无采暖）	示范客厅（无采暖）	对比卧室（局部采暖）	示范卧室（局部采暖）	室　外
2 月	1.82	4.08	7.89	8.01	0.66
3 月	5.95	9.01	11.53	12.94	3.94
4 月	9.87	12.97	14.32	16.17	8.28
5 月	12.18	14.24	15.65	16.62	10.08
6 月	21.83	22.03	21.92	22.32	21.62

注：采暖行为受人为干扰较大，采暖方式、采暖时长甚至局部采暖的位置均会对室内温度的记录造成较大影响，仅作为辅助参考。

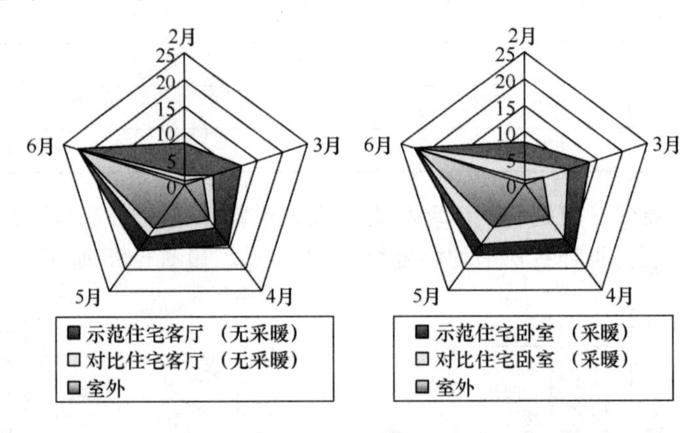

图 5-36　室内外温度对比

示范住宅的围护结构选用本地土坯砖作为主材，但是增加了厚度并在构造中引入空气间层，使得墙体、屋面的热惰性大大提升，能够有效地抵御高原地区每日大幅度的热流变化，延长室内温度的波动周期，削减温度波动幅度。根据测试数据，示范住宅室内温度峰值可比室外气温峰值约推迟 6h（当地普通住宅 4～5h），温度波幅平均在 5～8℃（对比住宅 8～12℃），如图 5-37 所示，热环境明显优于对比住宅。

② 室内舒适度

将测试期内室内温度进行频数分析，＜12℃的区间为低温段，12～26℃为中温段，＞26℃为高温段。当室内温度处于低温段时，认为人体感觉冷，高温段时则感觉热。通过分析发现，在示范住宅中无采暖的区域内，低温段的时间数与对比住宅相比减少 703h，大幅下降了 29%，处于舒适温度区间的时长延长至对比住宅的 2.4 倍，如图 5-38 所示。

当地居民燃烧牛粪产生热量进行局部采暖，热源极不稳定，采暖房间内的温度波动较大。通过频数分析发现，即使在有采暖行为的空间（如卧室）也有较长时间处于低温段，

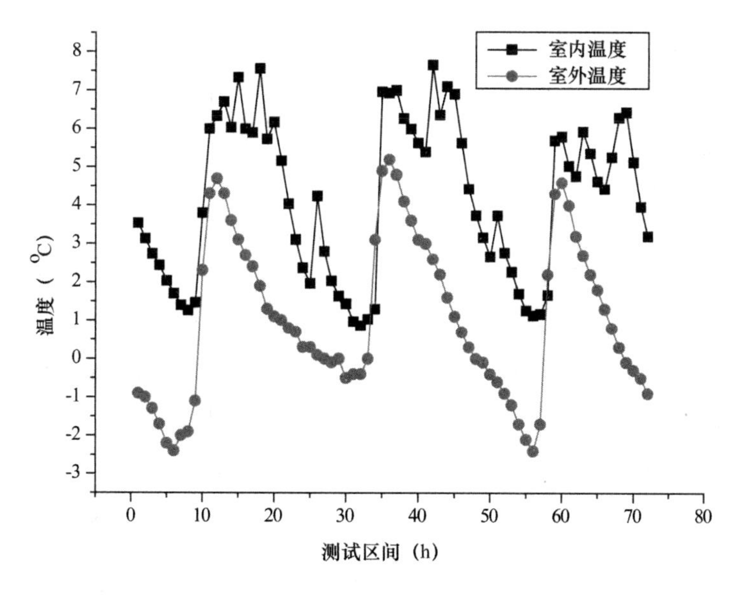

图 5-37　围护结构热惰性

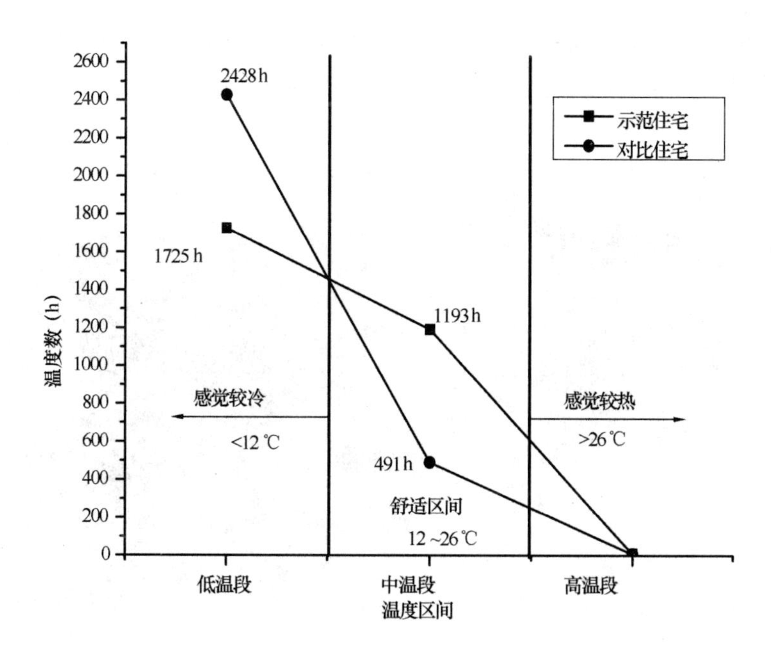

图 5-38　非采暖区域温频

但示范住宅中低温段时长缩短近 20%，舒适段时间延长 274h，明显优于对比住宅，如图 5-39 所示。

(2) 技术经济分析

① 采暖负荷

利用能耗模拟软件 Energy Plus 建立示范住宅模型（见图 5-40），进行 1～6 月采暖负荷的计算，假定一处普通住宅与之进行对比，该普通住宅的建筑形式及面积与示范住宅保持一致，围护结构做法按照重建前住宅的做法进行设置，取消被动太阳能利用技术。根据

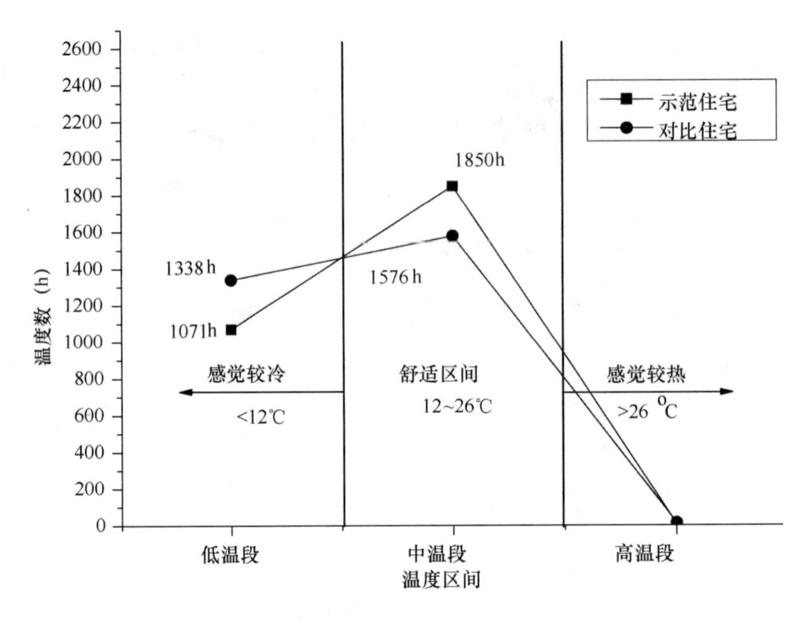

图 5-39　采暖区域温频

实地调研，当地居民认为室温达到 12℃便可以接受，因此室内设计温度设置为 12℃，每月的室外设计温度选取 1～6 月实测最低值，采暖负荷计算结果如表 5-6、表 5-7 和图 5-41 所示。

图 5-40　示范住宅能耗模型

示范住宅采暖负荷构成　　　　**表 5-6**

项目	外窗(kW)	外墙(kW)	地面(kW)	屋面(kW)	通风(kW)	合计(kW)	单位负荷(W/m²)
1 月负荷	0.61	1.82	0.45	2.81	0.82	6.2	98.4
2 月负荷	0.59	1.71	0.43	2.67	0.77	5.7	90.4
3 月负荷	0.43	1.21	0.36	2.04	0.52	4.3	68.3
4 月负荷	0.32	0.85	0.31	1.61	0.35	3.1	49.2
5 月负荷	0.25	0.63	0.29	1.31	0.25	2.4	38.0
6 月负荷	0.10	0.15	0.21	0.68	0.01	1.0	15.9

普通住宅采暖负荷构成　　表 5-7

项目	外窗(kW)	外墙(kW)	地面(kW)	屋面(kW)	通风(kW)	合计(kW)	单位负荷(W/m^2)
1 月负荷	0.37	2.40	0.52	5.1	0.75	9.14	145
2 月负荷	0.35	2.24	0.39	4.82	0.69	7.60	120
3 月负荷	0.25	1.55	0.35	3.60	0.47	5.47	86.8
4 月负荷	0.17	1.04	0.30	2.72	0.30	3.93	62.4
5 月负荷	0.13	0.75	0.28	2.20	0.20	3.01	47.7
6 月负荷	0.04	0.11	0.20	1.12	0.001	1.07	17.0

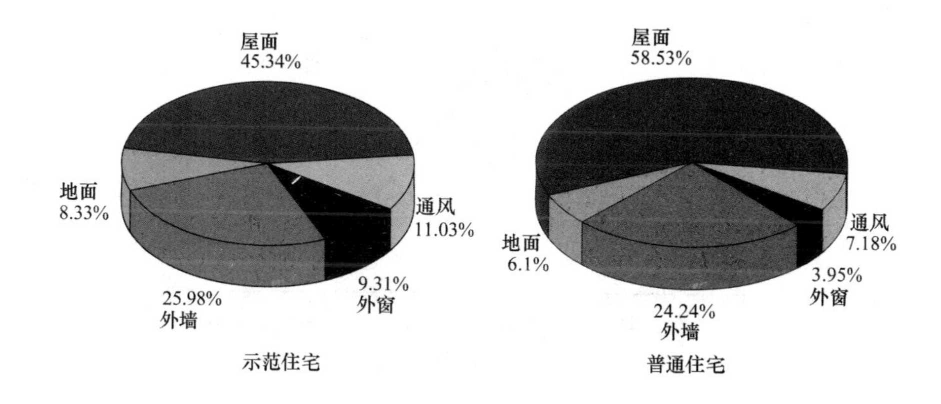

图 5-41　示范住宅采暖负荷比例及
普通住宅采暖负荷比例

通过对比可以了解，示范住宅由于提高了太阳能的利用水平，使得采暖过程中对常规能源的需求大为下降，测试期内，室内采暖负荷平均下降 26%，其中 1 月份负荷下降超过 32%，如图 5-42 所示。

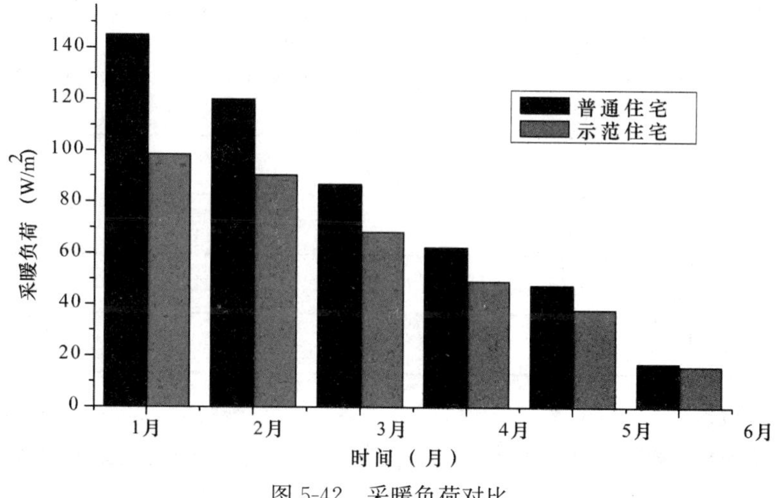

图 5-42　采暖负荷对比

② 采暖能耗

根据1～6月采暖热负荷，得到示范住宅与普通住宅的采暖能耗对比情况，示范住宅在1～6月中总计减少使用采暖能耗0.75t标准煤，太阳能替代率达到39%，如图5-43和表5-8所示。

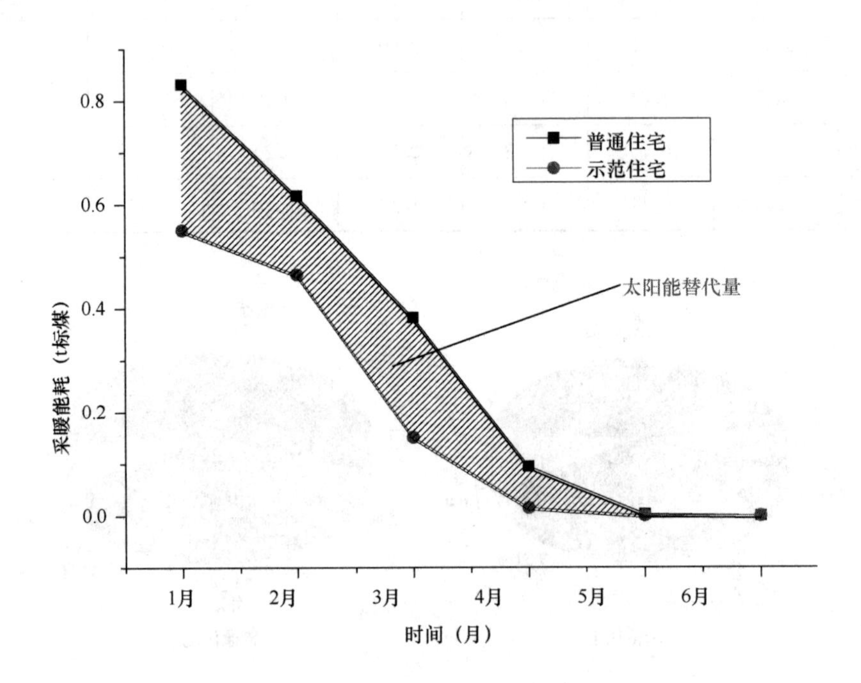

图5-43　采暖能耗对比

常规能源替代率(t标煤)　**表5-8**

项目 测试期	普通住宅	示范住宅	替代量	替代率
1月	0.832	0.551	0.281	34%
2月	0.617	0.465	0.152	25%
3月	0.382	0.151	0.231	60%
4月	0.095	0.015	0.08	84%
5月	0.003	0	0.003	100%
6月	0	0	0	—
总计	1.929	1.182	0.747	39%

(3) CO_2排放

根据逐月采暖能耗量，折算得到示范住宅与普通住宅的CO_2排放对比情况，见表5-9所示。

CO_2 减排情况（吨）　　　　表 5-9

测试期＼项目	普通住宅	示范住宅	减排量	减排率
1 月	2.18	1.44	0.74	34%
2 月	1.62	1.22	0.40	25%
3 月	1.00	0.40	0.61	60%
4 月	0.25	0.04	0.21	84%
5 月	0.01	0.00	0.01	100%
6 月	0.00	0.00	0.00	—
总计	5.05	3.10	1.96	39%

4. 专家点评

该项目地处太阳能资源条件丰富的西藏地区，年平均日照小时为 3125h，采用以太阳能被动利用为主体的综合太阳能利用技术是合理的。该项目集成了平板式空气集热器、附加阳光间、卵石蓄热太阳能炕和相变蓄热天窗等多项技术，可再生能源替代率为 30%；同时结合了采用地方材料的墙体、屋顶、外窗等围护结构等保温技术，集成度高，具有一定的技术推广性。建议在推广中将相变蓄热技术用于外墙内侧。

开发单位：北京奥维斯世纪文化传媒有限公司

设计单位：中国建筑设计研究院

技术支撑单位：中国建筑设计研究院　张广宇　仲继寿　张磊　曾雁　王岩

5.5 青海省高原生态节能建筑

图 5-44　青海省高原生态节能建筑示范工程实景图

该工程位于青海省海南藏族自治州共和县倒淌河镇甲乙村（图 5-44），由 10 栋住宅组成，总用地面积 8040m^2，总建筑面积 820m^2，建筑基底面积 787.46m^2，容积率 0.105。建筑层数：地上 2 层，建筑高度：6.8m。该工程属于严寒地区，考虑到该地区冬季热负荷需求大于夏季冷负荷、要求防风保暖等特点，结合高原地区太阳能资源丰富的优势，采用符合严寒地区气候特点的以太阳能被动利用为主体的综合太阳能利用技术。该工程于

2010年10月竣工并投入使用。

1. 系统设计

(1) 设计依据

《青海省农村牧区住宅建设指导手册》

《严寒和寒冷地区农村住房节能技术导则》

《青海省民用建筑节能设计标准(采暖居住建筑部分)青海省实施细则》

(2) 节能措施

为方便测试对比,住宅共分三个节能等级:

第一等级为普及型,使用防风透气材料与保温材料配合,提高围护结构防风保温的性能,设置了阳光房和空气集热器等辅助采暖设施;

第二等级为在第一等级的基础上,增加卵石蓄热技术的应用,将白天空气集热器所收集的热量储存起来并在夜间释放进行采暖;

第三等级为最高等级,是在第二等级的基础上加大围护结构的保温层厚度,结合旅游需求在二层设置房间,形成空气缓冲层以提高保温效果,并在此基础上,结合光伏发电技术,以及相变蓄热材料的应用,大幅度减少建筑能耗。

(3) 设备选型

① 集热器:真空管空气集热器

② 集热总面积:30m^2

(4) 系统原理图(图5-45)

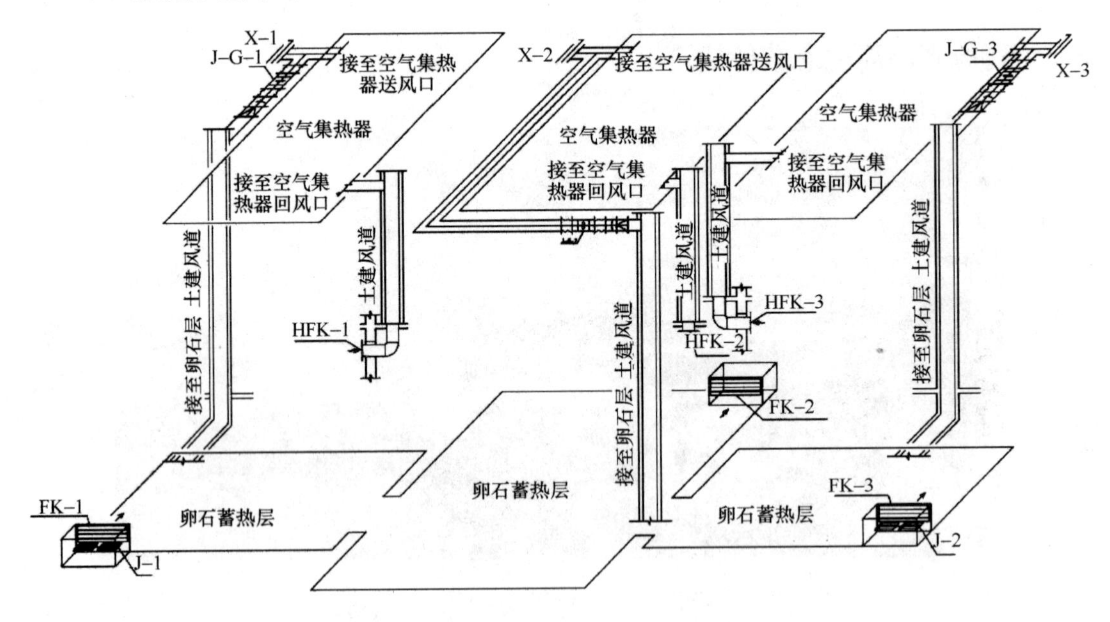

图5-45 真空管空气集热器+卵石蓄热供热系统原理

(5) 系统控制

白天在有阳光直射时,打开集热器进风口风机,将热空气经过送风机送到并储存在卵石蓄热层中。夜间,关闭集热器进风口风机,并打开卵石层出风口风机,将热空气从地面出风口送入室内进行采暖。

2. 可再生能源利用技术与建筑集成要点

(1) 空气集热器与卵石层

在地面下砌筑S形的卵石通道，底层设置架空篦子，篦子上放置卵石，然后放置地面的预制板。在通道两个端部分别设置洞口作为热空气的出风口和回风口。在墙壁上砌筑送风井和出风井，作为连接空气集热器与卵石层的通道（图 5-46、图 5-47、图 5-49）。

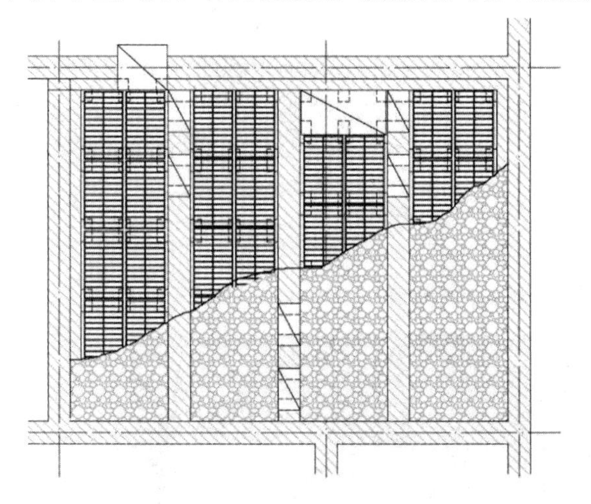

图 5-46　卵石层平面布置图

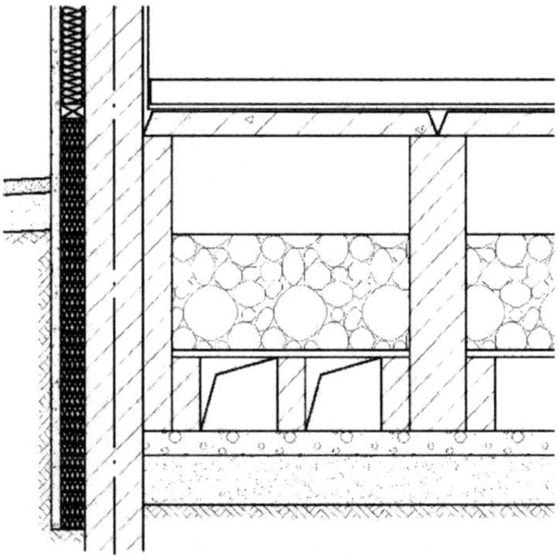

图 5-47　卵石层剖面示意图

图 5-48　太阳能空气集热器

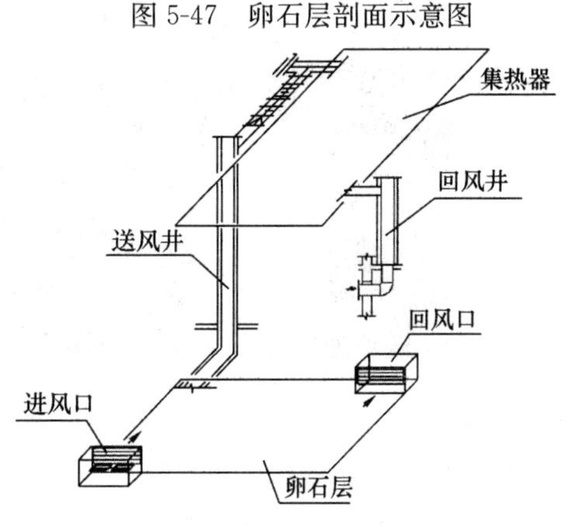

图 5-49　系统示意图

空气集热器放置在平屋顶上（图 5-48），考虑到避免影响立面，将女儿墙加高遮挡视线，但不遮挡阳光。

(2) 附加阳光间

利用阳光直射产生温室效应进行取暖，工作原理如图 5-50 所示。此外，在阳光间与客厅之间的窗上设置光伏驱动风扇，并设置手动开关，阳光充足、阳光间温度高于客厅时，风扇将阳光间内暖风送入客厅。

(3) 光伏发电

在阳光间顶部设置四块 665×771 的光伏组件（图 5-51），为建筑每天提供 1 度电量，满足采暖电机以及生活照明用电的需要。将光伏组件镶嵌在阳光间顶部，安装方法与玻璃相同，既不影响美观，又能充分接收阳光照射。

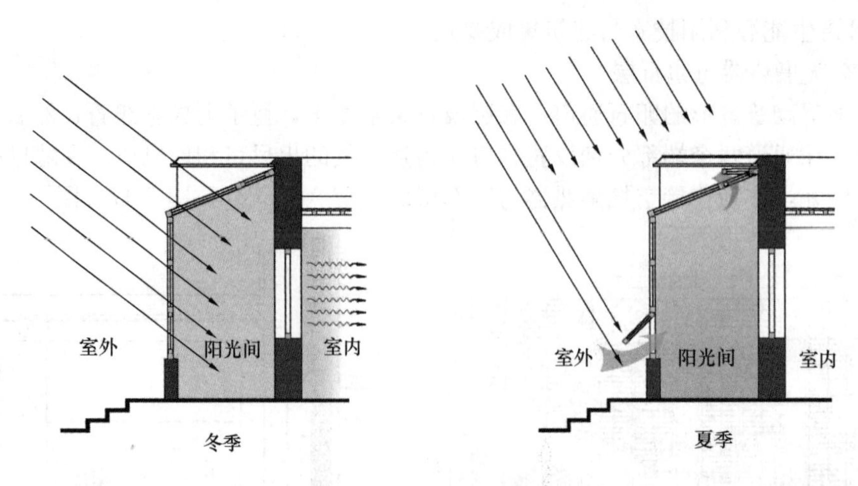

图 5-50　阳光间工作原理

图 5-51　阳光间顶部的光伏组件

(4) 相变蓄热墙体

相变蓄热材料通过在温度高的时候吸收热量，在温度低的时候释放热量达到调节室内温度的作用。南向的阳光间由于温室效应的关系，其内部温度较高，将相变材料安装（图 5-52）在卧室内与阳光间相邻的墙面，可以较好地吸收阳光间内的热量。由于相变材料会发生固态与液态的互变，一旦相变材料遭到碰撞而破损将导致相变材料泄漏，因此墙面还采用了轻钢龙骨石膏板为饰面，将相变材料设置在石膏板背面龙骨间的墙面上，不影响

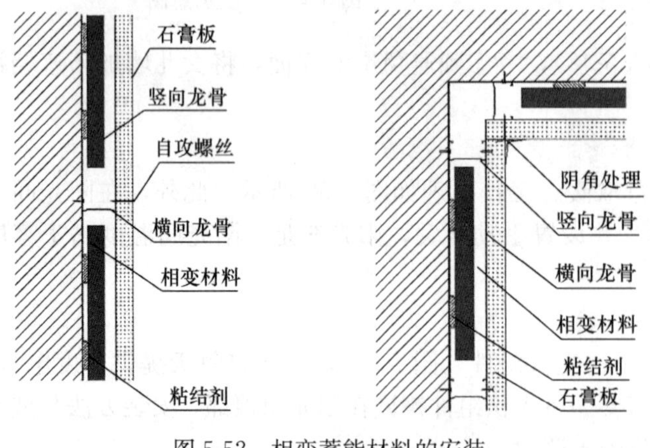

图 5-52　相变蓄能材料的安装

室内墙面装饰，也更好地保护相变材料。

(5) 防风防水透汽膜

用于外墙冬季主要受风面和充当屋面防水材料，在不增加承重的前提下加强房屋的气密性、水密性，同时又令围护结构及室内潮汽得以排出，从而达到保温节能、提高建筑耐久性、保证室内空气质量的作用。安装构造与做法见图 5-53、图 5-54。

图 5-53　屋顶及墙面安装构造

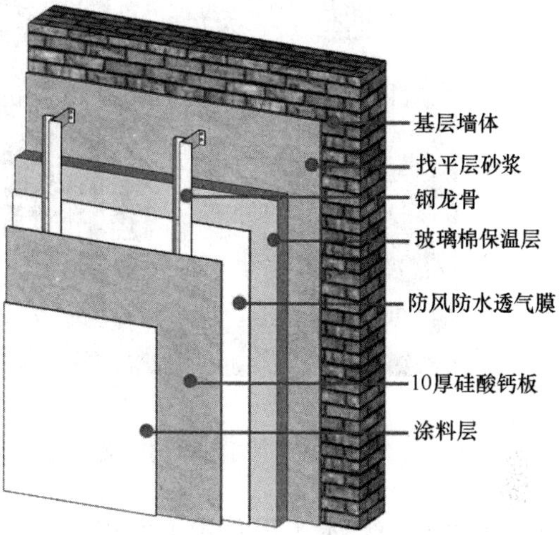

基层墙体
找平层砂浆
钢龙骨
玻璃棉保温层
防风防水透气膜
10厚硅酸钙板
涂料层

图 5-54　墙体做法详图

3. 系统应用评价

(1) 系统性能评价分析

该项目工期延误，目前没有完整的监测数据，只能根据其设计值评价其系统性能。当地普通住宅的采暖热负荷为 11733W，第一节能等级、第二节能等级住宅采用了围护结构措施后，采暖热负荷降低到 4068W，围护结构的节能率达到 62.9%；第三节能等级在第二等级基础上加大围护结构的保温层厚度，结合旅游需求在二层设置房间，形成空气缓冲层，提高保温效果，采暖热负荷降低到 4276W，围护结构的节能率达到 74.3%。

(2) 示范增量成本概算

真空管空气集热系统总投资 15 万元。

4. 专家点评

该项目在充分考虑围护结构热工性能的前提下，采用了附加阳光间、真空管空气集热器、卵石蓄热、光伏发电技术，并对风力发电蓄能和相变蓄热材料等技术进行了实验。能源利用合理，可再生能源技术应用可行性较高，具有较高的技术推广性。

开发单位：北京奥维斯世纪文化传媒有限公司

设计单位：中国建筑设计研究院

技术支撑单位：中国建筑设计研究院　张广宇　仲继寿　张磊　曾雁　王岩

5.6　江苏欧贝黎新能源样板房

欧贝黎低排放样板房（图 5-55）位于江苏海安县欧贝黎新能源科技有限公司厂区内，

图 5-55　欧贝黎低排放样板房示范工程实景图

属于公共建筑，本工程总用地面积 4969m²，总建筑面积（示范面积）316.5m²，建筑基底面积 200.4m²，容积率 0.06；建筑层数：地上 2 层，建筑高度：8.5m。本项目结合建设方为光伏电池生产企业的优势，采用太阳能光电利用为主体，多种主动太阳能技术和被动技术集成的设计原则，最大限度地利用可再生能源来降低建筑能耗。项目从建筑规划设计阶段将太阳能利用技术与建筑设计同步考虑，施工实施过程中做好了光伏组件、集热器、管路以及新风机风口的安装位置和接口预留。该工程于 2010 年初交付使用。

1. 系统设计

样板房选用多种类型光伏组件包括单晶硅组件、双玻夹胶多晶硅组件、中空夹胶薄膜光伏组件多种类型的光伏组件，通过遮阳百叶、采光顶、屋面平铺、屋面遮阳和墙面安装等多种方式与建筑结合。

（1）设计依据

《太阳能光伏能源系统术语》GB 2297—89；

《光伏系统并网技术要求》GB/T 19939—2005；

《民用建筑电气设计规范》JGJ/T 16—2008；

《民用建筑太阳能光伏系统应用技术规范》JGJ 203—2010；

《建筑结构荷载规范》GB 50009—2001（2006 年版）。

（2）设计气象参数（表 5-10）

气象参数表　　**表 5-10**

气候资源	概　述
光能	光能充足，年平均日照小时 2156.5h/a，年平均太阳辐射量 5247.8MJ/（m²·a）
热量	热量资源比较充裕，年平均气温 14.6～15.1℃，无霜期较长，一般在 212～235 天，实际每年霜日仅 50～60 天

续表

气候资源	概　述
水分	降水较丰富，常年平均雨日 120 天左右，平均年降水量 1000～1100mm，年蒸发量一般在 1300～1400mm，干燥度 0.75～0.8，属湿润类型
风能	平均气压在 1016 百帕左右，冬高夏低，区内差异不大。年平均风速为 3.1m/s 左右，近海边为 4～5m/s。全年盛行风向为东风，夏季多东南风，冬季多西北风，其次为东北风。据测算，年平均风能为 500～1230kWh/m^2，日有效风能 12h 以上

(3) 光伏组件的主要设备配置（表 5-11）

主 要 设 备 配 置　　表 5-11

规划系统容量		16kW
系统类型		并入厂区电网
安装方式	设置位置	1 屋面、2 墙面、采光顶、幕墙、遮阳板
	设置方式	建材型、同步施工
电池组件	生产厂家	欧贝黎新能源科技股份有限公司
	型号	EPLY95W，EPLY150W，EPLY180W，EPLY10W，EPLY20W，EPLY65W2，EPLY50W2，EPLY20W2
	单块电池容量	95W，150W，180W，10W，20W
	种类	单晶、薄膜、双玻夹胶
	外观颜色	深蓝
	外形尺寸	1580×808×35、1324×542、1300×1100、635×292
	生产日期、期望寿命	2009 年 10 月，25 年
电池方阵	矩阵	不规则
	电池板数量	240 块
	总输出	14kWp
	面积	137.9m^2
逆变器	型号	Sunny Boy 1700、Sunny Boy 2100TL、SMC 5000A SMC 9000TL
	台数	4 台
	额定输出电压	198～260V
	并网保护功能	有
	安装场所	室内
实际产出	容量	14kW
	电压形式	380V AC

(4) 光伏组件的安装方式

① 屋面平行安装（图 5-56、图 5-57）

在屋面上铺设不锈钢龙骨，将单晶硅光伏组件顺屋面坡度铺设在不锈钢龙骨上，形成双层屋面。

② 采光顶安装（图 5-58～图 5-62）

在中庭顶部屋面用中空夹胶薄膜光伏组件（薄膜组件采用薄膜电池片 ＋PVB＋钢化玻璃＋9A＋钢化玻璃＋PVB＋钢化玻璃）作为采光顶，采光顶高度与四周屋面光伏组件高度相同，组件透光率为 40％，使进入室内的光线更加柔和，有效地阻挡过多阳光的直接照射进中庭而导致室内温度过高。

③ 屋面遮阳安装（图 5-62）

样板房西侧屋面采用单晶硅光伏组件作为屋面遮阳构件，与水平面成 30°倾角，有效的遮挡射向屋顶平台的阳光，为平台提供一个舒适的室外环境。

图 5-56 光伏屋面实景图

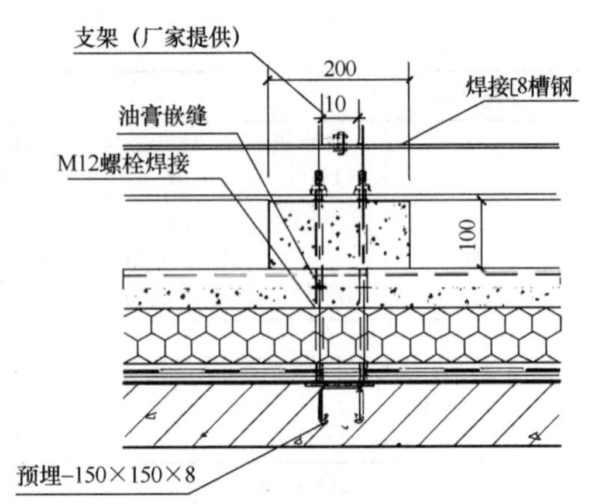

图 5-57 光伏屋面安装详图

图 5-58 光伏采光顶实景（左）及光伏采光顶室内实景图（右）

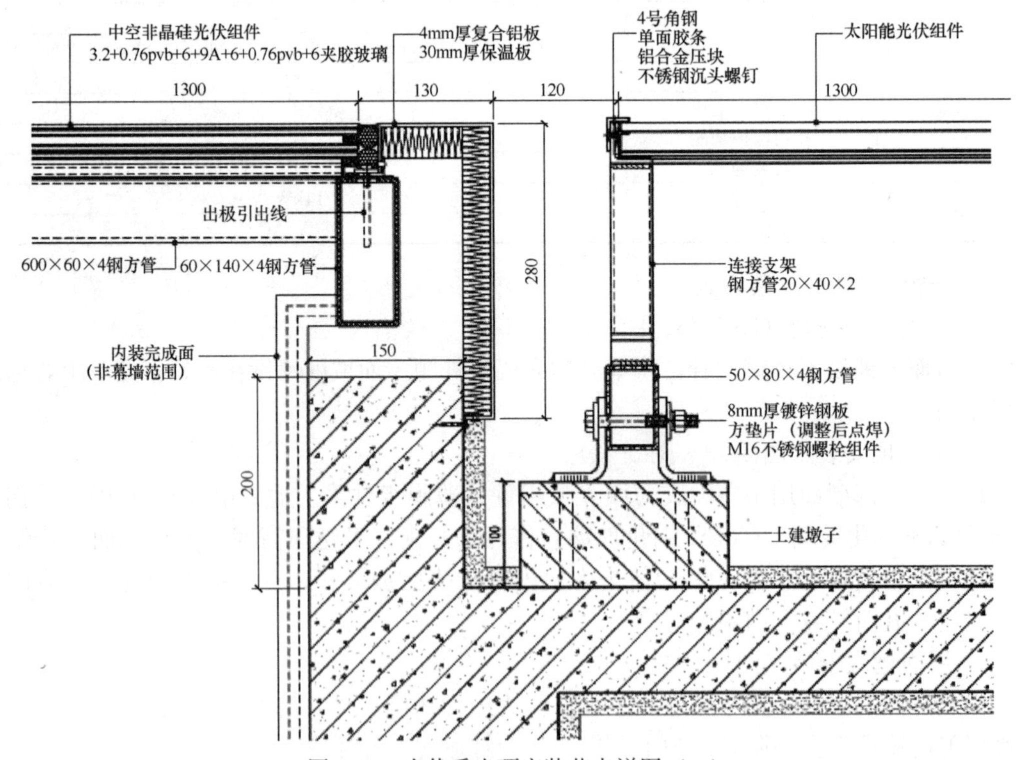

图 5-59 光伏采光顶安装节点详图（一）

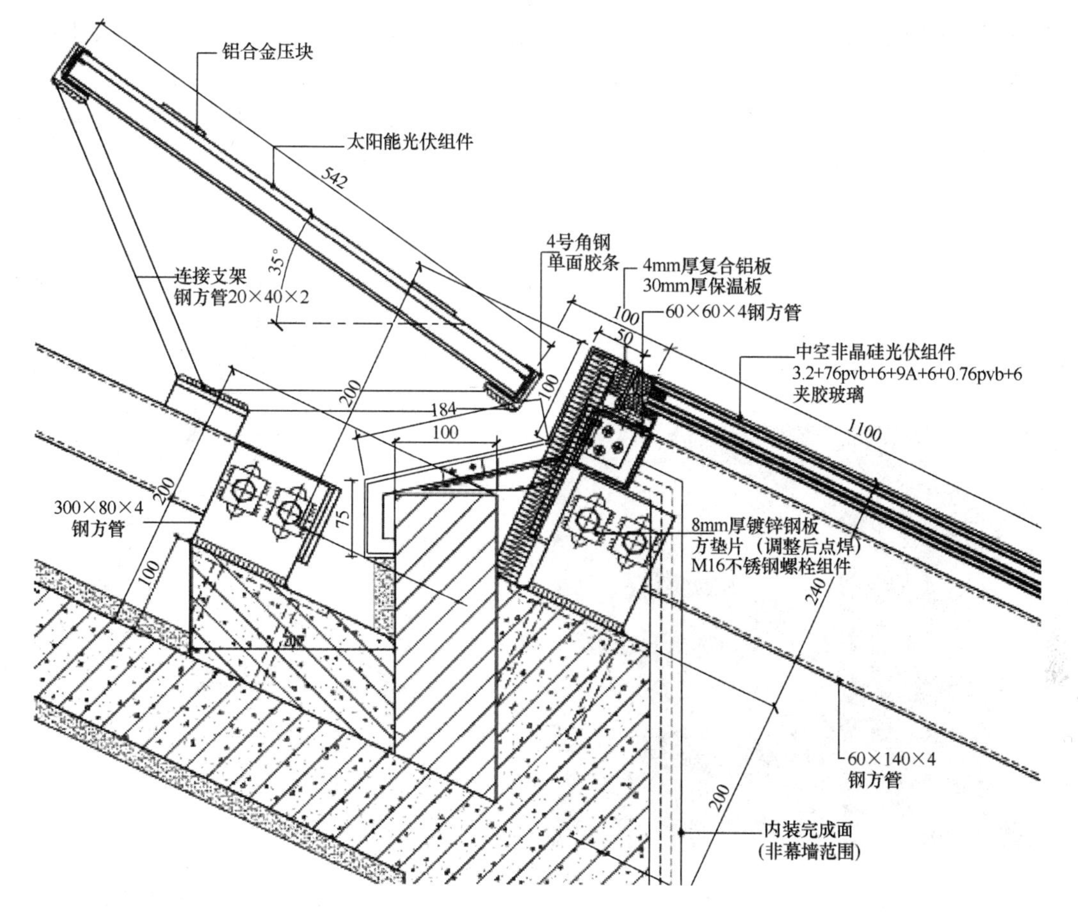

图 5-60　光伏采光顶安装节点详图（二）

④ 窗户遮阳安装（图 5-63、图 5-64）

宿舍南侧均挑出阳台，南向和西向窗户外侧设置光伏遮阳百叶，有效地阻挡夏季阳光照射。

⑤ 墙面垂直安装（图 5-65、图 5-66）

(5) 其他可再生能源利用技术的应用

图 5-61　梁顶光伏组件安装

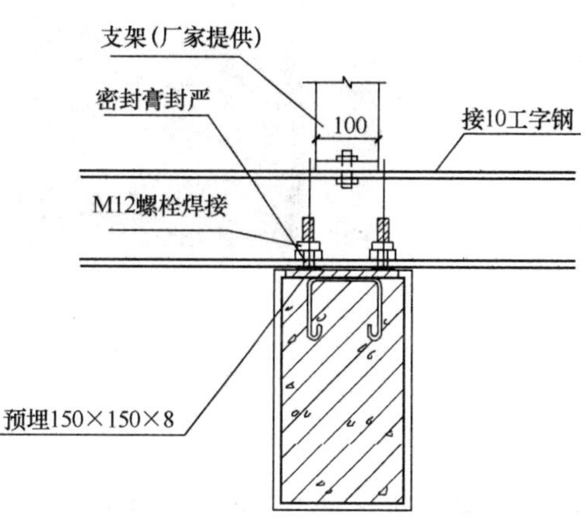

图 5-62　梁顶光伏组件安装详图

在样板房的东、南向房间外侧分别设置太阳能新风系统，系统依靠光伏组件发电驱动风机转动，将室外新鲜空气送入室内（图 5-67）。

在中庭上部设置电动天窗，在夏季利用热压作用加强中庭内空气对流，利用自然风带走室内热量，降低温度，提高室内舒适度（图 5-68、图 5-69）。

图 5-63　光伏遮阳板实景图

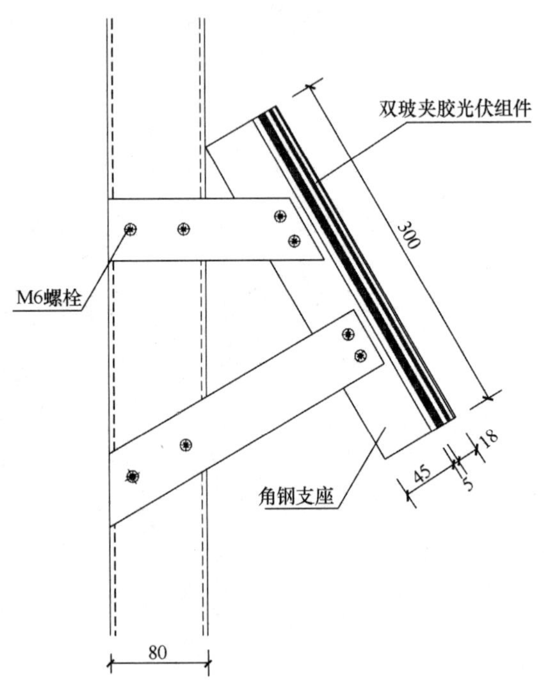

图 5-64　光伏遮阳百叶安装详图

图 5-65　光伏组件墙面安装实景图

样板房中设置太阳能热水系统。南向屋面设置平板式太阳能集热器，其集热面积为 7.3m^2。集热器与周围光伏组件高度一致，使用铝扣板覆盖集热器与组件之间的空间，使

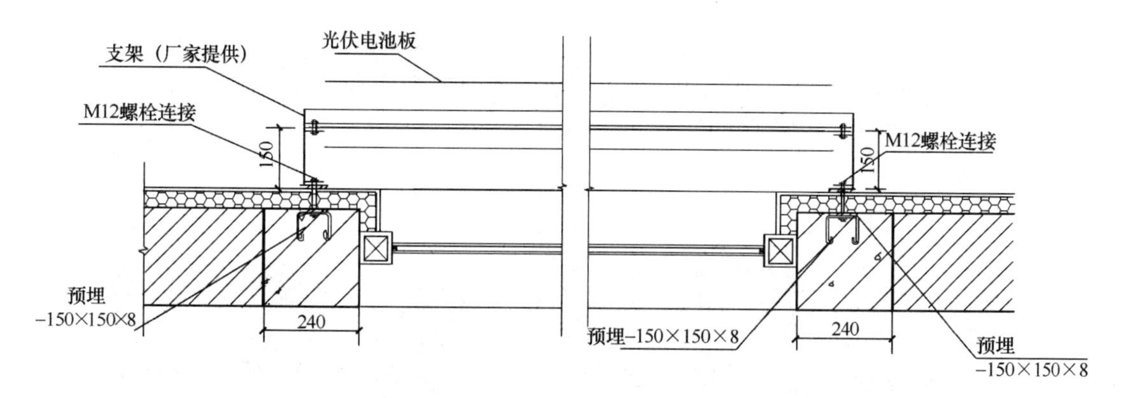

图 5-66　光伏组件墙面安装节点详图

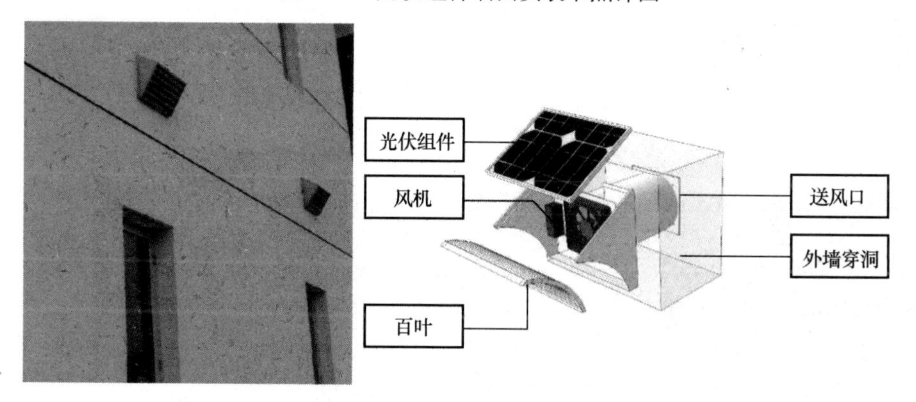

图 5-67　太阳能新风系统墙面安装实景图（左）及
太阳能新风系统示意图（右）

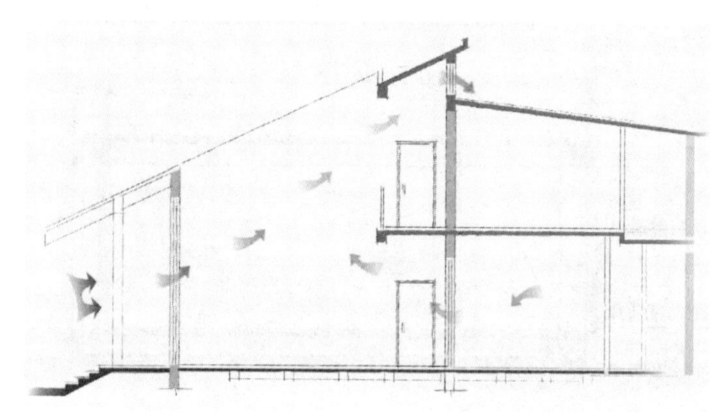

图 5-68　夏季中庭通风示意图

得集热器与光伏组件结合更加紧密（图 5-70）。

在首层房间地面下设置架空预制混凝土板（图 5-71），使之与地面之间形成架空层，并在东、南、西和北侧外墙处设置通风口，利用地板下流通的空气带走湿气，有效地起到通风防潮的作用。

2. 可再生能源利用技术与建筑集成要点

在项目施工过程中，充分考虑了建筑与光伏组件、太阳能集热器、太阳能新风机的结

图 5-69 中庭天窗实景图

图 5-70 太阳能集热器及与光伏组件连接的铝扣板

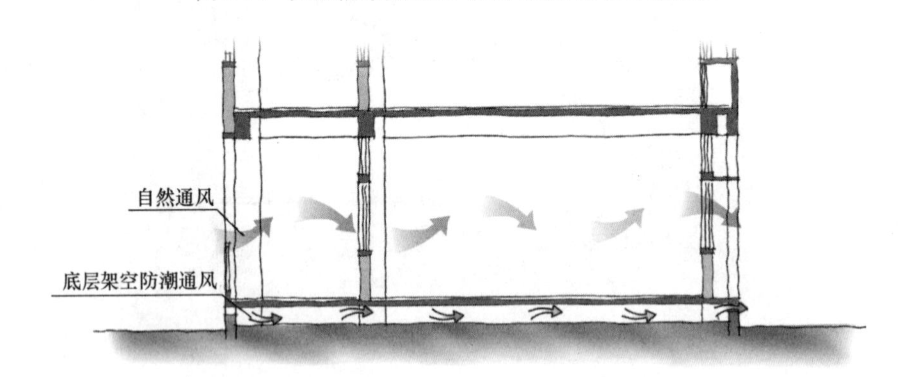

图 5-71 隔潮通风示意图

合，保证样板房的里面效果，并便于检修和维护，屋面设置检修通道。

样板房屋面倾角 26°，顺坡架空，支架高度为 100mm，光伏组件、太阳能集热器平行屋面安装，颜色与屋檐相协调。安装过程中，先在屋面一定位置预埋不锈钢钢板，并在屋面上铺设不锈钢龙骨，将光伏组件和集热器固定在龙骨上，保证其表面平整，在采光顶和东侧光伏组件之间设置检修梯，便于屋面光伏组件的日常维护。

保证在样板房的西侧窗户外侧设置双玻夹胶光复遮阳板，透光率为25%，既能起到遮阳作用，又能保证室内的采光要求，将组件的端部上边缘与立柱相接，避免立柱对阳光的遮挡，降低光伏组件发电效率，在人视高度1.4～1.8m之间没有布置遮阳光伏组件，不会影响人的视线（图5-72）。

屋面采光顶采用透光率为40%的高透薄膜光伏组件，在满足室内中厅采光效果的同时阻止阳光过多进入中庭内而造成室内过热。

3. 系统应用评价

（1）系统性能评价分析

该项目工期延误，目前没有完整的监测数据，只能根据其设计值评价其系统性能。

图5-72　光伏遮阳室内实景图

光伏发电技术的应用效果：组件总装机容量为14kWp，南通地区的年日照时数为2156.5h，设光伏系统的平均发电效率为60%，则其样板房光伏组件每年的发电量为18114.6kWh，按照每发一度电消耗404g标准煤计算，共节约标准煤7318.08kg，相当于减排二氧化碳19319.7kg。可再生能源替代率为总用电量的25%。

太阳能热水技术的应用效果：其集热面积为7.3m²，根据集热板厂商的测算，太阳能热水系统的效率为45%，南通地区的年太阳能辐照量为5247.8MJ/(m²·a)，则通过计算可以得出每年可提供118.95t 55℃的热水，与用电供热水相比，节约标准煤1962.3kg，相当于减排二氧化碳5180.5kg。可再生能源替代率为总热水能耗的50%。

太阳能新风技术的应用效果：在样板房南向房间分别设置太阳能新风系统，系统依靠光伏组件发电驱动风机转动，每个新风系统的功率为5W，共3个，设平均每天运行4小时，则每年节约的电量为21.9kWh，节约标准煤8.8kg标准煤，相当于减排23.35kg二氧化碳。

被动太阳能技术的应用效果：在中庭北侧顶部设置电动窗，在夏季通过热压加强通风，为室内降温除湿；设置架空地板能利用地板下流通的空气带走湿气，有效地起到通风防潮的作用。预计建筑整体被动技术全年节约电量2240kWh，节约标准煤904.96kg，相当于减排二氧化碳2389.1kg，可再生能源替代率为总制冷能耗的15%。

（2）示范增量成本概算（见图5-12）

示范增量成本表　　　　**表5-12**

技术项目	增加成本	技术项目	增加成本
光伏系统	80万元	太阳能新风系统	0.6万元
太阳能热水系统	3万元	单位面积新增成本	2641.4元/m²

4. 专家点评

该项目采用自然通风，地面下设架空层防潮、遮阳，太阳能光伏组件驱动直流风机输送新风。太阳能热水、太阳能光伏发电等可再生能源综合利用技术，能源利用基本合理，有一定的建筑集成度，采用的技术具有推广性。

开发单位：南通欧贝黎新能源科技股份有限公司

设计单位：中国建筑设计研究院

技术支撑单位：中国建筑设计研究院　张广宇　仲继寿　张磊　曾雁　王岩

6 可再生能源与建筑集成工程远程监测系统设计

6.1 可再生能源与建筑集成示范工程远程监测系统组成

本章主要介绍可再生能源与建筑集成示范工程中可再生能源系统远程监测系统的设计及实现方法。如何通过对示范工程可再生能源系统的分析，设计出一套实时、可靠、具有远程传输功能的可再生能源系统监测系统，实现对可再生能源系统在建筑中运行情况进行连续测试，得出能够准确真实地反映可再生能源系统的运行参数，为可再生能源系统性能、技术经济评价工作提供基础和参考数据。

不同建筑气候区里不同示范工程所设计的远程监测系统，主要包括三个部分：

（1）若干个示范工程监测子系统；

（2）数据远程传输系统；

（3）数据处理中心。

系统总体组成框图如图 6-1 所示。

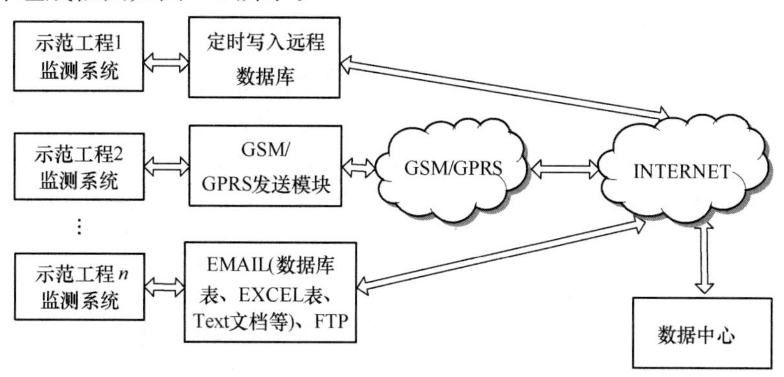

图 6-1　远程监测系统总体组成框图

1. 示范工程监测子系统

示范工程监测子系统设计目的是为了准确真实地反映不同建筑气候区可再生能源利用的建筑中可再生能源设备运行状况，并对其进行自动采集、数据存储、数据分析和报表处理，完成示范建筑一年以上的运行监测。

示范工程监测子系统的构成可根据不同地区和示范工程的技术情况采取不同的监测方式和监测手段，但必须保证采集数据的有效、可靠、准确，并需连续运行一年以上。

2. 数据远程传输系统

数据远程传输系统是示范工程监测子系统所完成的采集数据和数据分析结果能可靠有效及时地传输至远方数据中心的媒介。

系统的传输方式也可以选择不同方式，即有线的或无线的，实时在线或延时离线的方式和方法。但前提必须保证数据传输的可靠、准确。

3. 数据中心

数据中心是根据各个示范工程监测子系统所有传输的监测数据，对原始数据进行存储、显示、分析和报表处理、历史数据查询，并得到示范建筑连续一年的可再生能源系统的综合经济评价指标。

6.2 示范工程监测子系统

示范工程监测子系统是针对可再生能源建筑设备远程监测方案进行设计。监测系统设计目的是为了准确真实地反映可再生能源设备运行状况，并根据这些数据进行数据处理及分析，以得到示范建筑连续一年的可再生能源系统的综合经济评价指标。

系统监测方案的设计原则，根据可再生能源与建筑集成的示范工程种类以及工程技术评价指标要求，对相应的数据参数建立监测点，制定相应的监测方案。为课题在可再生能源系统性能技术经济评价工作提供基础，为可再生能源的推广普及取得有价值的参考数据。

（1）针对地源热泵系统，评价系统在采暖工况、空调工况、热水工况时的性能及应用效果，同时测试地源热泵对土壤环境的影响。系统主要监测：用户侧和地源侧主干管进出口水的流量、温度和压力，地源热泵机组全部电气设备的耗电量，室内外环境温湿度，以及用户侧和地源侧循环泵的耗电量等数据参数，以获得采暖工况系统能效比、空调工况系统能效比、热水工况系统能效比、全年土壤热平衡等综合经济评价指标[4]。

（2）针对太阳能热水系统，评价在不同应用条件和工况下太阳能热水系统性能及应用效果。系统主要监测：冷水管进水温度、供水管出口热水温度、集热系统进水温度、集热系统出水温度、电辅助加热电量、热水出水瞬时流量、热水出水累计流量、集热系统循环瞬时流量、集热系统循环累计流量、太阳总辐照等数据参数。根据获得的数据参数得出太阳能保证率、太阳能集热系统效率、太阳能热水系统效率、太阳能集热系统有用得热量、常规能源替代量等综合经济评价指标[5]。

（3）针对太阳能光伏发电系统，评价太阳能并网发电系统在并入主电网电质量满足要求的基础上，获得太阳能光伏发电系统工作效率、光伏发电系统的发电量、太阳能光伏发电系统发电质量、逆变器的转换效率、光伏发电系统蓄电池的工作效率等。系统主要监测：光伏系统发电量、光伏电池阵列上的太阳辐照、系统输出电量、逆变器输出电量、逆变器输入电量、建筑总耗电量、光伏发电系统电能质量，以获得光伏发电系统效率、逆变器转换效率、可再生能源利用率等综合经济评价指标。

1. 基于 WebAccess 监测子系统构成及工作原理

根据项目的目标和任务要求，示范工程监测子系统的设计采用了网际组态软件，并通过网络配置及硬件设备的合理选择，以及程序设计，实现示范工程设备运行监测，数据自动采集、显示、存储、分析和报表处理。实践证明设计合理，系统运行可靠，数据采集准确，达到设计目标和要求。

（1）网际组态软件

组态软件，又称组态监控软件，译自英文 SCADA，即 Supervisory Control and Data Acquisition（数据采集与监视控制）。它是指一类数据采集与过程控制的专用软件。它们是处在自动控制系统监控层一级的软件平台和开发环境，使用灵活的组态方式，为用户提供快速构建工业自动控制系统的软件工具。

组态软件大都支持各种主流工控设备和标准通信协议，并且通常提供分布式数据管理与网络功能。组态软件还是一个使用户能快速建立 HMI 的软件工具或开发环境。组态软件的出现使用户可以利用组态软件的功能，构建一套最适合自己的应用系统。随着它的快速发展，实时数据库、实时控制、SCADA、通信及联网、开放数据接口、对 I/O 设备的广泛支持已经成为它的主要内容。

为克服传统组态软件的缺陷，一种网络化的组态软件因此而诞生了。其中网际组态软件 WebAccess 就是一个有代表性的完全基于 Web 浏览器的组态软件。WebAccess 完全是以网络浏览器 Internet Explore 为基础的，与传统的组态软件相比较，其基于网络架构的内核兼有传统组态软件的单机功能和网络功能，而且在网络功能上克服了传统组态软件的诸多架构局限。

WebAccess 是完全基于 IE 浏览器的 HMI/SCADA 监控软件[7]，以网络浏览器 Internet Explore 为基础，并将 TCP/IP 协议内置于软件核心中，使得互联网的开放性成为 Advantech WebAccess（以下简称 WebAccess）系统的有机构成部分。基于 WebAccess 组态软件的系统架构如图 6-2 所示。

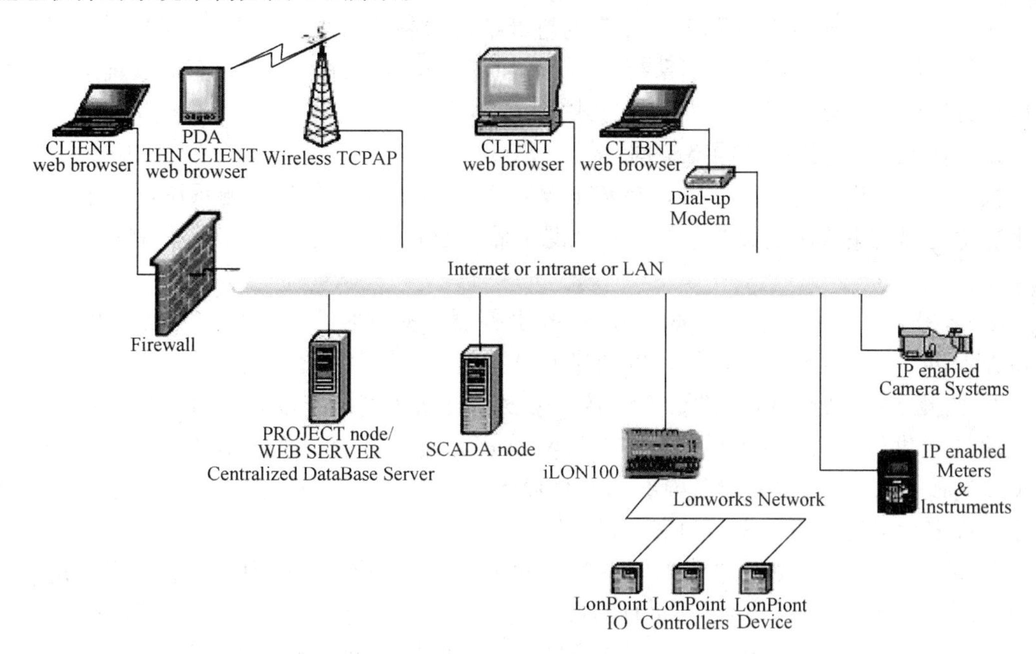

图 6-2　基于 WebAccess 组态软件的系统架构

WebAccess 具有以下功能特点[8]：

① 基于浏览器的客户端既可监视又可控制

WebAccess 对所有工程的创建、组态、绘图与管理都可通过标准的浏览器实现。通过使用标准的浏览器，用户可以对工厂制造、过程控制及楼宇自动化系统中的自动化设备进行监视和控制。采集的数据将动态地更新矢量图形，实时地显示给操作员和用户。客户端计算机安装客户端插件程序，用于执行实时监控和远程维护。客户端通过工程节点动态浏览监控节点运行状况。

② 分布式结构体系

WebAccess 软件采用了三层软件架构，分别是监控节点（SCADA Node）、工程节点（Project Node）和客户端（Client）。

作为监控节点的工控机，安装监控节点软件，用于连接自动化硬设备，并且通过网络传输数据。监控节点有多个，可以连接不同的设备。每个监控节点都可以独立运行或与其他监控节点组合成一个大型工程。

作为工程节点的计算机，安装工程节点软件，作为保存组态文件的中央数据库服务器、Web 服务器和组态工具。工程节点会备份所有监控节点的组态文件。作为数据库服务器，它会通过 ODBC 记录所有实时数据。

③ 强大的远程诊断、维护功能

WebAccess 区别于其他软件的最大特点就是全部的工程组态、数据库设置、图面制作和软件管理都可以通过 Internet 或 Intranet 在异地使用标准的浏览器完成。当现场出现异常状况或需要及时修改时，让工程维护人员无论身在何处都可以通过网络及时地做出相应的调整，让工程维护工作变得及时、高效，并降低了工程维护成本。

④ 硬件驱动

WebAccess 同样支持远程个人计算机与可编程控制器（PLC）、IO、控制器、直接数字控制器（DDC）和分布式控制系统（DCS）通信的驱动程序。而且所有的设置工作也都可以在普通的浏览器中以填写表单的方式完成。

（2）监测子系统构成及网络架构

根据示范工程系统运行需求，并基于 WebAccess 设计了实时监测系统，用于监测可再生能源与建筑集成示范建筑系统运行状况。监测子系统主要由工程节点、监测节点和客户端所构成。

① 工程节点作为集中的数据库和 Web 服务器，提供客户端和监测节点间的初始连接，并提供“工程管理员”功能，以创建 I/O 数据库、报警和图形等。

② 监测节点是计算机与智能传感器、仪表和自动化设备连接并通信的集合体。监测节点软件提供管理控制和数据采集（SCADA）功能，包括：通信驱动程序（Modbus、OPC、其他 PLC、I/O、过程控制、自动化设备、DCS 和 DDC）；报告和趋势记录；实时数据；报警和报警记录；安全和事件记录等。

③ 客户端用 Web 浏览器来充当一个全功能的操作员站和工程师站，它实际上是一种人机界面（HMI）软件，它提供实时的数据显示、动画、趋势、报警和报告等功能。

监测子系统的网络结构主要包括三个部分，工程节点网络层、监测节点网络层和客户端。实时监测系统网络框架及系统组成如图 6-3 所示。

① 工程节点网络

工程节点网络由工程节点、以太网和 Internet 网络组成，主要负责工程节点与监测节点、客户端的通信。监测和巡视底层各系统状况和参数，实现了对系统状态的实时监测。采用这种网络有效地实现了计算机与控制器之间的大量信息的高速交换。

② 监测节点网络

主要由传感器、多功能数字电能表、数据转换模块、数据采集箱和数据传输总线组成，完成现场数据的采集功能，并将传感器所采集的信号送至现场控制器进行处理。

③ 客户端

由以太网和 Internet 网络组成，主要负责工程节点与客户端的通信。各客户端用户通过上层网络，访问工程节点，可浏览和巡视底层各系统状况和参数。为上层决策提供有效的实时数据和信息。

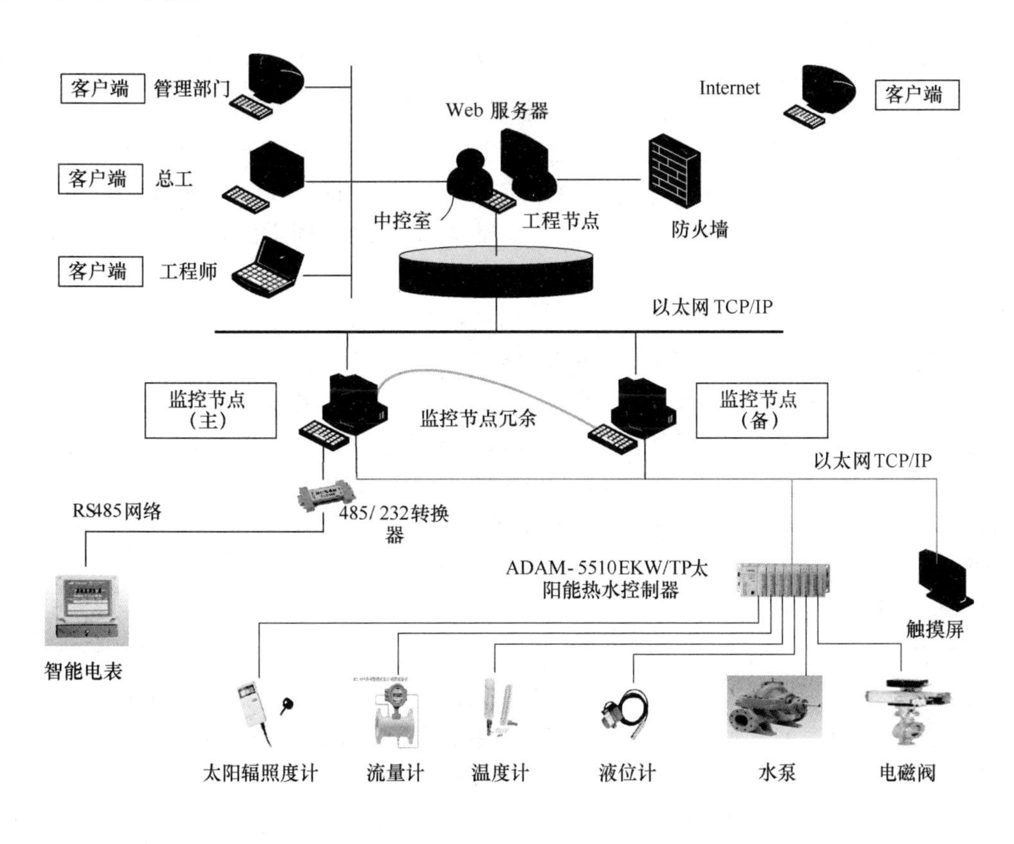

图 6-3　实时监测系统网络框架图

2. 监测子系统监测节点的硬件设计

根据子监测系统目标和任务，结合上述的系统构成以及可再生能源与建筑集成示范建筑系统的不同特点，合理选择和配置硬件设备，是现场数据实时采集的准确性和可靠性的有力保证，因此，硬件设备的配置是非常重要的。我们所设计的监测子系统的整个监测节点从硬件结构上分两个部分：

（1）现场数据采集和控制部分，由 PAC 控制器和 A/D、D/A、I/O 模块部分或采用自行设计嵌入式控制器和数据调理、传输模块组成。模拟量采集部分包括（电压、电流、温度、压力、流量等参数）；开关量部分包括阀门、水泵等状态的输入及控制输出。

（2）现场计量部分。包括测量各种参数的传感器，智能仪表和电表等设备。另外，为了良好的人机界面还应配置一台带触摸屏的工控机，以及实现远程数据传输的相应通信模块，以下介绍 GPRS 的远程数据传输方式以及相应的传输模块。

1）基于 PAC 控制器监测节点设计

① PAC 控制器

在系统设计时，良好的硬件配置是整个系统运行的保障，因此整个控制系统的控制核心——控制器的选择显得尤为重要。目前，市场上控制器类型比较多，其中最主要的是可编程逻辑控制器、软逻辑控制器等。因此要选择合适的控制器必须做好选型工作。

研华公司的 ADAM-5510 软逻辑控制器，它属于研华的 PAC 产品之一。ADAM-5510 控制器是一款具有以太网功能的软逻辑控制器，它配置了软逻辑的运行引擎。它是一种基于 PC 开发结构的控制器，它具有硬 PLC 在功能、可靠性、速度、故障查找等方面的特点，利用软件技术可以将标准的工业 PC 转换成全功能的 PLC。同时包含了 PC 和 PLC 的数字量 I/O 控制、模拟量 I/O 控制、数学运算、数值处理、网络通信等功能，通过一个多任务控制内核，提供强大的指令集、快速而准确的扫描周期、可靠的操作和可连接各种 I/O 系统的及网络的开放式结构。因此，它提供了与硬 PLC 同样的功能，同时又提供了 PC 环境的各种优点。

ADAM-5510 控制器基于工业以太网技术，提供 8 个插槽，通过多通道 I/O 模块，实现数据采集、监视、控制等功能，每个控制器支持 8 个 I/O 模块，最多可以支持 128 个本地 I/O 点。其通信连接简单方便，可采用两种方法：采用交叉线以太网电缆连接工控机网卡的 RJ45 口与 5000/TCP 模块的 RJ45 口；采用直连线以太网电缆，将工控机网卡的 RJ45 口、5000/TCP 模块的 RJ45 口均连至交换机的 RJ45 口。ADAM-/TP 系列还内建 Modbus RTU/TCP Server，可以与 SCADA 系统的 HMI 组态软件或 Modbus OPC Server 进行便捷的通信。

② 数据调理和传输模块

数据输入模块由 ADAM-5017 模拟量输入模块和 ADAM-5051 数字量输入模块构成。主要功能是将从开关量输入模块和模拟量输入模块中读到数据转存到中间变量中，等待控制器模块进行处理。ADAM-5017 是 8 路差分模拟量输入模块，有效分辨率 16 位，信号输入类型 mV（±150mV、±500mV）、V（±1V、±5V、±10V）、mA（±20mA，需焊接 250 欧姆电阻），通道输入范围可程控，但 8 个通道只能设为相同的输入范围。ADAM-5051 是 16 路数字量输入模块，提供 16 个接线端子。既可以接入干接点信号，也可以接入湿接点信号。

数据输出模块由 ADAM-5068 继电器输出模块和 ADAM-5024 模拟量输出模块组成。主要功能是在工艺逻辑控制程序运算过后，将最后的控制信号传给控制器上模拟量及开关量输出模块，最终将信息传输到监测点完成控制。ADAM-5068 继电器输出模块提供 8 个继电器通道，用于控制晶体管继电器。本系统主要继电器输出模块来控制水泵的启停以及电磁阀的开关。ADAM-5024 是一个 4 路的模拟输出组件。它接受来自 ADAM-5000 系统或主机的数据输入。

③ 现场监测节点的功能

研华公司 ADAM-5510EKW/TP 控制器通过其扩展输入模块采集现场仪表及阀门信息，并接收上位组态软件的命令，然后按照控制器内事先编好的程序逻辑运算，最后将处理后的命令信息通过其扩展的输出模块传给现场执行机构，控制水泵和阀门的运行。而智能电表则可以精确地测量电加热设备消耗的电能量。

④ 现场监测节点通信方法

现场通信指的是 WebAccess 与现场设备之间的数据传输。按照 WebAccess 与硬件设备的通信关系可以分为直接通信和间接通信两种方法。

直接通信是指 WebAccess 可以直接和硬件设备进行数据交换。这种情况需要 WebAccess 具有相应硬件设备的驱动程序。WebAccess 已经嵌入了许多自动化设备的支持，但在许多情况下仍然需要自行开发驱动程序，或是采用间接通信的方法。本系统中 WebAccess 与 ADAM-5510EKW/TP 控制器的通信就是采用直接通信的方式。

间接通信是指 WebAccess 不直接接触硬件设备，而是通过 DDE、OPC、API 等“软通道”来获取系统数据。具体的实现方式是，首先通过别的应用程序连接硬件设备，采集现场数据；然后 WebAccess 通过与上述的应用程序之间的“软通道”来获取数据，从而实现监测。本系统中 WebAccess 与智能电表的通信就是采用间接通信的方式。

网络传输是指数据在网络上由客户端到监测节点和由监测节点到客户段的传输。这项功能是由 WebAccess 平台的三个节点自动完成的。

系统通过实现现场监测、现场通信和网络传输这三部分功能，最后实现了对系统的实时监测。

2）基于嵌入式控制器的监测节点设计

监测节点是针对可再生能源与建筑集成系统设备运行状况和相关的数据信息进行近远程的监测而设计。系统监测节点设计目的是为了准确真实地反映和采集可再生能源与建筑集成系统设备运行状况和相关的数据信息，并根据这些数据信息进行数据综合处理及分析，以得到可再生能源与建筑集成示范建筑连续一年的可再生能源系统的综合经济评价指标。

监测节点充分利用了数据信息采集与处理、数据信息存储、嵌入式微处理器、远程数据信息通信、数据传输总线、电源等技术，并将这些技术进行了有效的融合。运用数据信息采集与处理技术，实现现场标准数据计量设备数据信息的采集和处理；运用数据信息存储技术实现采集与处理的数据信息的存储和记录；嵌入式微处理器技术是本监测节点的核心部分，它具有丰富的硬件接口（包括 A/D 转换接口、并口、USB 接口、TCP/IP 接口等）和强大的软件操作系统，通过它实现数据信息采集处理、功能选择及人机交互、现场数据信息的实时显示、数据信息存储、数据信息的近远程的有线或无线的传输协议设置和控制等功能；运用远程数据信息通信技术如 GPRS 技术和 Internet 技术以及以太网技术，实现数据信息的近远程的有线或无线的传输；运用电源技术，为监测节点提供高效可靠的电能。

监测节点具有应用技术先进，节点使用快捷、方便，监测数据信息稳定、准确的功能。本监测节点不仅具有可再生能源系统监测的专用性，比如太阳能热水监测系统、地源热泵监测系统，而且也广泛适用于其他领域的数据信息的监测应用。

① 监测节点结构分析

监测节点基于 LPC2210 ARM7 平台的数据采集终端，在 LPC2210 最小系统的基础上扩展了外部 RAM、外部 FLASH-ROM、外部实时时钟，I^2C 总线接口 E^2PROM，应用 LM2576 设计了大电流输出稳压电源，并增加了电源隔离电路、串口隔离电路；将 Linux 嵌入式操作系统移植到 LPC2210 系统板上。基于 Linux 嵌入式操作系统，实现对可再生能源与建筑集成系统如太阳能热水监测系统、地源热泵监测系统、太阳能光伏监测系统等的参数监测。

现场采集数据通过232口与GPRS透明数据传输终端连接，现场采集数据经过协议封装后发送到GPRS数据网络，通过GPRS数据网络接入Internet将数据传送至远程数据中心，实现现场采集数据和监测中心系统的实时在线连接，从而实现监测。

数据中心必须可以连接到Internet，并具有固定的IP地址；数据传输网络由GPRS网络和Internet组成，是终端与监测中心之间的数据传输媒介；监测终端安装了GPRS通信模块，具有接收和发送数据的功能，可以接收来自监测中心的数据信息，也可以向监测中心发送数据信息。

监测节点的设计中，采用GPRS和Internet作为数据传输中介，实现监测终端与数据中心之间的数据传输。GPRS的基础是以IP包的形式进行数据传输的，GPRS终端通过PPP（Point-to-Point Protocol）协议获得动态分配的IP地址。建立连接后，在PPP协议的基础上通过数据传输协议（TCP、UDP）实现与Internet上计算机的数据通信。

监测系统的工作流程是：监测终端启动时GPRS模块自动连接到监测中心，监测中心对新接入的终端发送获取配置参数命令，并将获取的配置参数存入数据库；终端通过采集模块定时采集数据，然后将数据封装后通过GPRS网络及Internet网络传送到监测中心，监测中心对接收的数据进行分解、计算、显示、存储、统计等处理[10]。

② 系统监测节点总体功能分析

系统监测节点总体功能如图6-4所示。该监测节点包括数据采集模块、嵌入式微处理器、RS485/232转换模块、数据存储记录器、GPRS通信模块、LCD显示模块、键盘模块、直流稳压电源模块等。各部分功能简述如下：

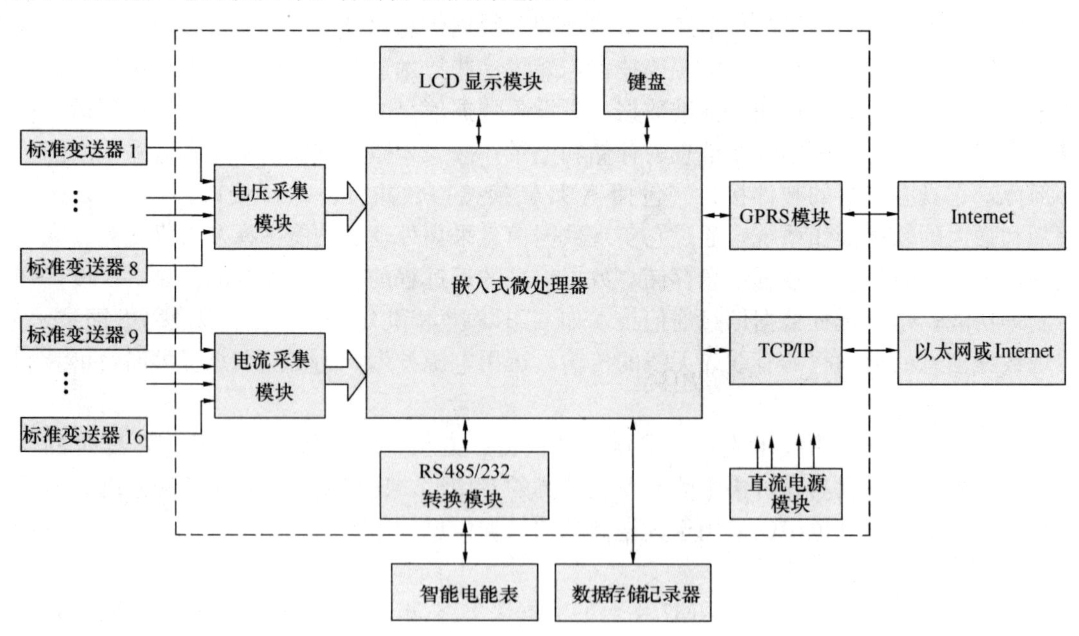

图6-4 系统监测节点结构图

数据采集调理模块可与各类可再生能源系统中的需要的监测量如温度、压力、流量等标准变送器相连，同时数据采集调理模块将调理后的相关物理量送入嵌入式处理器的A/

D 部分，实现温度、压力、流量等参数的实时监测。

电能表用于监测可再生能源系统所耗的电能，电能表通过 485/232 转换模块嵌入式处理器连接。嵌入式处理器通过一定的协议与电能表进行通信，以获得可再生能源系统中所需的三相电流、三相电压、有功功率、无功功率、功率因数、有功电能等电参数。

数据存储器与嵌入式微处理器相连，用于存储可再生能源系统的监测量如温度、压力、流量等。

嵌入式微处理器与网络、计算机、GPRS 模块、LCD 显示模块、键盘等连接。实现数据信息的实时采集及显示，并采用有线或无线传输手段，实现数据近程及远程的在线实时监测和动态分析的功能。

该监测节点可以快捷、方便、稳定、准确地监测可再生能源与建筑集成的太阳能光伏发电系统、地源热泵系统、太阳能热水系统等多种系统运行状况的相关数据信息并实现近远程的数据信息的传输。该监测节点要实现数据采集、无线通信、显示以及报警等功能。监测节点安装在可再生能源与建筑集成系统现场，它要实现的功能应包括以下几点：

实时采集可再生能源与建筑集成的太阳能光伏发电系统、地源热泵系统、太阳能热水系统等运行状况的相关数据信息等；

对采集数据进行封装并通过 GPRS 网络将采集信息发送到数据中心；

随时接收监测中心的指令并执行；

实时处理、存储、显示数据，参数设定。

3）智能电表的选型

本系统为了分析系统的耗能情况，需要准确计量热泵机组和水泵等设备消耗的电能量，最方便的方法就是安装一块具有通信功能的智能电表。此处选用的是某公司的 DTSD175 型三相电子式多功能电能表。它能精确地计量有功正反向、无功四象限分时电量，具有有功、无功最大需量记录功能，对有功功率、无功功率、电压、电流、功率因数和频率等用电参数进行实时测量和处理，具有分时控制、自动抄表、电量和需量的数据存储、负荷曲线记录、电能表的当前运行状态记录、事件数据记录等功能，是实现电能分时计量和核算工作的理想智能仪表。电能表采用大屏幕液晶显示，还具有远红外、RS485 等通信接口。

4）GPRS 无线通信模块的选型

由于智能电表的数据需要通过 GPRS 无线网络传输到远程数据采集处理中心，所以需要安装一块 GPRS 无线通信模块。此处采用的是某公司的 LQ8110 无线通信模块。LQ8110 GPRS-DTU 为用户提供高速、透明数据传输通道。它是基于中国移动通信运营商的 GSM/GPRS 通信网络的数据传输和远程监测终端设备，采用当今前沿内核技术设计的一款工业级无线通信终端产品，适用于 GSM/GPRS 网络覆盖范围内的各种室内或野外恶劣环境，主要针对电力系统自动化、工业控制、交通管理、气象、环保监测、煤矿、金融、证券、油田等行业的应用，利用 GPRS 网络平台实现数据信息的透明传输，并可通过辅助手段来实现对模块的控制，组成用户专用数据网络。

5）触摸屏的选型

系统选用 Webview-1261 作为现场触摸屏控制器，它支持触摸功能，实现设备的现场显示和控制，同时提供丰富的接口类型，包括以太网接口、RS-485、RS232（DB9）、

USB2.0、CF卡插槽等。内置WinCE操作系统和WebAccess软件，可以运行画面组态和逻辑控制，显示和控制现场设备。

值得一提的是由于内置WinCE操作系统和WebAccess软件，而系统的上位机也是采用WebAccess软件，因此在开发人机界面过程中，只需要在工控机上开发，然后直接移植到触摸屏控制器中进行必要的设置就可以使用，避免了二次开发人机界面，提高了开发效率。

3. 基于WebAccess监测子系统软件功能设计

(1) 监测节点的软件设计

根据监测节点的硬件结构，本设计将整个控制工艺以及现场控制器的读写数据过程全部模块化，充分利用了结构化程序设计的方法，使得整个程序井然有序。其程序设计流程如图6-5所示。

(2) 工程节点的软件设计

1) 工程节点的功能结构

系统的工程节点主要实现系统运行的状态显示监测和相关设备数据参数的处理，其工程节点功能结构图如图6-6所示。

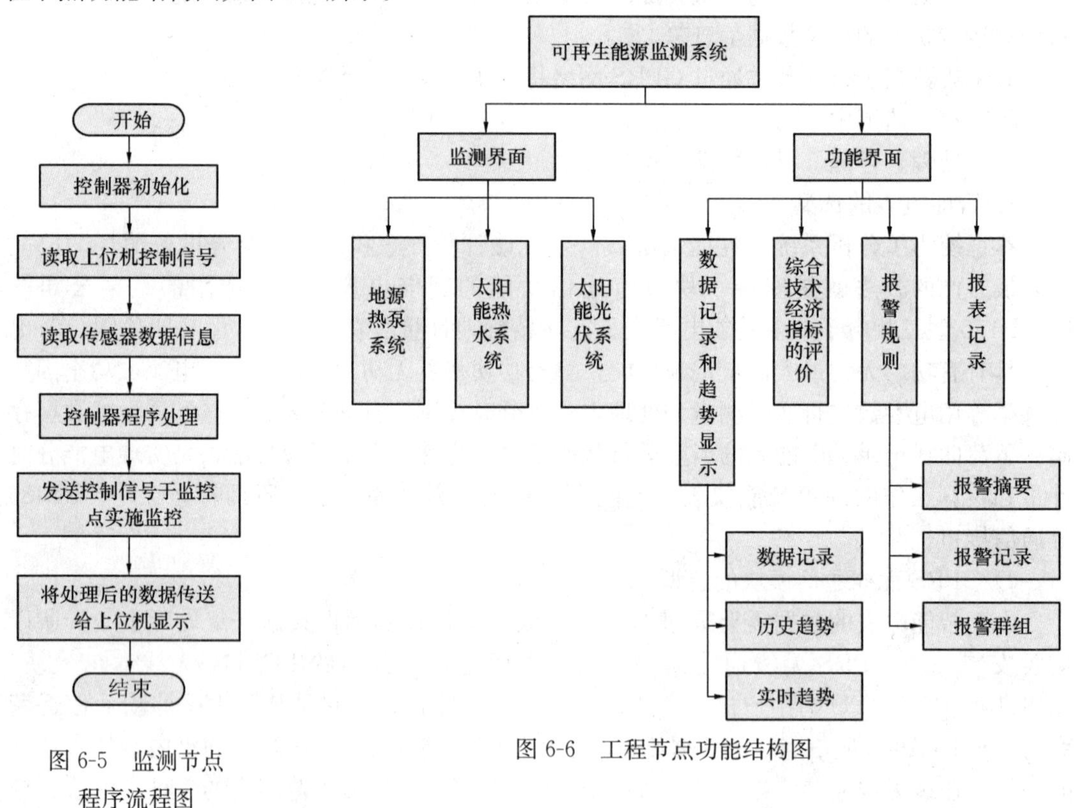

图6-5　监测节点程序流程图

图6-6　工程节点功能结构图

2) 工程节点监测界面设计

工程节点监测显示界面是与用户交互的重要组成部分，直观美丽、便于使用的界面可以为用户提供很大的方便。WebAccess的绘图工具采用向导和矢量绘图模式，它提供了丰富的图库和功能强大的工具箱，可以很方便地模拟工作现场，实现动画界面。本系统在界面设计中，监测界面采用统一的风格，方便用户使用。整个上位监测系统的界面设计包括监测界面和功能界面两部分。

WebAccess 的绘图工具采用向导和矢量绘图模式，类似于 AutoCAD（r）软件，它提供了丰富的图库和功能强大的工具箱，可以很方便地模拟工作现场，实现动画界面。本系统在界面设计中，监控界面采用统一的风格，方便用户使用。并设计出逼真的动态画面模拟工作现场。

①登录界面

在工程建立之后，作为服务器的本地系统可以直接略过登录界面，因此对于登录界面我们只有在异地对服务器进行访问的时候才可以看见。要想对系统进行监控，前提是在工程节点已经启动的情况下才可以进行。步骤如下：

打开 Web 浏览器，键入工程节点的 IP 地址，本监控系统为 192.168.12.247。如图 6-7 所示。

图 6-7　登录界面

点击界面，进行身份验证后登录。

②抽水系统监控界面

在直观图 6-8 或流程图中可以看见，整个系统包括三个抽水系统，点击其中一个可以看到图 6-9。

从图上可以清晰地看出污水系统的结构和相应监控点的数据。当点击启动后，可以看到电表的示数发生了变化，与此同时，系统的动画被启动。

其他抽水系统与抽水系统 1 的组成和界面的设计是相同的，这里不再详述。

③ 热泵机组监控界面

从直观图或从其他监控界面进入热泵机组监控界面，如图 6-10 所示。

④空调水系统监测界面

空调水系统如图 6-11 所示。

空调水系统比热泵机组复杂，由图看出，供水线路在工作中。

⑤ 工艺用水监测系统

工艺用水系统如图 6-12 所示。

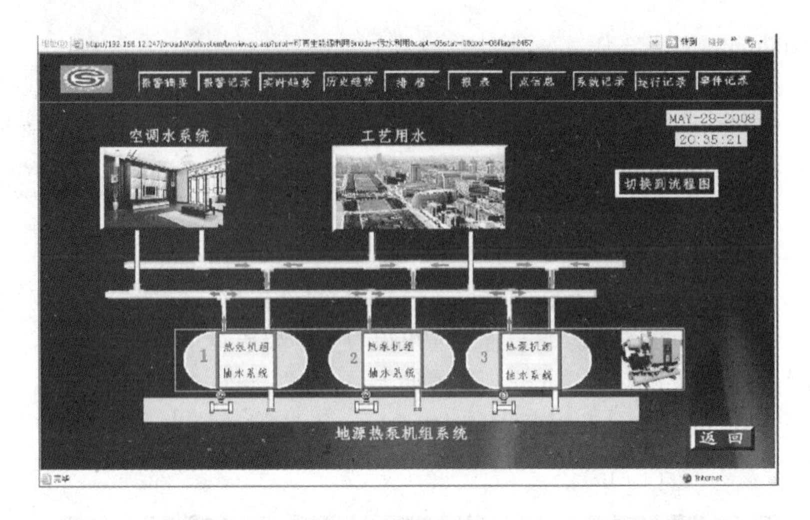

图 6-8 直观图界面

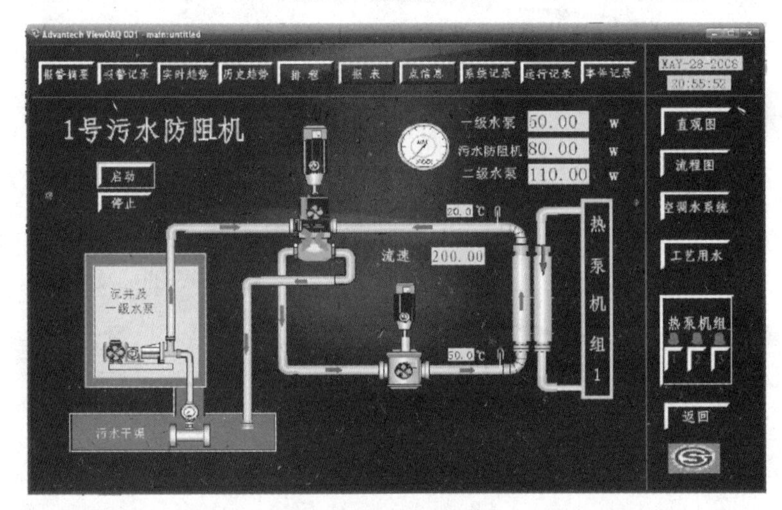

图 6-9 抽水系统

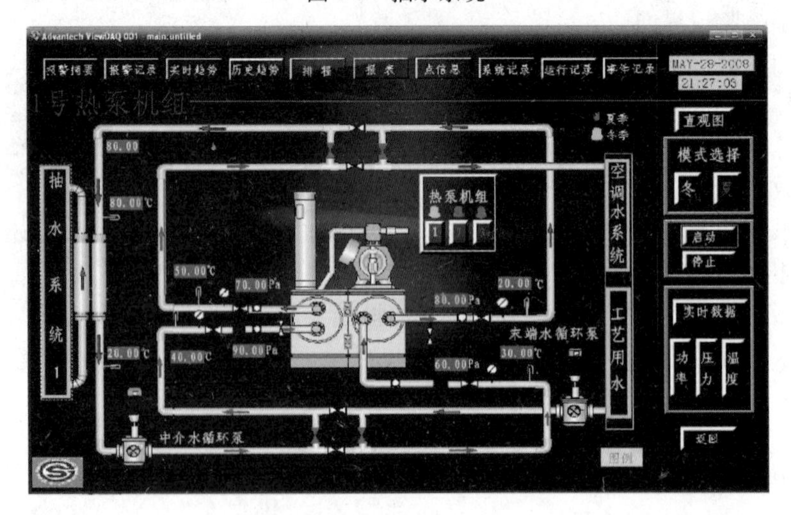

图 6-10 热泵机组监控界面

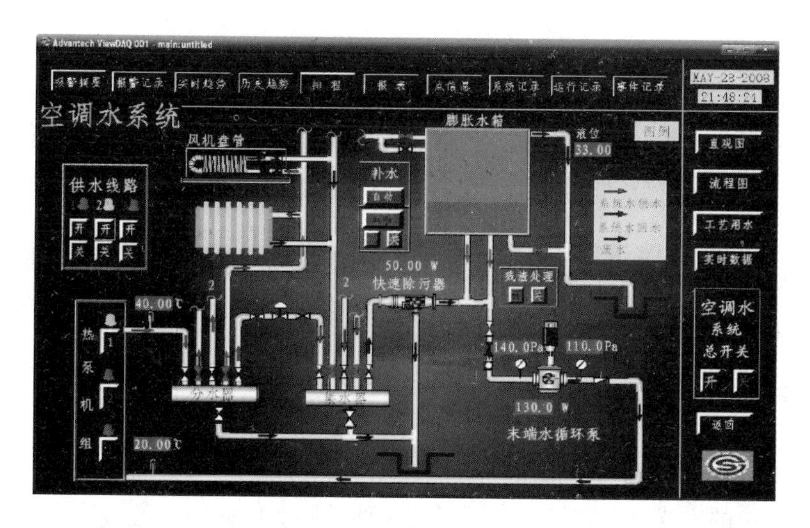

图 6-11　空调水系统监控界面（一）

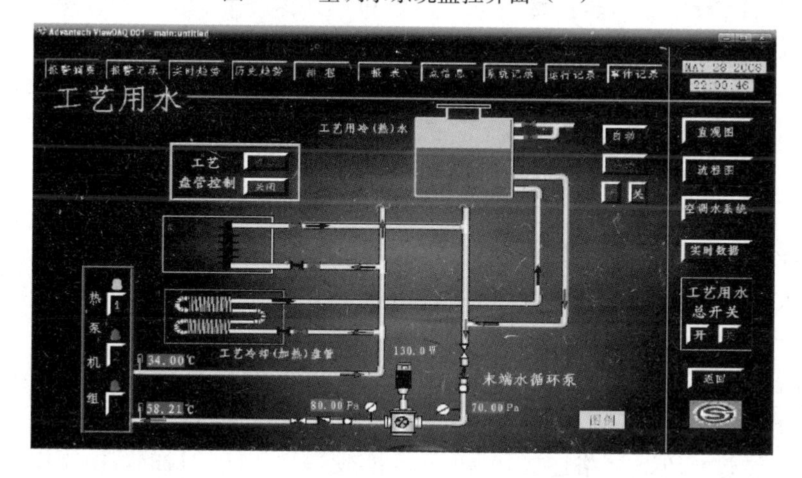

图 6-12　空调水系统监控界面（二）

6.3　数据传输方式

在项目中，数据传输是一个很关键的问题。传输的方式和种类分为两种，一种是各个不同的可再生能源与建筑集成示范建筑所采集的原始数据以及评价指标要通过远程传输的方式以有线或无线的方式采取不同的传输种类传送到远方的数据处理中心；另一种是在各自监测系统的内部也需要进行数据传输。无论是远程的还是子系统内部数据的传输，都采用了不同的数据传输技术。下面分别加以介绍。

1. 远程数据的传输方式

根据可再生能源与建筑集成示范建筑的不同情况，上传的数据方式可以采取以下几种：

(1) FTP 传输方式

FTP 是 File Transfer Protocol（文件传输协议）的英文简称，而中文简称为“文传协议”，用于 Internet 上的控制文件的双向传输。同时，它也是一个应用程序（Application)。用户可以通过它把自己的PC机与世界各地所有运行FTP协议的服务器相连，访问服务器上的大量程序和信息。FTP的主要作用，就是让用户连接上一个远程计算机（这些计算机上运行着FTP服务器程序）察看远程计算机有哪些文件，然后把文件从远程计算机上拷到本地计算机，或把本地计算机的文件送到远程计算机去。

在项目的应用中，各个不同的可再生能源与建筑集成示范建筑所采集的原始数据和一些指标参数，可以通过FTP的方式远程传输至数据处理中心，或者远程的数据处理中心也可以通过此种方式向示范单位提取原始数据和指标参数。

（2）EMAIL传输方式

电子邮件（electronic mail，简称E-mail，标志：@）又称电子信箱、电子邮政，它是一种用电子手段提供信息交换的通信方式。是Internet应用最广的服务：通过网络的电子邮件系统，用户可以用非常低廉的价格（不管发送到哪里，都只需负担电话费和网费即可），以非常快速的方式（几秒钟之内可以发送到世界上任何你指定的目的地），与世界上任何一个角落的网络用户联系，这些电子邮件可以是文字、图像、声音等各种方式。同时，用户可以得到大量免费的新闻、专题邮件，并实现轻松的信息搜索。

在项目的应用中，大量的可再生能源与建筑集成示范建筑所采集的原始数据和一些指标参数，是通过EMAIL传输方式远程传输至数据处理中心，或者远程的数据处理中心也可以通过此种方式向示范单位提取原始数据和指标参数。

（3）写入远程数据库传输方式

可再生能源与建筑集成示范建筑所采集的原始数据和一些指标参数也可通过写入远程数据库的方式写入数据。

（4）基于GPRS技术的数据远程传输系统设计

数据远程传输实现原理：基于GPRS技术的数据远程传输系统主要由传输终端、GRPS通信网络和数据服务中心三部分组成。项目中的传输终端采用智能电表驱动GPRS模块（DTU）经过GPRS网络连接到Internet实现数据传输的目的，由于中国移动GPRS网络用户可以选择CMNET（China Mobile Internet）和APN（Access Point Name）两个网络接入，从经济角度考虑，DTU终端选择CMNET的接入方式。

具体方法是：传输终端通过RS-232串口将数据从智能电表中读入，然后经由DTU加入控制信息，做透明数据协议处理后打包，通过GPRS网络将数据最终传送到数据服务中心，与数据中心进行数据交互；或者将GPRS网络中的数据读入DTU，处理后通过RS232串口向智能电表返回结果。其中，DTU对用户设备读取的数据提供透明传输通道。系统结构如图6-13所示。

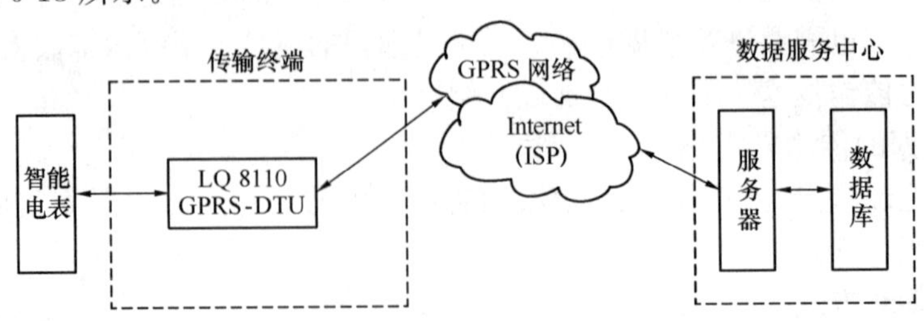

图6-13　基于GPRS技术的数据远程传输系统结构图

传输终端通过 RS232 串口从智能电表中接收数据，然后进行分析、处理，将数据打成 IP 包，通过 GPRS 模块接入 GPRS 网络，再通过各种网关和路由将数据发送到数据服务中心。GPRS 网络用 GGSN（Gateway GPRS Support Node，GPRS 网关支持节点）接入 Internet。GGSN 提供了 GPRS 网络和 Internet 直接的无缝连接，所以远程传输终端和数据服务中心的数据传输是透明的。

通信网络包括有线 Internet 和 GPRS 通信网络，因而具有永久在线、通信灵活的特点。根据通信模式的不同，既可实现通话也可实现数据传输及通话和数据传输同时兼容。

数据中心是整个数据传输系统的通信核心，主要功能是接收和处理 DTU 发送来的数据，并对终端进行结果反馈，实现数据的双向传输，包括服务器端的数据网络传输和数据库的管理等。

在实现数据服务中心和 DTU 的通信时，数据服务中心采用 TCP/IP 协议和一台接入 Internet 的 PC 机来进行数据的接收、处理及对终端的管理。DTU 一开机就自动附着到 GPRS 网络上，并与数据服务中心建立通信链路，随时收发用户数据设备的数据。

2. 基于 WebAccess 监测子系统的通信设计

良好的设备通信是完成整个数据监测的保障。通信设计包括的两个方面分别是 WebAccess 与现场设备之间的数据传输，WebAccess 与 SQL Server 数据库的数据传输。

在 WebAccess 分布式架构中，实际与设备连接的是监测节点，在监测节点计算机上配置监测节点与设备的通信，首先要确定通信协议和设备驱动，然后确定与设备连接的通信端口，最后再确定设备地址和数据的地址。

WebAccess 软件提供一系列硬件驱动程序，能方便地与自动化设备进行连接通信。WebAccess 还支持 OPC、DDE 等标准化通信接口，并且提供 API 接口，可方便地与其他系统建立通信连接，本系统中 WebAccess 组态与 SQL Server 数据库的通信就是通过 API 接口实现的。

（1）WebAccess 组态与现场 ADAM-5510 控制器的通信

ADAM-5510 控制器具有以太网接口，而且 WebAccess 组态软件具有该设备的驱动，因此采用直接通信的方式。在通信时只需工控机与控制器具有以太网连接，在监测节点上建立新的通信端口，类型选择为 TCP/IP 协议，然后添加设备。根据接口类型，从设备类型列表内选择可用的设备，不是所有的设备都支持所有的接口类型。一旦添加了一个通信端口，只有此接口类型的设备才能被再次添加。选择设备类型为 ADAM-5510 的驱动 ADAMMOD，IP 地址要与控制器的 IP 地址一致，最后再添加需要从控制器读取的点变量，如图 6-14 所示。

（2）WebAccess 组态与 SQL Server 数据库的通信

从前面介绍可知，数据服务中心通过 Internet 网络与工程节点计算机进行通信，实时读取从监测节点监测到的现场控制器的各项原始数据，数据服务中心将接收的各项原始数据存入数据库进行处理，然后将处理的结果通过 Internet 网络反馈给工程节点计算机。这里就需要有一个写入和读取数据库的操作过程，下面分别介绍这两项操作。

① 从 WebAccess 组态写入 SQL Server 数据库

需要在远程数据服务中心安装 SQL Server，配置 SQL Server，使用 SQL Server 身份验证创建用户名和密码。WebAccess 组态写入数据库相当于是远程用户访问，所以需要

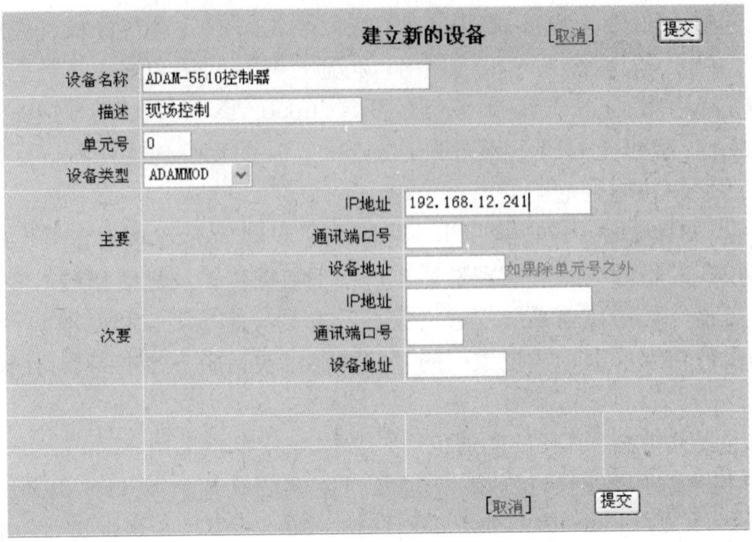

建立新的设备 [取消] 提交

设备名称 ADAM-5510控制器
描述 现场控制
单元号 0
设备类型 ADAMMOD
主要 IP地址 192.168.12.241
通讯端口号
设备地址 如果除单元号之外
次要 IP地址
通讯端口号
设备地址

[取消] 提交

图 6-14　添加控制器设备

注册 SQL Server，然后创建一个空的数据库，WebAccess 组态将自动创建所需要的所有数据表格，这些表格包括模拟量点记录、数字量点记录、文本量点记录、系统记录、运行记录、报警记录等。

在工程节点计算机上使用 SQL Server 身份验证（前面创建的用户名和密码）创建 ODBC 系统 DSN 以连接 SQL Server 数据库，如图 6-15、图 6-16 所示。

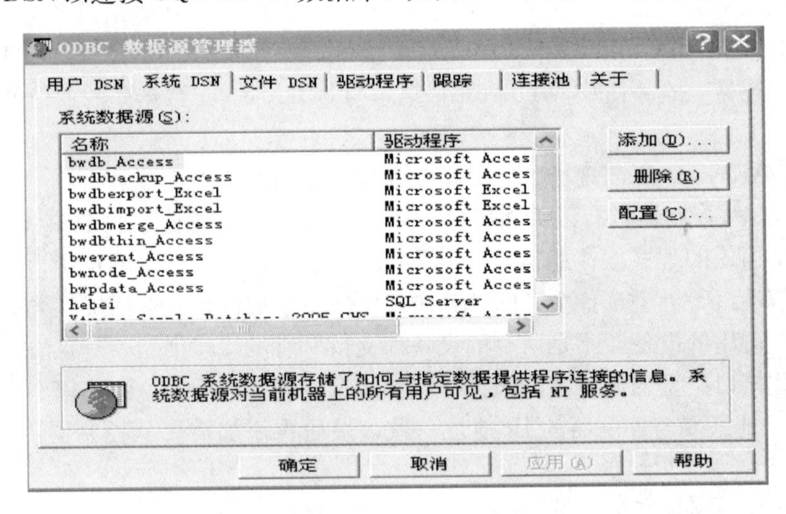

图 6-15　创建 ODBC 数据源系统 DSN

在 WebAccess 组态工程管理员内创建 ODBC 记录数据来源，输入数据来源名称(DSN)、用户名和密码，然后生成新的 ODBC 记录数据来源。如图 6-17 所示。当工程节点计算机的 WebAccess 组态运行时就会实时的将数据发送到远程数据服务中心。

② 从 WebAccess 组态读取 SQL Server 数据库

SQL Server 数据库属于软件，所以 WebAccess 组态读取 SQL Server 数据库的数据需要通过"软件接口"（如 OPC Server 或第三方软件 API）来实现。通过"虚拟"接口 API

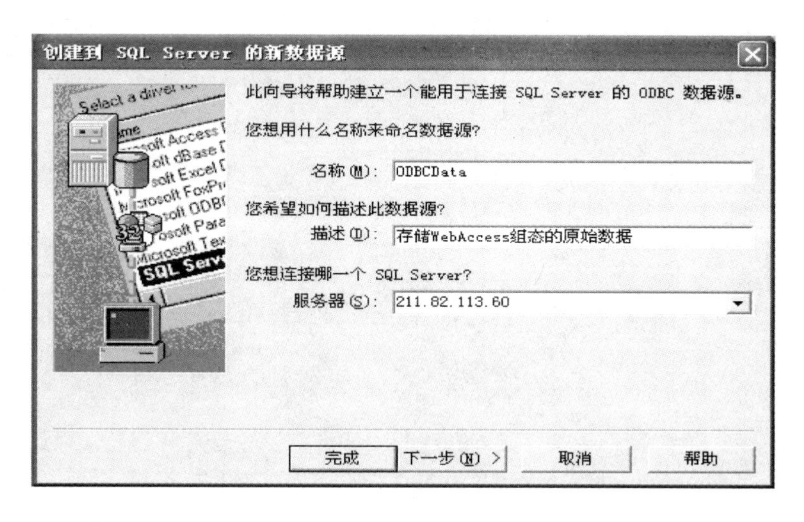

图 6-16 配置 ODBC 数据源系统 DSN

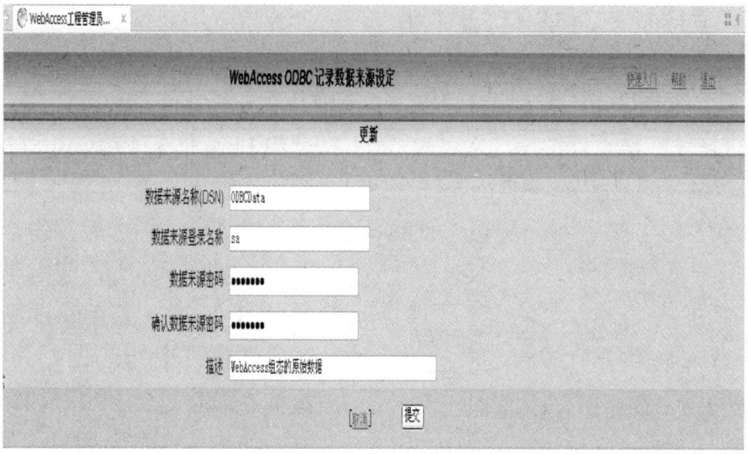

图 6-17 创建 WebAccess ODBC 记录数据来源

实现与数据库的连接。首先在监测节点上建立新的通信端口，类型选择为 TCP/IP 协议，然后选择添加设备，设备类型选择 BWDB，BWDB 是通过 ODBC 接口读取 SQL、ACCESS 等关系型数据库数据的驱动程序。下面的字段是 DSN；TableName；User；Password（数据源名称；表名；用户名；密码）与 SQL select condition（查询条件），这两个需要按照标准格式填写，WebAccess 组态运行时才能够读取 SQL 数据库，最后再添加需要从数据库读取的表字段。如图 6-18 所示。

(3) 基于 VC++的智能电表与组态软件的通信程序设计

① 智能电表与组态软件通信原理

由于智能电表只具有 485 接口，所以它与组态软件的通信必须通过串口通信来实现。具体的方法是，在监测计算机上的串口上安装 RS232 转 RS485 转换模块，这样，监测计算机就可以通过转换模块连接 485 总线与现场的智能电表进行通信。

工控机上的人机界面是采用 WebAccess 软件来实现的。由于 WebAccess 软件只支持与常用的大公司的外设接口，因此与智能电表只能通过其他方式进行数据通信。由于

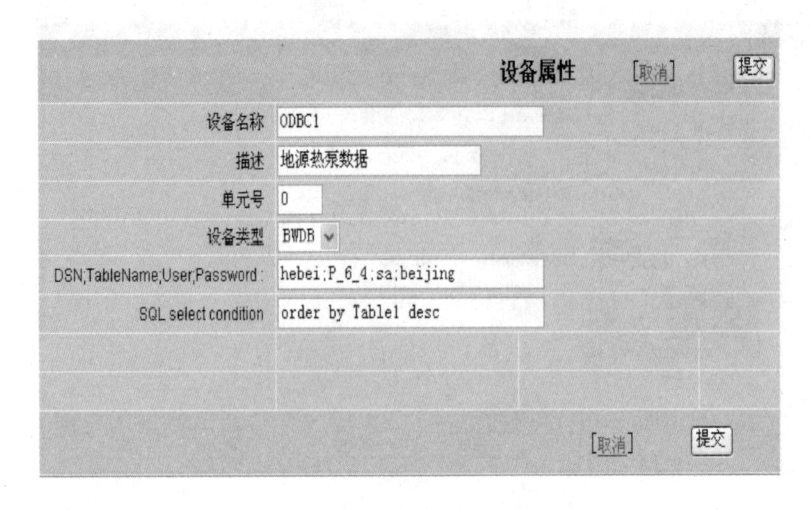

图 6-18　添加数据库软件设备

WebAccess 软件支持 DDE 通信，因此采用 VC++编写应用程序通过串口通信读取电表数据，然后建立 DDE 服务程序将数据传送给 WebAccess 软件。

具体方法是，连接有 RS232 转 RS485 转换模块的计算机，采用 VC++应用程序通过串口通信程序实现与智能电表的通信，读取到电表数据，根据设备的通信协议进行数据处理，得到实际电能数据，然后作为 DDE 服务器将数据发布，而 WebAccess 组态软件则作为 DDE 的客户端接收电能数据，并在监测界面上显示。这样就实现了智能电表与组态软件的通信。实现原理如图 6-19 所示。

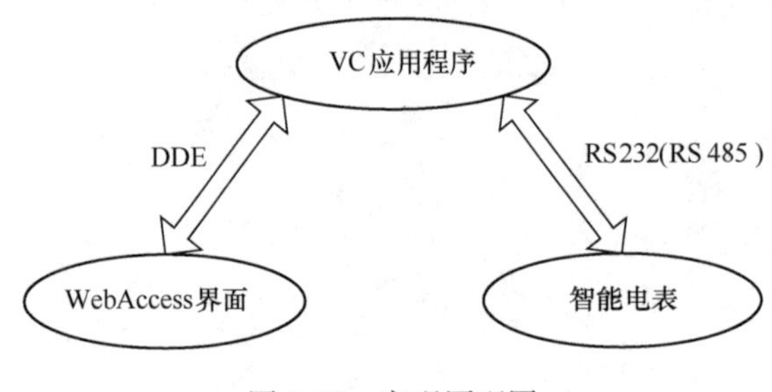

图 6-19　实现原理图

② VC++与电表的串口通信实现

本文使用 VC++平台，通过定时器配合 MSComm 控件方法编写的串口通信程序，实现了自动发送串口命令，读取响应信息，并根据通信协议进行数据处理后得到实际需要的数据。

③ VC++与 WebAccess 的 DDE 数据通信

通过上述的串口通信，实现了智能电表的实时数据采集。对于采集到的现场数据，我们将通过 DDE 接口与 HMI 取得通信，将各种数据信息在人机界面上显示出来。

动态数据交换方式允许应用程序之间共享数据，它在功能上类似 OLE，但不嵌入，即客户程序（Client）和服务程序（Server）是单独运行的。它们之间的会话经由一条通道（Channel）来进行，整个会话过程由程序控制，不需用户进行任何干涉。尽管 DDE 正逐渐被 OLE 取代，但其作为一种应用程序之间共享数据的手段，仍然受到广泛的使用和支持。相比之下，OLE 服务器通过嵌入到客户程序中来为其提供服务，激活速度常常慢得让人讨厌。因此，在某些情况下 OLE 是无法取代 DDE 的。

④ DDE 服务器实现

Windows 推出的动态数据交换管理库（DDEML，Dynamic Data Exchange Management Library）中提供了 DDE 函数集和应用程序级协议。使用 DDEML 开发的应用程序无论在运行一致性方面还是在应用程序相互通信方面性能均优于没有使用 DDEML 的应用程序，而且 DDEML 的应用使得开发支持 DDE 的应用程序容易了许多。

DDEML 通信的核心是业务（Transaction）。客户和服务器都是通过 DDEML 进行操作的。首先客户程序发出请求建立链接的会晤，服务程序响应后建立链接，若链接成功，则返回会晤句柄。其次，客户程序需要数据时发出请求会晤，若成功得到数据句柄，服务器便向其提供所需数据。第三服务器在数据变化时，DDEML 就会发消息调回调函数，使得客户数据更新。同时客户程序可以向服务器发送命令，让服务器执行某项操作。注意，服务器同时还可以是客户，客户也可以同时是服务器，但是在一次会晤中，只能有一个服务器和一个客户。

本系统中的 DDE 服务器是用 VC++开发的。VC++是开发 Windows 应用程序的一种面向对象程序设计语言，它支持 Windows 环境下的 DDE 通信机制，并提供了 DDE 的编程接口。在具体使用过程中，DDE 服务器调用动态数据交换管理库（DDEML）函数管理 DDE 对话，并使用热链接（HotLink）的方式进行 DDE 对话。

⑤ DDE 客户端实现

WebAccess 软件的 DDE Client 接口可以通过两种方式实现。一种是通过 API（Application Programming Interface）接口，调用相应的 DDE 驱动程序访问 DDE Server 读取数据；二是使用 WebAccess 软件为用户提供的脚本语言执行 DDE 命令访问 DDE Server 读取数据，WebAccess 软件提供多种脚本语言供使用，其中最主要是 Tcl 语言。Tcl 是"工具控制语言（Tool Control Language）"的缩写。Tcl 语言是一种简单的程序语言，可将逻辑运算应用于页面显示及 SCADA 系统中。脚本语言被普遍地用于页面动画制作或数据格式的重定义。WebAccess 中的脚本语言还可以完成程序间的通信及控制。它们之所以被称为脚本，是因为它们不需要编译。本文选用了第一种方式实现 DDE 的通信。

6.4 数据中心的设计

1. 数据中心软件的基本功能和软件架构

可再生能源与建筑集成监测系统数据分析平台软件的设计目的是实现"可再生能源与建筑集成技术研究与示范"重点项目中 5 个气候区中各种类型的可再生能源示范建筑物的全部监测数据的采集，并针对本项目建立能源分析模型、搭建数据分析平台，提供示范建筑的能量系统使用情况的基本分析，为可再生能源与建筑集成技术提供有效的保证，为国家建筑管理部门提供参考。

（1）推动建筑节能工作的需要

可再生能源与建筑集成监测系统数据分析平台软件是评价可再生能源在建筑中的使用效率最有效、最直接的方法，系统通过对已有监测数据的计算和分析，可以直观、明了地将分析结果提供给上级部门，帮助上级部门快速了解可再生能源建筑节能情况，为以后建筑节能工作的推广提供参考。

（2）为建筑节能分析提供统一依据

可再生能源评价模型对不同能源类型的建筑提供统一的经济指标，这些经济指标的建立，有助于从统一的角度分析不同种类型、不同建筑气候区的可再生能源建筑的能源使用情况，并进一步完成从不同侧重点分析某种能源类型在某种建筑气候区的适用情况。

（3）本课题的研究，有助于推动节能住宅评价体系的研究工作，并对我国建筑节能工作进一步的发展，推进建筑节能工作落到实处，建筑产业向节能、健康舒适、可持续方向发展，都具有重要的现实意义。

可再生能源与建筑集成监测系统数据分析平台软件是一个集多个应用子系统于一体的复杂的数据分析系统，其主要任务是构建基于 XML 的 Web Service 监控中心数据存储、处理和网络发布系统，接收现有实验建筑的全部监测数据，并将其存入数据库；开发异构数据转换平台，将不同地区不同建筑资源气候区的原始异构数据统一转化为 XML 格式；并对各监测点的原始数据进行对比分析，建立可再生能源对建筑能耗贡献率的数学能源评价模型，对设备及建筑资源气候区的使用状况进行综合的评估，并提供网络发布功能，提供最新数据和历史数据的浏览、数据的导入及导出、不同数据多种形式的图形及表格显示以及报表功能等。其网络拓扑图如图 6-20 所示。

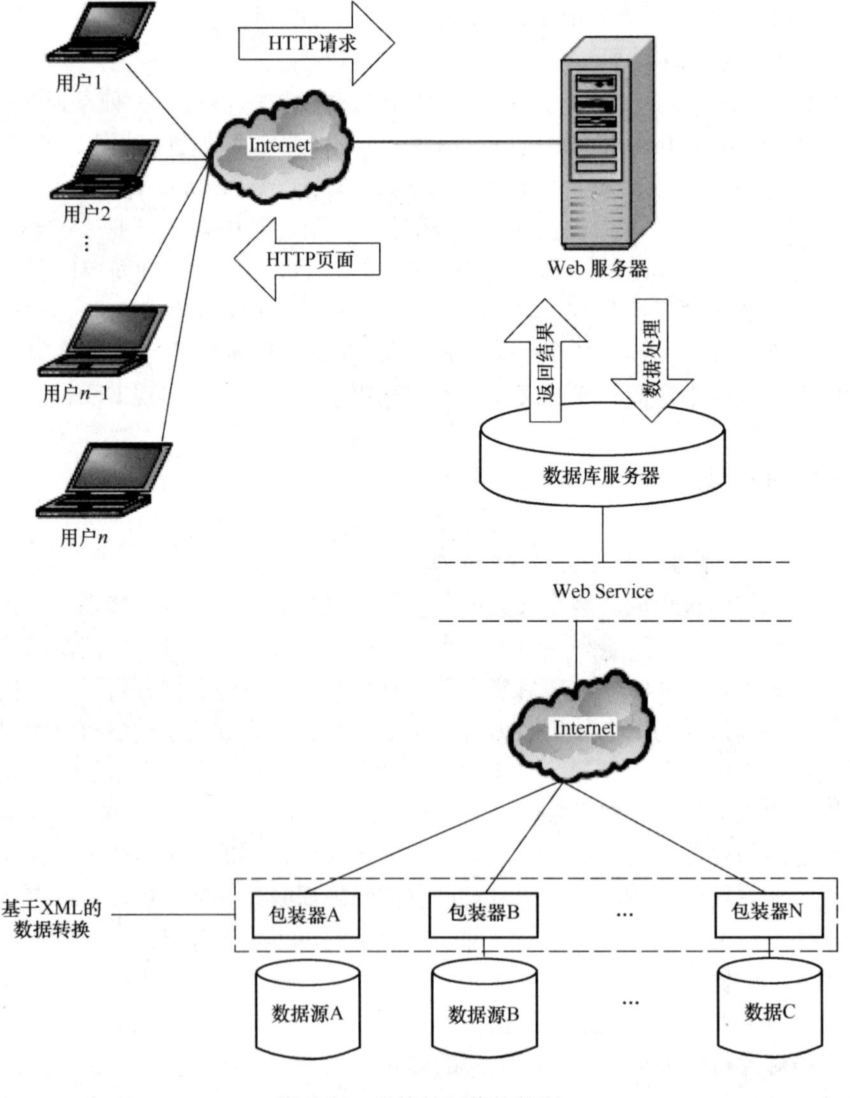

图 6-20　系统的网络拓扑图

为了满足系统对不同种类可再生能源在不同项目中的适用性，可再生能源示范建筑数据分析系统的软件功能如图 6-21 所示。

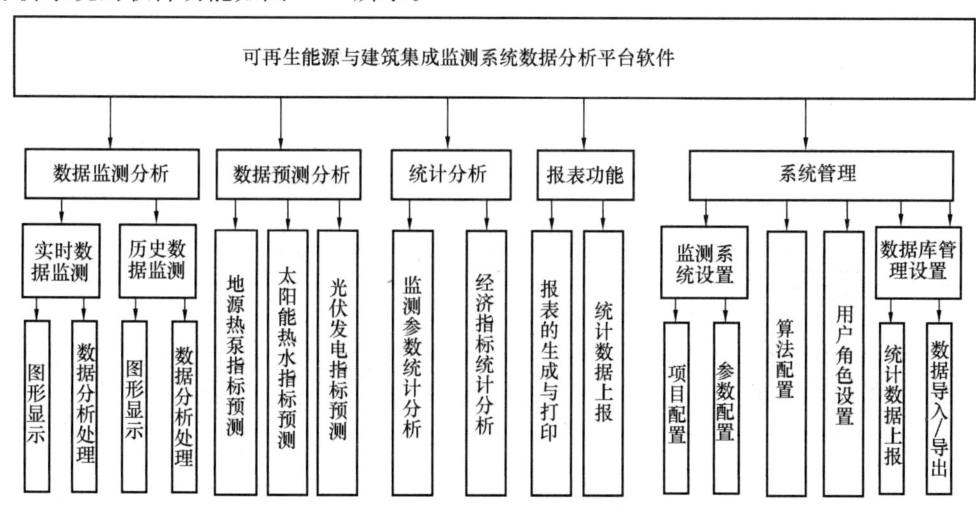

图 6-21　软件功能图

图中五大功能模块为：

1）系统管理模块。主要实现对系统的初始配置以及管理，完成对用户以及不同能源项目等的基本配置，为以后数据分析做准备。此配置模块可实现系统使用的灵活性以及后期的可扩展性。

2）数据监测模块。主要实现对最新数据进行监控功能，采用 Ajax 和 Flash 等技术对历史数据的监测和实时动态数据的监测。

3）统计分析模块。对各个可再生能源经济指标按不同项目种类、不同项目进行统计分析，并结合每一项目所属的建筑气候区域，利用指标衡量何种能源适合何种气候性建筑项目。

4）预测分析模块。根据已采集到的原始监测数据计算得到的经济指标，运用时序算法对这些经济指标进行预测分析，分析潜在规律并对其发展趋势作出预测，为项目推广提供可靠的依据。

5）报表管理模块。主要实现报表的管理、查询和导出功能。

根据软件功能设计要求，为了解决监测点之间地域分布广、所采用的可再生能源类型复杂等现实问题，同时满足不同设备、不同来源数据的可用性，加强应用层与数据层的独立性，系统总体上采用分层设计。同时为了使用户能通过网络平台操作界面对不同项目不同能源种类的不同参数类型的参数进行灵活配置管理，从数据结构设计上采用数据库和 XML 共同处理的方式，以便对某个项目某种能源的某类型参数进行自定义地添加、修改以及删除等操作，具有较好的可修改性、可扩展性以及可移植性。此外为了解决算法固定、不可增减的问题，提出算法插件，增加算法使用的灵活性。

本软件的系统结构设计分为：数据采集层、数据层、中介层、应用接口层、表现层、应用层，软件结构如图 6-22 所示。

1）数据采集层：处于最低层，负责接收用户录入或者是其他系统和数据采集设备传

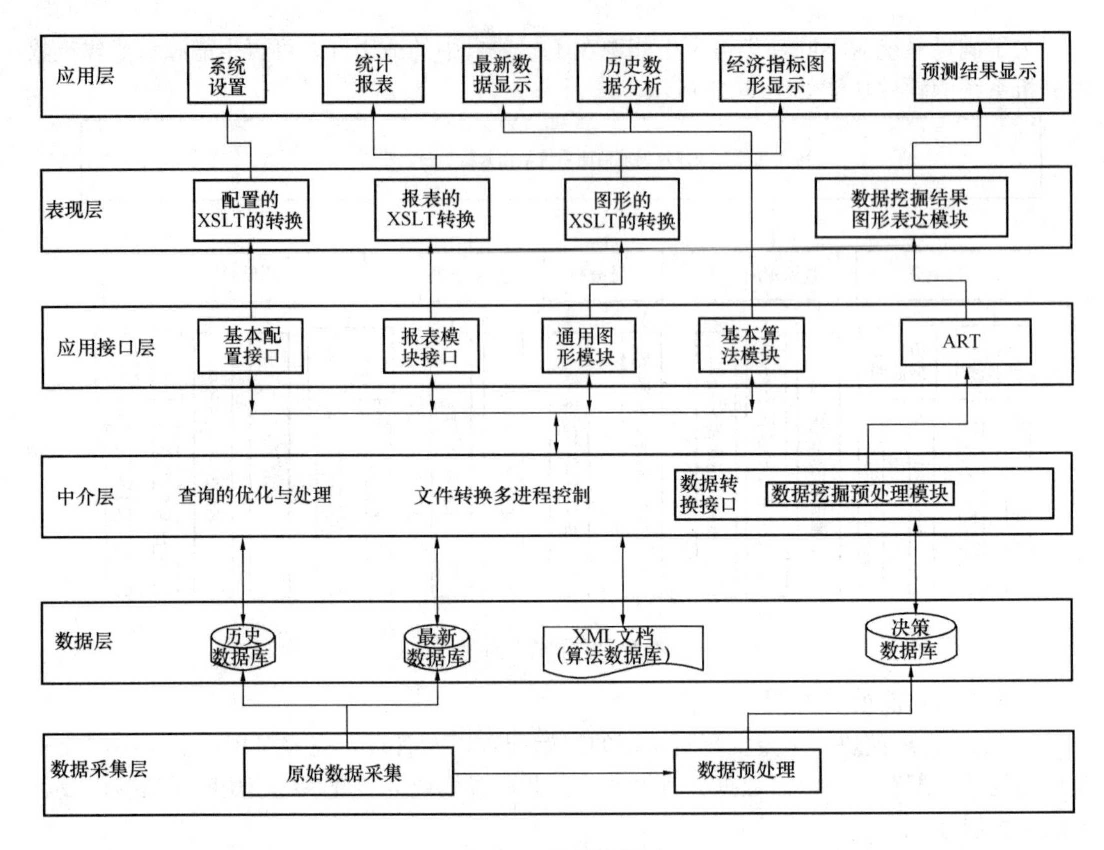

图 6-22 软件结构图

送过来的数据，并进行归纳整理，再把数据按照各行动评估模块设计的存储格式存入到数据库中。数据采集的方式分为三种：

①各个现场的数据管理员填写数据采集表，信息收集完后再统一录入数据库；

②在各个测点安装数据采集系统，由数据管理员按照系统提供的编号采集数据并即时入库；

③ 由其他系统或设备（如定位系统）直接将数据写入数据库。尽管数据的采集手段是多种多样的，但是最终存入数据库的格式是统一的，因而在数据处理层看来，训练中采集的所有数据都是有序的，可操作的，也就是说数据采集层对于数据处理层来说是透明的。

2）数据层：维护数据的完整性、安全性，它响应应用服务层的请求，访问数据。此层包括四部分内容：历史数据库、最新数据库、算法数据库（XML 文档）以及决策数据库。其中历史数据库主要接收数据采集层的原始监测数据，最新数据库仅保存设计短时间内的最新原始数据，各种可再生能源经济指标的基础算法均采用 XML 文档格式的格式存放在算法数据库，通过对历史数据的预处理，得到部分数据，放入决策数据。

3）中介层：位于系统的第 3 层。获得从数据传来的数据，根据系统的需要进行处理。这一层是应用软件系统中的核心部分，软件系统的健壮性、灵活性、可重用性、可升级性和可维护性，在很大程度上取决于该层的设计。软件分层的本来目的，就是提高软件的可维护性和可重用性，而高内聚和低耦合正是达成这一目标必须遵循的原则。尽量降低系统各个部分之间的耦合度，是应用服务层设计中需要重点考虑的问题。

4）应用接口层：为中介层跟应用层提供对外接口。同时为中介层算法的扩展提供保证。

5）表现层：表现层的设计是现在网站设计广泛采用的一种方法。一方面，此层的设计可使所设计的软件更符合"高耦合，低内聚"原则，将中阶层与应用层分离，降低每层之间的联系。另一方面，表现层可提供数据从 XML 格式到 HTML 的 XSLT 转换，为应用层提供统一的界面模式，便于系统的实现。

6）应用层：即用户统一界面层，根据具体的应用和用户计算环境，采用合适的信息访问技术或应用软件。应用层负责直接跟用户进行交互，用于系统设置、数据显示、统计报表分析、图形显示和从外部获取数据等。可以是 Web 浏览器或专用的客户端，通过应用接口层访问数据。应用层可以访问异构数据，进行数据的查询、修改、增加和删除。在这个过程中，表现层与中介层的交互对用户来说是透明的。只要遵循接口层的接口规范，即可以有效、透明地操作底层各类数据源。

2. 数据中心软件设计的方案选择

根据软件平台的设计，需要对软件的开发模式、开发平台和开发语言进行选择。

（1）平台开发模式

平台模式大体上分为四种：主机终端模式、文件服务器模式（File/Server，简称 F/S)、客户机/服务器模式（Client/Server，简称 C/S）和 Web 浏览器用及服务器模式(Browser/Server，简称 B/S)。主机终端模式由于硬件选择有限，硬件投资得不到保证，已被逐步淘汰。而文件服务器模式只适用小规模的局域网，对于用户多、数据量大的情况就会产生网络瓶颈，特别是在互联网上不能满足用户要求。因此，系统平台模式应主要考虑 C/S 模式和 B/S 模式。

由于 B/S 多层体系结构是目前主流的开发模式，它具有分布性强、维护方便、开发简单且共享性强、总体拥有成本低的优点，适合可再生能源与建筑集成监测系统数据分析平台软件的开发。

（2）系统开发平台

目前 B/S 模式下的开发平台主要有两种：Sun 公司的 J2EE 和微软公司的 .NET 平台。两种技术平台各有其优势，需要认真分析二者的不同来决定适合管网监测系统的方案。库存装备管理系统需要一个稳定、高效能的开发和应用平台，需要集成的开发环境和相对较低的成本投入。J2EE 和 .NET 两种平台都是经过市场上众多企业的实践检验的成熟、高效的平台，二者对于 XML，Web Service 等的支持也相差不多，但是还是有很多区别。

① 开发环境：.NET 有强大的程序开发工具 Visual Studio. NET，Java 也有 Borland，Sun，Bea，IBM 等厂商的各种整合式开发工具可以选择使用。相比较而言，Visual Studio. NET 的集成开发环境更易于实现快速高效的开发。

② 系统设计及开发过程：均采用面向对象开发技术，在系统架构设计上，都采用 OOAD，UML，Design Pattern 等方式。但是学习 J2EE 的时间要长一些。

③ 开发语言：J2EE 只支持 Java 语言，而 .NET 最主要支持的语言是 C♯，但是也支持 C＋＋，VB，Pear，COBOL 等多种语言，开发人员的选择面比较广；C♯ 支持 JIT

(Just-in-time) 编译方式，而 Java 则基于解释方式。另一方面，C# 正在成为一种工业标准，已经被 ECMA（欧洲计算机制造商协会）所接纳。

④ 支持标准：J2EE 支持 Java，EJB，而 .NET 支持 XML/SOAP。从标准的开放性上，XML/SOAP 要好于前者。XML 正在成为 Internet 上内容表示的标准，代表了下一代网络上互操作的光明前景，SOAP 协议本身也能够保证其他平台上的组件能够与 .NET 平台上的组件进行信息的交换；而 Java/EJB 模式仍然没有实质上的技术进步，并不能完全实现标榜的统一计算平台。

⑤ 代码通用性：在 .NET 上开发可以实现真正的代码重用，因为设计 .NET 平台的一个重要思想是：运行时环境和具体的语言分开。所有的资源管理、内存分配、变量类型等均由运行时环境处理。这样的话，用 C# 写的类就可以直接用在 C/C++ 程序中。可以利用过去程序资源。而在 J2EE 平台上，Java 将运行时环境和具体语言混在一起。

目前 .NET 平台的稳定性、服务器的稳定性也表现很好，选择 .NET 作为开发可再生能源与建筑集成监测系统数据分析平台软件的基础平台。

(3) 系统开发语言

在 .NET 平台下 C# 是 .NET 最主要支持的语言，它是在 .NET 中推出的全新的语言，这种全新的面向对象的语言使得开发者可以快速地构建从底层系统到高层商业组件的不同应用。它提供了一个管理性强、透明性好、类型安全的开发环境。采用 C# 来开数据中心软件。

3. 数据中心软件数据结构的设计

数据中心软件数据结构包括四大部分：算法数据库、实时数据库、历史数据库、决策数据库。算法数据库已在上述介绍，主要是用来存放平台分析数据过程中常用的算法公式。历史数据库中的数据则是由实时数据库中的数据进一步整理得到的数据。决策数据库则是结合专家知识和历史数据库中的数据，经过数据过滤形成数据库，为进一步的预测分析提供数据。

其中，根据传输和交换方式不同，部分示范工程的实时数据直接进入到平台软件数据库，部分示范工程的实时数据通过 XML 转换进入到平台软件的历史数据库。

而历史数据库采用关系数据库进行设计，关系数据库设计的一个主要目的是把列组合成表，使数据的冗余最小，并减少实现基表所需要的文件存储空间。其表结构关系如图 6-23 所示。

其中，各表意义分别如下所示：

EnergyType 能源种类列表：根据可再生能源在建筑中的使用情况，能源种类包括：太阳能、地源热泵等。

EnergyUse 能源使用方式列表，可分为太阳能热水系统、太阳能光伏系统；污水源地源热泵系统、土壤源地源热泵系统；综合利用系统；试验性系统。

ProjectList 项目列表：每个不同的能源使用方式下所包含的项目，如：广州逸泉山庄居住小区、清水湾住宅区一期工程、河北建设服务中心、湖北出入境检疫局综合实验楼等。

EquimentList 设备列表：细化到一个项目中包括一个或多个监控节点（如广州逸泉山庄包含有三个监控节点，即现在的太阳能热水监测系统 1 号，太阳能热水监测系统 2

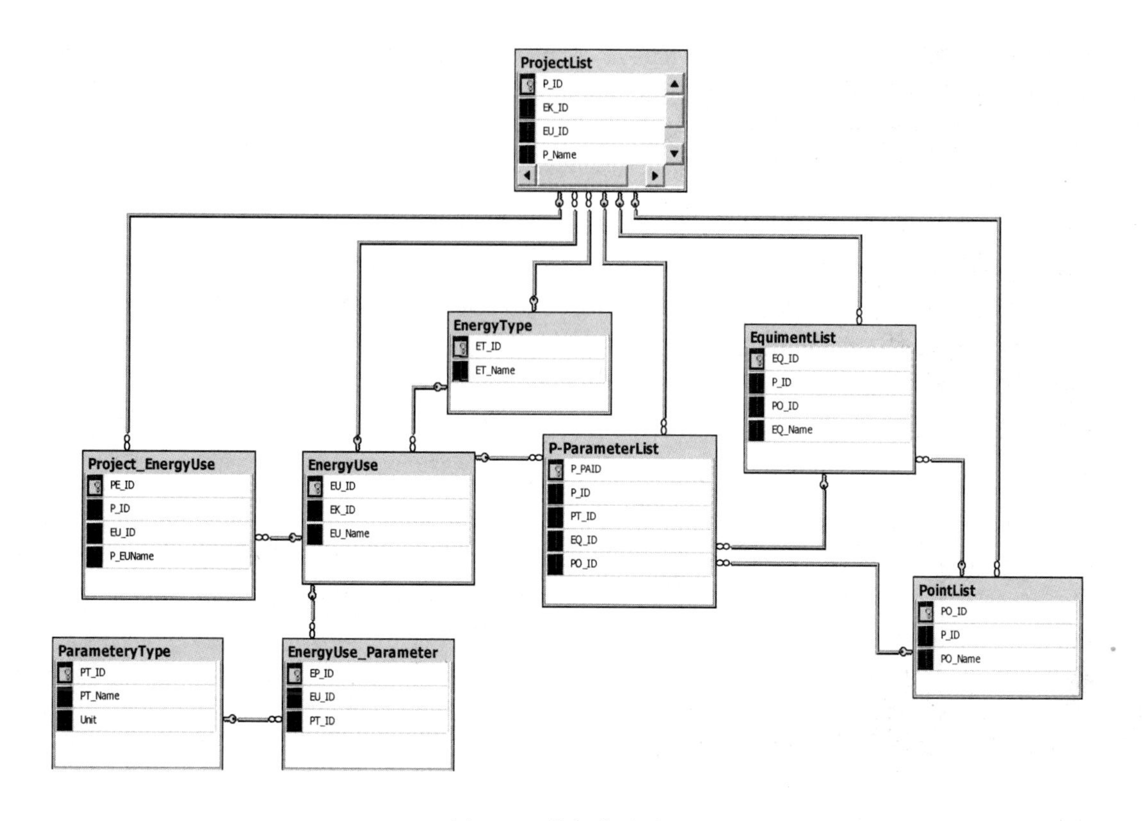

图 6-23　数据库关系图

号，太阳能热水监测系统 3 号）。

ParameterType 参数种类列表：将每个监控节点的监测参数按照相同的单位分类所形成的表，如：温度、流量、功率、电能量等。

P-ParameterList 每个设备采集的原始参数形成的表：参数及节点（测点或设备），每个监控节点最基本监测参数和节点（测点或设备）的存储点。

其他更为详尽的设计和实现在这里就不一一描述。

4. 数据中心界面表现层的设计

界面表现层的设计主要是对数据显示的设计。为了使数据在应用时具有规范化的表达格式，同时又使应用层与数据层具有较强的独立性，系统采用 XML 存储显示操作数据。而且 XML 在数据应用方面也具有跨平台、易表达等优点。在显示数据的时候采用可扩展样式语言（XSLT）对解析 XML 的语言，将 XML 转换成 HTML 语言。使用 XSLT 的优势在于它能够将不同数据的 XML 以相同的格式显示。同时结合 JavaScript、CSS、HTML 等技术，既满足显示美观的要求，又能达到数据的操作与显示的要求。

为了使用户实时查看到可再生能源的使用情况，快速根据环境的变化做出相应对策，选用适宜的取暖、供热、发电方式，以达到能源使用最优化的目的，系统通过 Ajax、Flash 等技术实现了实时监控功能。

Ajax 是指一种创建交互式网页应用的网页开发技术，其优点是能在不更新整个页面的前提下维护数据。这使得 Web 应用程序更为迅捷地回应用户动作，并避免了在网络上发送那些没有改变过的信息和等待过程中出现空白页的情况。同时因为仅向服务器发送并取回必需的数据，也减小了服务器的压力。通过 Flash 能够动态显示图形数据，不仅美化图形表面，而且使图形增加了缩放、拖拽的功能，使实时图形变化得更加形象。Ajax 与 Flash 技术的结合实现了监测图形在无等待刷新的情况下对系统数据的实时监控。

在表格及折线图显示方面，由 XSLT 结合 JavaScript 进行控制。XSLT 在信息的显示和处理上有很大的优势，相同的 XML 数据文件通过调用不同的 XSLT 文件进行解析，就能够以不同的方式进行显示，从而使系统在数据的表示、操作和显示上具有相互分离的特点，XML＋XSLT＋JavaScript 的数据显示模式极大提高了系统的逻辑性和有效性。

折线图能查询任意时刻的数据，并将其变化趋势用折线表示。在同一坐标系内，用户可根据需要选择一条或多条数据查看，同时，用户点击坐标轴某一单位坐标，曲线图中将自动显示这一时间单位上所选的经济指标值，这样使图形显示更加美观简洁，便于用户查看、比较。

典型界面如图 6-24 所示。

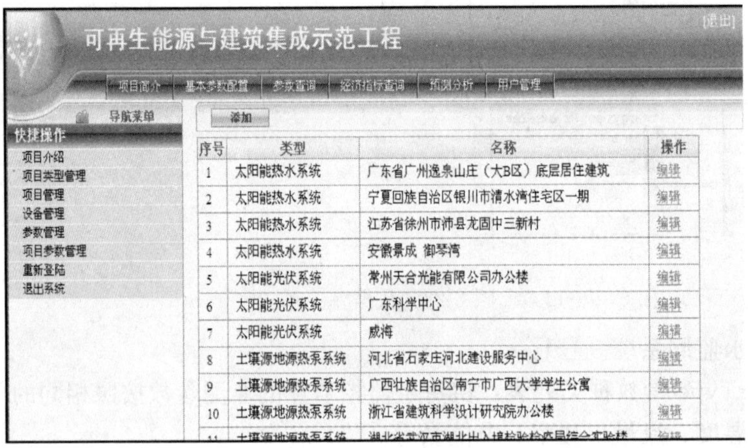

图 6-24　典型界面图

5. 数据中心软件主要模块的设计与实现

(1) 系统管理配置模块

该模块体现在系统所设计的基本参数管理，此项主要针对可再生能源数据监测系统的配置部分，由于此系统所涉及的监测点范围广、能源类型多，为提高软件使用的灵活性及扩展性，在此部分分为不同的层（即不同的配置部分），采用按层配置的原则。基础配置流程为：项目类型配置—项目配置→设备配置→参数配置→具体项目的参数配置。

体现在软件平台下为：项目类型管理→项目管理→设备管理→参数管理→项目参数管理。界面如图 6-25 所示。

(2) 数据统计分析模块

统计分析是本软件中一个十分重要的功能模块，它接收数据采集层上传的数据包，根据系统构造的能源模型，对原始监测数据进行计算得到分项的经济指标数据，并将这些数据保存到数据库中，将结果以折线图和表格的形式显示出来。在表格及折线图显示方面，由 XSLT 结合 JavaScript 进行控制。XSLT 在信息的显示和处理上有很大的优势，相同的 XML 数据文件通过调用不同的 XSLT 文件进行解析，就能够以不同的方式进行显示，从

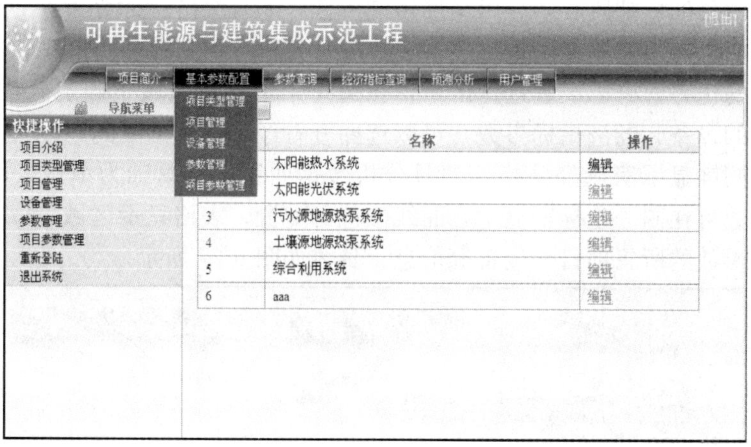

图 6-25　系统配置界面图

而使系统在数据的表示、操作和显示上具有相互分离的特点，XML＋XSLT＋JavaScript的数据显示模式极大提高了系统的逻辑性和有效性。折线图能查询任意时刻的数据，并将其变化趋势用折线表示。在同一坐标系内，用户可根据需要选择一条或多条数据查看，同时，用户点击坐标轴某一单位坐标，曲线图中将自动显示这一时间单位上所选的经济指标值，这样使图形显示更加美观简洁，便于用户查看、比较。

① 同一项目，不同指标的分析。

对于各个可再生能源经济指标按日、周、月进行统计分析。通过指标来衡量何种能源适合何种气候性建筑项目。同时，可以比较分析一个项目种类、一个项目不同经济指标之间的线性关系。可以按照需要导出预测信息的详细内容，导出文档格式可选。

如日经济指标分析可对各个可再生能源经济指标按日进行统计分析。通过指标来衡量何种能源适合何种气候性建筑项目。典型界面如图 6-26 所示。

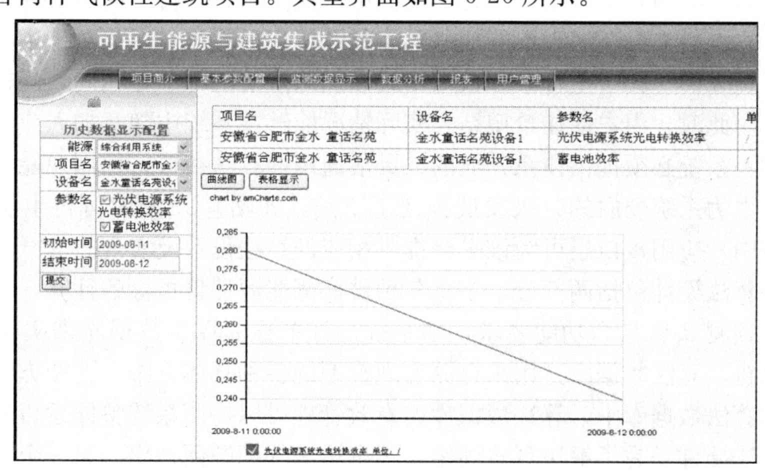

图 6-26　日统计分析界面图

② 不同项目，同一指标功能设计。

对于各个可再生能源经济指标按同一个项目种类、不同项目进行统计分析。可以按照需要导出预测信息的详细内容，导出文档格式可选，如月经济指标分析。对于相同能源类型、不同项目的可再生能源经济指标按月进行统计分析。通过比较不同项目的相同指标来分析各个项目的优势。可以设置选择区域，在选择菜单显示区域中确定分析的能源类型，然后选择比较的设备、经济指标参数，可以选择查看经济指标的时间，以月为单位；曲线图显示区域，同屏显示所选经济指标的月分析数据曲线图（纵轴为单位，横轴为时间），不同设备的参数可在同一坐标轴显示，曲线颜色可配置；表格显示区域：以表格形式显示所选经济指标参数的所属项目、设备等信息。具体如图 6-27 所示。

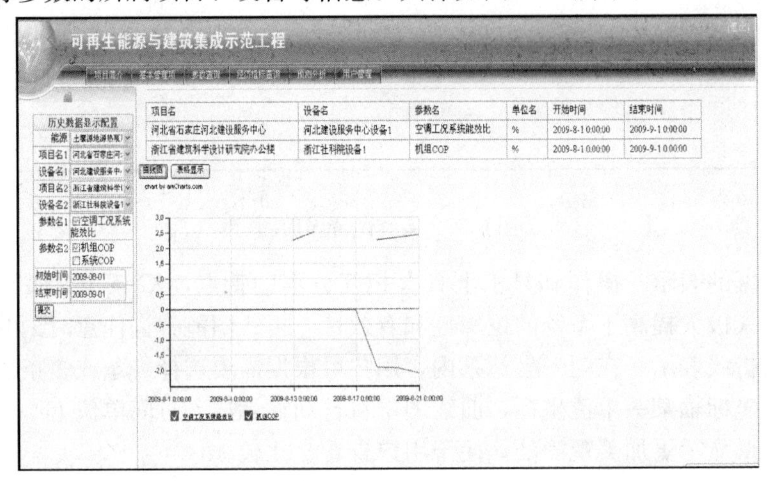

图 6-27　月统计分析界面图

（3）算法模块的设计与实现

在对建筑集成可再生能源评价时，不同可再生能源的评价指标是很重要的一部分，这些评价指标可根据所采集的监测原始数据设计不同的算法来实现。由于不同的能源类型的侧重点不同，对算法的要求有差异。为了提供尽可能全面的分析不同种可再生能源与建筑集成的效果，系统将集成适用于不同任务的多种经济指标算法，但是对于很多特定的可再生能源监测系统来讲，其产生背景和数据格式以及结果要求都不尽相同，同样的算法将很可能难以胜任。此时，用户往往希望结合实际情况能够在系统中随意加入或删减自己的处理方案。因此，系统必须提供体系开放的、灵活通用的算法接口，使用户能够方便地加入新算法，同时也为系统今后的升级发展预留了空间。如图 6-27 所示可再生能源监测系统数据分析平台中，应用接口层可为该平台提供相应的算法设计及实现。

本软件的算法设计包括两部分：一是各种被监测能源评价指标的计算，二是对不同能源效率指标的预测[11]。结合功能要求，本系统设计单独的算法数据库来实现对海量原始数据的处理分析。算法数据库是用来存储实现模型的各种具体方法，这些方法以算法插件的形式存放于算法数据库中，算法数据库的有效管理可以提高系统整体运行速度。

其中，算法插件是为了解决算法固定、不可增减的问题而提出。每一个算法插件即一个动态链接库，由主框架进行维护管理。其包含了一个不同的完成的算法，其中，算法可以是预测算法以及不同经济指标的计算。这些不同的算法被封装到具有统一属性和方法的动态链接库文件中，系统中可随时增加和删除动态链接库文件；对所有的算法插件，系统可采用统一方法调用。算法插件主要有以下四个特点：

① 即插即用：能够任意的导入方法库或者从方法库中删除，而不影响其他算法。当需要增加或减少算法时，不需再次开发算法库，只需用户利用方法库提供的封装功能将方法打包，再进行发布即可。

② 针对性强：算法插件和接口是分离的，具体实现部分封装在插件内部，每个插件都有自己独立处理数据的能力，而不需要依赖于其他，这样，每个算法插件可根据具体情况对不同特定的能源监测系统进行数据处理与分析，而不必为了适用总体系统而拘泥于统一的形式。

③ 封装性：算法的具体计算过程对外是不可见的，但它必须实现方法库要求的接口。

④ 扩展性强：算法插件只要能实现方法库的借口，符合方法库的调用方式，都能挂在方法库下，随着能源类型及不同项目的扩展，方法库将会越来越丰富，达到全面评价建筑集成可再生能源类型的效果。

算法插件的对外接口如下：

① 插件的识别标识、插件的名称：方法库通过表示来校验该插件是何种算法，校验通过后在提取该插件的名称，插入方法库。

② 版本、发布时间、插件描述、设计者信息：主要是用于保证算法库升级的连续性、完整性和权威性，避免混乱而造成写入方法库时破坏原有历史方法。

（4）数据预测模块的设计与实现

数据预测模块部分是通过 SQL Server2005 的商务智能应用程序开发工具集（Business Intelligence Development Studio，BI Dev studio）实现的。BI Dev Studio 环境已经集成到 Visual Studio（VS）框架中，为商务智能操作提供了完整的开发环境。在使用 VS2005 时，数据挖掘项目是一组项目中的一部分，这组项目也称为解决方案。数据挖掘项目与软件所要求的其他项目可以分组到一个解决方案中。以数据挖掘结构 SunEnery-Day 为例，描述数据挖掘结构的建立流程。

新建 Analysis Services 项目，并在项目中设置数据源，用来在数据源中挑取数据训练测试数据挖掘结构。数据源是一个非常简单的对象，它只包含一个连接字符串和一些描述如何连接的附加消息。

创建数据源视图（Data Source View，DSV），用来选择、组织、浏览以及操作数据源中的数据，它是数据在客户端的一个抽象视图。

使用命名计算和查询，命名计算和查询是 DSV 中显示的序列和表。利用这个功能可以在自己的数据中挖掘派生信息，而不需要改变源数据。

组织 DSV，当创建了一个命名查询时，任何在原表上的已有关系都不会出现在新创建的表上。这意味着，如果还要用这些关系，则必须重新创建它们：对于一个表之间的每一条关系，从外键拖动一条线到主键就可以创建这些关系了。

使用数据挖掘向导，该向导可以创建两种对象：挖掘结构和挖掘模型。两个对象的整个创建过程都包含在一组简单的步骤中，步骤包括：选择算法（Microsoft 时序算法），选择源表并且指定源表的用法，选择表中的列并且指定这些列的用法，对挖掘结构和模型命名，完成上述操作之后，就可以对数据挖掘结构进行处理和分析了。

6.5 数据中心平台功能界面

可再生能源与建筑集成示范工程数据中心平台从总体上包含运行参数的实时在线监测处理分析平台和运行参数数据处理中心的离线监测处理分析平台。

1. 实时在线系统监测处理分析平台

基于网际组态软件 WebAccess 及 GPRS 技术建立可再生能源与建筑集成示范建筑设备运行远程监测与分析实时在线监测平台，实现河北建设服务中心地源热泵系统、广东逸泉山庄太阳能热水系统、北京京燕饭店污水源热泵系统示范工程设备参数的远程实时在线监测；通过分析地源热泵系统、太阳能利用系统等工艺流程，根据实时监测数据采用数学建模方法重点研究系统综合经济指标数学模型建立和数据处理分析的方法，同时基于.NET 平台技术对实时监测数据设计算法实现系统综合经济指标的计算。为可再生能源地源热泵示范建筑的示范性提供有效、可靠的依据。

下面以京燕饭店改扩建示范工程为例说明其实时在线监测功能界面。

(1) 京燕饭店改扩建示范工程背景

京燕饭店位于北京石景山路 29 号，属于甲类建筑，总用地面积 26264.61m^2，改造后建筑面积 32549m^2。建筑使用功能为办公、娱乐、会议、酒店客房等，其中主楼为地下 2 层、地上 19 层的框架结构，为饭店客房；裙楼为 3 层框架结构，为饭店大堂和餐厅；西配楼为 5 层框架结构，为健身、娱乐和会议用房。

污水主干渠在八角西街东侧人行便道上（太阳岛宾馆西侧），直径为₡1500mm，实测污水最低谷时，水深 380mm，流速 0.583m/s，冬季污水温度：16～17℃，夏季污水温度：20～23 ℃，污水水质：pH=7，污水最大设计流量：440m^3/h。热泵机组类型为普通型机组（制热为 1276kW，制冷量为 1250kW）和全热回收机组（准制热为 1276kW，制冷量为 1250kW），污水源热泵系统能够提供夏天的制冷、冬天制热及全年的生活热水，同时热回收型的热泵机组在夏季直接把空调产生的热量转移到生活热水，提供免费的生活热水。

(2) 京燕饭店改扩建工程的监测界面

图 6-28～图 6-34 为北京京燕饭店污水源热泵系统示范工程设备参数的远程实时在线监测的相关界面。

在进入实时在线监测处理分析系统后，选择北京京燕饭店污水源热泵系统示范工程首页，如图 6-29 所示。

在点击[进入系统]按键后，选择北京京燕饭店污水源热泵系统示范工程实时监测系统的界面，该界面实时显示系统设备的实时运行参数和状态，如图 6-30 所示。

在点击[实时参数]按键后，选择北京京燕饭店污水源热泵系统示范工程实时监测系统的界面，该界面实时显示系统的实时参数，如图 6-31 所示。

在点击[经济指标]按键后，选择北京京燕饭店污水源热泵系统示范工程监测系统的经济指标界面，该界面实时显示系统的实时经济指标参数，如图 6-32 所示。

在点击[历史趋势]按键后，选择北京京燕饭店污水源热泵系统示范工程监测系统的历

图 6-28　实时在线监测系统工程首页图

图 6-29　京燕饭店污水源利用首页图

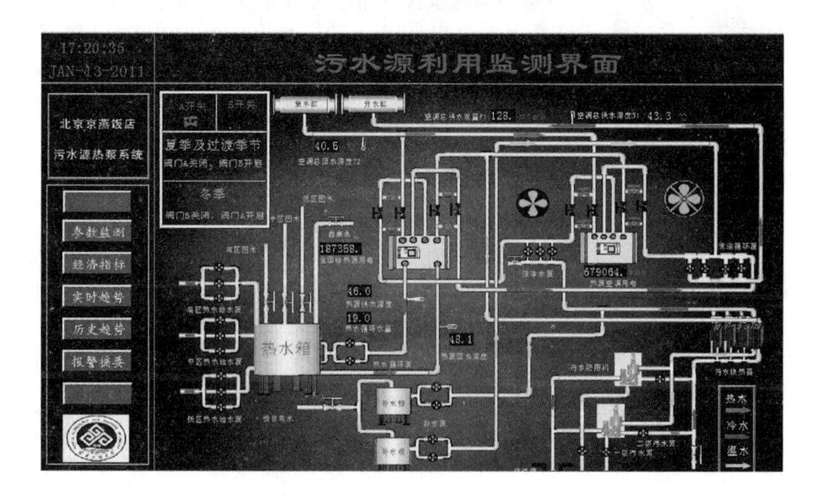

图 6-30　京燕饭店污水源利用实时监测界面

史趋势界面，该界面实时显示系统的历史趋势参数，如图 6-33 所示。

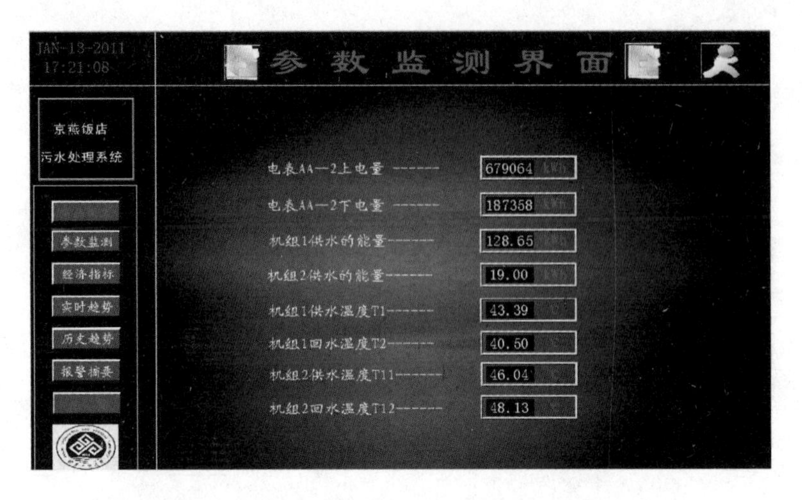

图 6-31　京燕饭店污水源利用实时参数显示界面

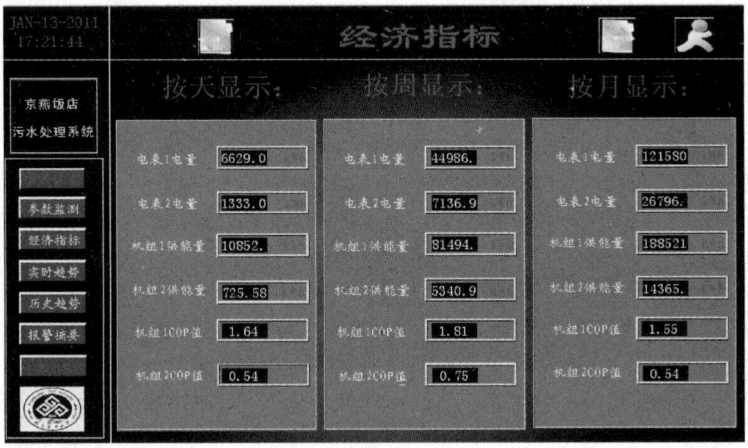

图 6-32　京燕饭店污水源利用经济指标显示界面

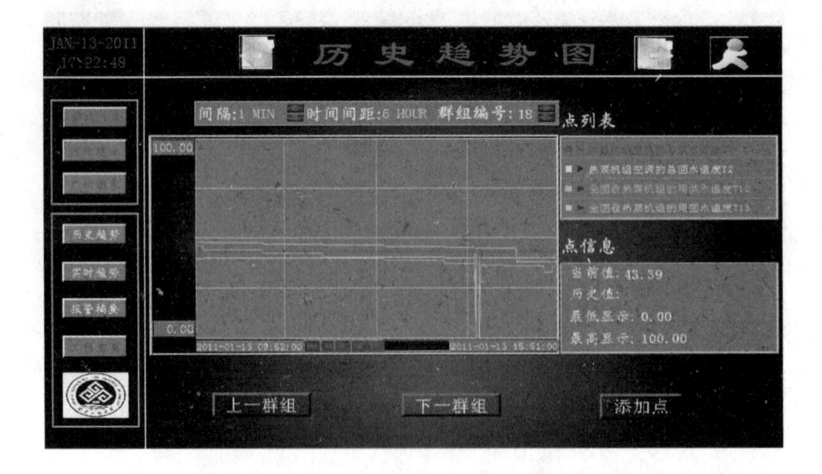

图 6-33　京燕饭店污水源利用历史趋势显示界面

在点击 实时趋势 按键后，选择北京京燕饭店污水源热泵系统示范工程监测系统的实时趋势界面，该界面实时显示系统的实时趋势参数，如图 6-34 所示。

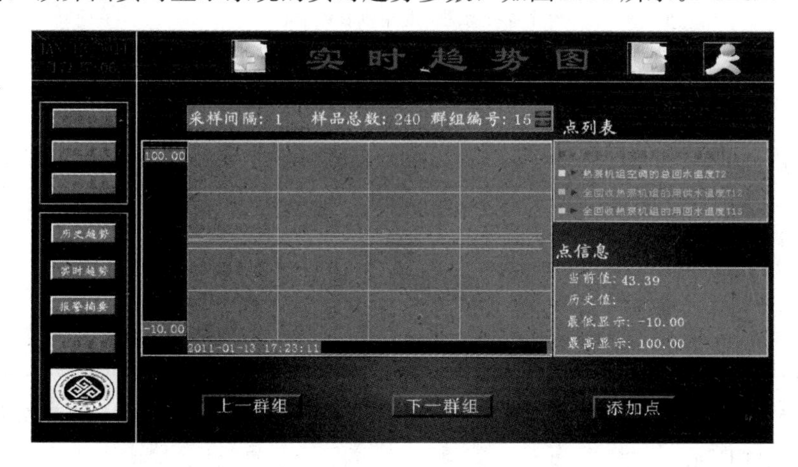

图 6-34 京燕饭店污水源利用实时趋势显示界面

2. 离线系统监测处理分析平台

构建基于 XML 的 Web Services 监控中心数据存储、处理和网络发布系统，接收不同气候区的示范工程（项目类型及名称如表 6-1 所示）的全部监测数据，并将其存入数据库。开发异构数据转换平台，将异构数据统一转化为 XML 格式。对各点采集的数据进行比对分析，建立可再生能源对建筑能耗贡献率的数学模型，实现系统综合经济指标的计算。同时对设备运行状况综合评估，并且提供网络发布功能，提供最新和历史数据浏览、趋势图和报表等功能。项目的特点是进行数据存储和分析的原始数据量非常大，近 40G。

项目类型及名称 **表 6-1**

项目类型	项目名称	所属建筑气候区
太阳能热水系统	广东省广州逸泉山庄（大 B 区底层居住建筑）	夏热冬暖
	宁夏回族自治区银川市清水湾住宅区一期	寒冷
	江苏省徐州市沛县龙固中三新村	夏热冬冷
	辽宁盘锦润诚苑住宅小区	严寒
	上海三湘四季花城	夏热冬冷
	顶秀欣园	夏热冬冷
	嘉兴国际中港城	夏热冬冷
	安徽景成·御琴湾	夏热冬冷
太阳能光伏系统	常州天合光能有限公司办公楼	夏热冬冷
	广东科学中心	夏热冬暖
	金水童话	夏热冬冷
	威海蓝星办公楼	寒冷
	保定商务会议中心	寒冷

续表

项目类型	项目名称	所属建筑气候区
地源热泵系统	河北省石家庄河北建设服务中心	寒冷
	上海闵行档案馆	夏热冬暖
	湖北出入境	夏热冬冷
	潍坊海关	寒冷
	北京市京燕饭店改扩建	寒冷
	赤峰市众联广场	严寒
	乌兰察布职业学院	严寒
	南京锋尚国际公寓	夏热冬冷
	广西大学学生公寓	夏热冬暖
	浙江建筑科学研究院	夏热冬冷

以广州逸泉山庄（大 B 区）低层居住建筑太阳能热水系统数据处理及分析为例。如图 6-35、图 6-36 所示。

可再生能源与建筑集成示范工程

导航菜单

快捷操作

项目介绍
项目类型管理
项目管理
设备管理
参数管理
项目参数管理
重新登陆
退出系统

序号	项目名	详细信息
1	广东省广州逸泉山庄（大B区）底层居住建筑	详细信息
2	宁夏回族自治区银川市清水湾住宅区一期	详细信息
3	江苏省徐州市沛县龙固中三新村	详细信息
4	安徽景成 御琴湾	详细信息
5	常州天合光能有限公司办公楼	详细信息
6	广东科学中心	详细信息
7	威海	详细信息
8	河北省石家庄河北建设服务中心	详细信息
9	广西壮族自治区南宁市广西大学学生公寓	详细信息
10	浙江省建筑科学设计研究院办公楼	详细信息
11	湖北省武汉市湖北出入境检验检疫局综合实验楼	详细信息
12	赤峰市众联广场	详细信息
13	北京市京燕饭店改扩建	详细信息
14	安平县一水源热泵	详细信息
15	湖北省武汉市武汉理工大科技园研发中心	详细信息
16	南京锋尚国际公寓	详细信息
17	辽宁盘锦润诚苑住宅小区	详细信息
18	潍坊海关	详细信息

图 6-35 数据中心离线分析处理平台项目列表界面

图 6-36 数据中心离线分析处理平台项目简介界面

（1）基本参数配置

功能简介：此部分体现在系统所设计的基本参数管理，此项主要针对可再生能源数据监测系统的配置，如图 6-37 所示。

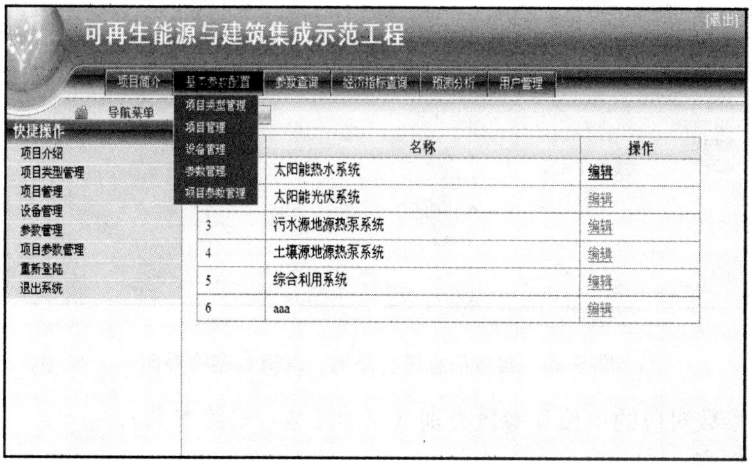

可再生能源与建筑集成示范工程 [退出]

项目简介　基本参数配置　参数查询　经济指标查询　预测分析　用户管理

项目类型管理　项目管理　设备管理　参数管理　项目参数管理

导航菜单

快捷操作：项目介绍　项目类型管理　项目管理　设备管理　参数管理　项目参数管理　重新登陆　退出系统

	名称	操作
	太阳能热水系统	编辑
	太阳能光伏系统	编辑
3	污水源地源热泵系统	编辑
4	土壤源地源热泵系统	编辑
5	综合利用系统	编辑
6	aaa	编辑

图 6-37　监测系统的配置界面

由于此系统所涉及的监测点范围广、能源类型多，为提高软件使用的灵活性及扩展性，在此部分分为不同的层（既不同的配置部分），采用按层配置的原则。

平台分为五个配置部分：项目类型管理—项目管理—设备管理—参数管理—项目参数管理。

项目类型管理：可以对系统中的项目类型进行添加、编辑和删除。

项目管理：在此界面下可以对系统中的项目信息进行添加、编辑和删除，如图 6-38 所示。

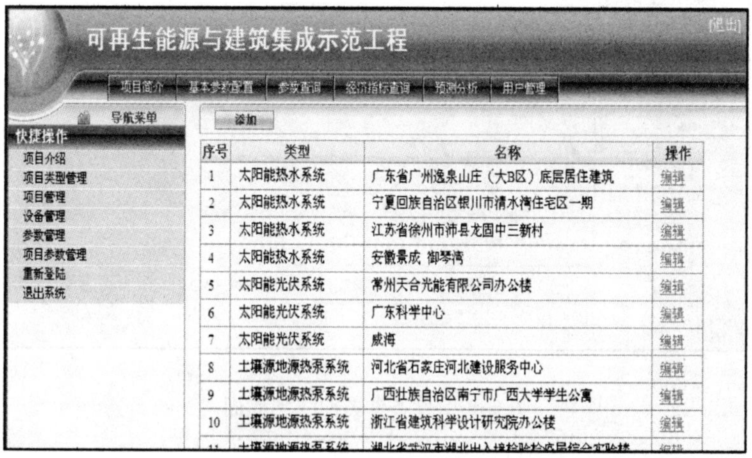

可再生能源与建筑集成示范工程 [退出]

项目简介　基本参数配置　参数查询　经济指标查询　预测分析　用户管理

导航菜单　添加

快捷操作：项目介绍　项目类型管理　项目管理　设备管理　参数管理　项目参数管理　重新登陆　退出系统

序号	类型	名称	操作
1	太阳能热水系统	广东省广州逸泉山庄（大B区）底层居住建筑	编辑
2	太阳能热水系统	宁夏回族自治区银川市清水湾住宅区一期	编辑
3	太阳能热水系统	江苏省徐州市沛县龙固中三新村	编辑
4	太阳能热水系统	安徽景成 御琴湾	编辑
5	太阳能光伏系统	常州天合光能有限公司办公楼	编辑
6	太阳能光伏系统	广东科学中心	编辑
7	太阳能光伏系统	威海	编辑
8	土壤源地源热泵系统	河北省石家庄河北建设服务中心	编辑
9	土壤源地源热泵系统	广西壮族自治区南宁市广西大学学生公寓	编辑
10	土壤源地源热泵系统	浙江省建筑科学设计研究院办公楼	编辑

图 6-38　项目信息进行添加、编辑和删除界面

设备管理：可以对项目设备信息进行添加、编辑和删除。选择设备所属的项目类型、项目名称，编辑其名称。

参数管理：在此界面下可以对项目中的参数信息进行添加、编辑和删除，如图 6-39 所示。

项目参数管理：在此界面下将项目所有的参数加入系统中，输入参数名称、选择项

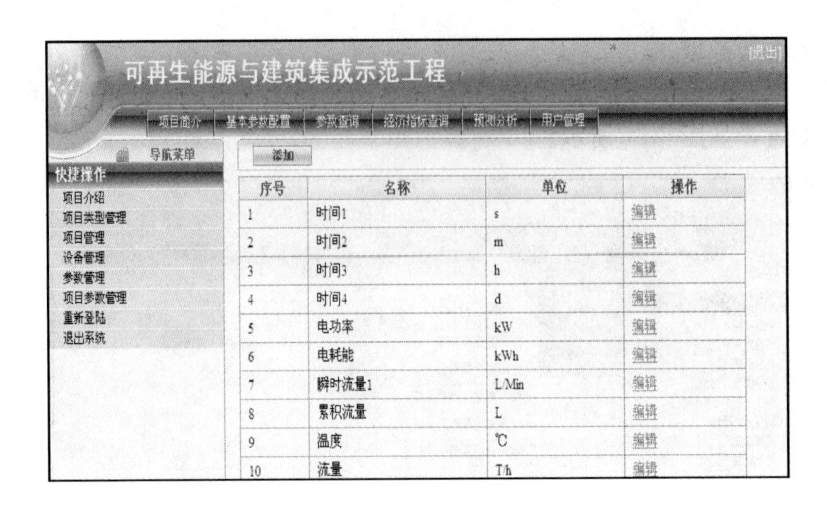

图 6-39　参数信息进行添加、编辑和删除界面

目、设备以及参数对应的单位和参数类别（原始参数、最终参数）。

（2）参数查询

功能设计：主要分为历史参数查询和实时数据监测。

历史数据查询

功能：显示已选项目设备参数的曲线变化图和各时段的详细参数值。

①参数表格明细：显示项目名、设备名、参数名、单位名、初始及结束时间。

②设备参数曲线图如图 6-40 所示。

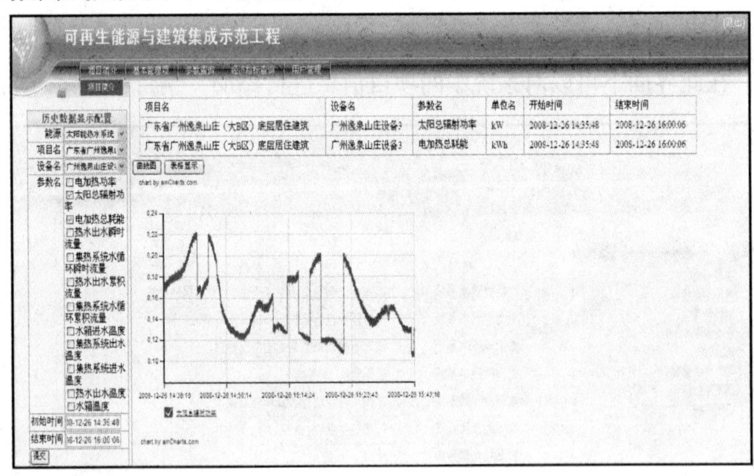

图 6-40　设备参数曲线图界面

③ 设备参数数据表格如图 6-41 所示。

（3）经济指标查询

功能设计：分为日经济指标（如图 6-42 所示），周经济指标，月经济指标和同种能源不同项目经济指标比较。

太阳能热水系统效率日经济指标历史趋势的图形界面如图 6-43 所示。

太阳能热水系统效率日经济指标也可显示为数据表格，如图 6-44 所示。

项目名	设备名	参数名	单位名	开始时间	结束时间
广东省广州逸泉山庄（大B区）底层居住建筑	广州逸泉山庄设备3	太阳总辐射功率	kW	2008-12-26 14:35:48	2008-12-26 16:00:06
广东省广州逸泉山庄（大B区）底层居住建筑	广州逸泉山庄设备3	电加热总耗能	kWh	2008-12-26 14:35:48	2008-12-26 16:00:06

时间	太阳总辐射功率	电加热总耗能
2008-12-26 14:35:55	0.174	0.000
2008-12-26 14:35:56	0.166	740.020
2008-12-26 14:35:57	0.171	740.020
2008-12-26 14:36:22	0.168	740.020
2008-12-26 14:36:23	0.165	740.020
2008-12-26 14:37:15	0.163	740.020
2008-12-26 14:37:15	0.163	740.020
2008-12-26 14:37:17	0.168	740.020
2008-12-26 14:37:18	0.164	0.000
2008-12-26 14:37:18	0.164	740.020
2008-12-26 14:37:19	0.170	740.020
2008-12-26 14:37:20	0.164	740.020
2008-12-26 14:37:21	0.168	740.020
2008-12-26 14:37:22	0.169	740.020

图 6-41　设备参数数据表格界面

序号	项目名	详细信息
1	广东省广州[illegible]居住建筑	详细信息
2	宁夏回族自治区银川市清水湾住宅区一期	详细信息
3	江苏省徐州市沛县龙固中三新村	详细信息
4	安徽景成 御琴湾	详细信息
5	常州天合光能有限公司办公楼	详细信息
6	广东科学中心	详细信息
7	威海	详细信息
8	河北省石家庄河北建设服务中心	详细信息
9	广西壮族自治区南宁市广西大学学生公寓	详细信息
10	浙江省建筑科学设计研究院办公楼	详细信息
11	湖北省武汉市湖北出入境检验检疫局综合实验楼	详细信息
12	赤峰市众联广场	详细信息
13	北京市京燕饭店改扩建	详细信息
14	安平县一水源热泵	详细信息
15	湖北省武汉市武汉理工大科技园研发中心	详细信息
16	南京翰尚国际公寓	详细信息
17	辽宁盘锦润诚苑住宅小区	详细信息
18	潍坊海关	详细信息
19	安徽省合肥市金水 童话名苑	详细信息

图 6-42　日经济指标选择界面

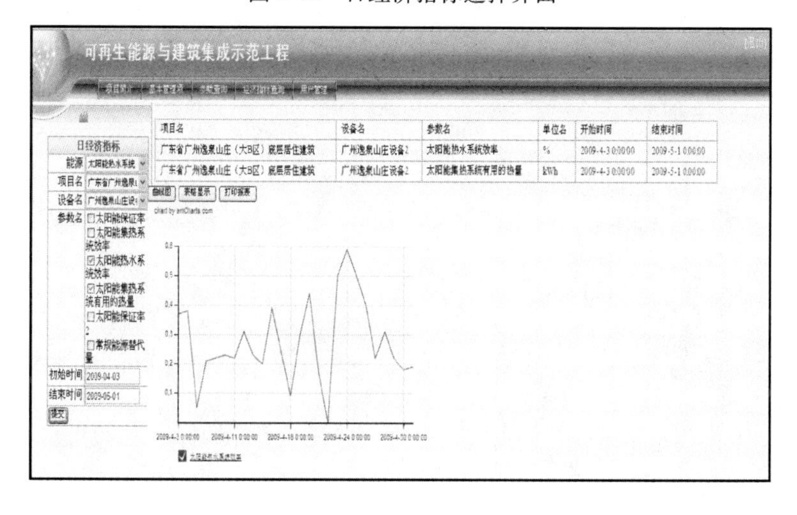

图 6-43　日经济指标历史趋势图形界面

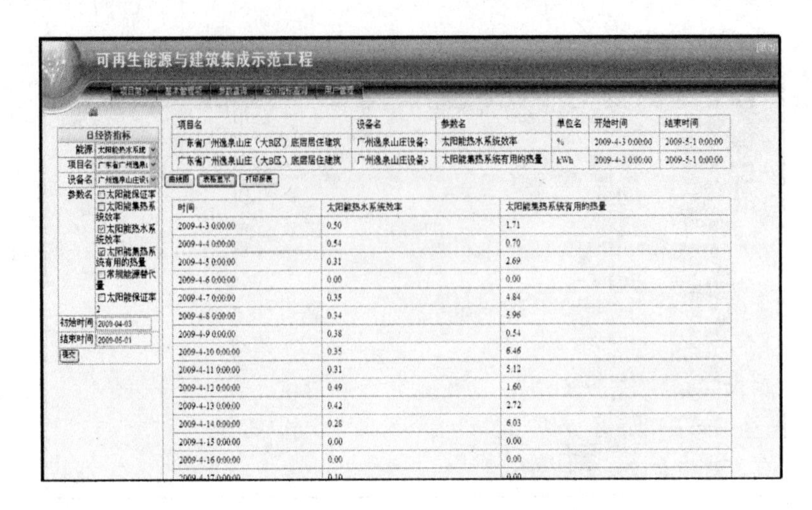

图 6-44　日经济指标历史趋势数据表格界面

最后可将查询的数据部分打印输出。

周、月经济指标的查询与日查询相同。

对于各个可再生能源经济指标，还可按同一个项目种类、不同项目进行统计分析。

7　总结与展望

7.1　可再生能源与建筑集成示范工程实施情况

"十一五"国家科技支撑计划课题"可再生能源与建筑集成示范工程"从2006年10月开始实施，截至2011年底，共有41个可再生能源与建筑集成示范项目，总示范建筑面积达到415万m^2，其中居住建筑270万m^2，公共建筑145万m^2；新建建筑有309万m^2，既有改造建筑有106万m^2。其中太阳能光热建筑应用示范项目10个，太阳能光电示范项目8个，地源热泵能示范项目16个，采用两种以上可再生能源形式的项目7个。这些项目的实施可以实现节能量达4.09万t标煤/年；二氧化碳减排量达10.11万t/年。

1. 太阳能光热示范工程

太阳能光热建筑应用示范工程10个，其中9个为住宅生活热水，1个为职工宿舍洗浴。工程基本都分布在我国太阳能资源较好的地区，其中3个工程在太阳能资源Ⅰ区；两个工程在太阳能资源Ⅱ区；5个工程在太阳能资源Ⅲ区。除温和地区，其他4类气候区都有太阳能光热应用示范工程，其中严寒地区有1项，寒冷地区有5项，夏热冬冷地区有3项，夏热冬暖地区有1项。

这些示范工程中大部分都采用的是主动式太阳能利用系统，也有在太阳能资源Ⅲ区的两个示范工程采用了被动式太阳能利用系统。在主动式太阳能利用系统中，绝大部分工程都是应用于生活热水，也有两个工程应用太阳能供热采暖系统。从应用的具体太阳能热水系统形式来看，家用太阳能热水系统和大型集中太阳能热水系统的应用量的比例接近，基本各占50%。由于居住建筑的建筑层数较多，高层住宅采用阳台壁挂式家用太阳能热水系统的比例较高，多层住宅以集中式系统为主，低层住宅采用分体式家用热水系统。

2. 地源热泵示范工程

地源热泵系统按利用低位热源形式的不同，分为水源热泵、土壤源热泵系统。22个地源热泵系统建筑应用示范工程中，有9个工程采用了土壤源热泵系统，其中有3个在北方采暖地区，6个工程在夏热冬冷地区；有9个工程采用了地下水源热泵系统，有两个工程采用了污水源热泵系统，1个工程采用了地表水（河水）水源热泵系统，1个工程采用了地热尾水综合利用热泵系统。

22个地源热泵系统示范工程中，有7个示范工程采用了两种以上可再生能源利用技术形式，基本上是地源热泵系统+太阳能热水系统。其中有4个项目进行了太阳能系统与热泵系统的复合应用：广西大学学生公寓项目对太阳能吸收式热泵提供生活热水进行了有益的尝试；武汉理工大学科技园研发中心采用了地源热泵系统与太阳能空调系统复合供能系统；河北工业大学新校区建筑节能实验中心采用了太阳能季节蓄热与土壤源热泵复合系统，对利用太阳能季节蓄热解决地源热泵系统冬夏季热量不平衡进行了尝试；联合国工发组织国际太阳能技术促进转让中心科研楼采用了水源热泵与太阳能供热采暖复合系统。

3. 太阳能光电示范工程

太阳能光电示范项目 8 个，其中有 6 个是与建筑结合，也就是光伏组件作为建筑构件的太阳能光电项目（BIPV）；其余两个项目分别是建筑小品和提供消防应急照明和地下车库照明的独立光伏发电系统。

6 个 BIPV 系统基本上在公共建筑中应用，系统发电时间与建筑用电时间基本上是匹配的，这样可以保证光伏系统的发出电量在不能并入外部电网的情况下，建筑物本身就可以消耗掉光伏系统发出的电量，充分利用光伏发电系统的发电量。

通过示范工程应用，与建筑结合的光伏发电系统（BIPV）有双重作用：一方面作为电力系统；另一方面，由于光伏组件为建筑物围护结构的一部分，对围护结构起到了保温隔热的作用。但是目前在评价系统时，仅对其发电量及其发电质量进行了评估，没有对其实际节能效果进行评价。

7.2 可再生能源与建筑集成示范工程实施效果分析

1. 太阳能光热示范工程实施效果分析

太阳能光热示范工程的实施效果与所在区域的气候条件、太阳能资源条件、建筑类型等客观因素有关，也与系统设计方案、使用情况、施工安装水平和运营管理水平有关。

（1）气候条件以及太阳能资源条件对实施效果的影响分析

一般情况，太阳能资源丰富的地区，太阳能热水系统效率也较高。示范工程大都分布在我国太阳能资源较好的地区，其中 3 个工程在太阳能资源Ⅰ区；两个工程在太阳能资源Ⅱ区；5 个工程在太阳能资源Ⅲ区。

然而，太阳能资源丰富并不意味着太阳能热水系统效率就高。表 7-1 对比了同一形式的太阳能热水系统用于同一形式建筑，但在不同自然条件下的利用效果。可以看出，虽然工程 B 的年平均太阳辐照量和年日照小时数都大大高于工程 A，但由于工程 B 所处地区的年平均气温远低于工程 A 所处地区，所以太阳能保证减少了 12%，静态回收期增加了 1.3 年。

不同自然条件下太阳能热水系统的对比 **表 7-1**

参数		工程 A	工程 B
年平均气温		23℃	8.52℃
太阳能资源条件	年平均太阳辐照量	4900MJ/（m^2·a）	6025MJ/（m^2·a）
	年日照小时	1918h/a	3011h/a
供热水温度		50℃	50℃
集热面积		4m^2	4m^2
太阳能保证率		72%	60%

上述保证率的差异正是由于当地气温差异造成的。由于热水系统所需水源都与环境气温接近，因此，当地气温越低，热水系统提供同样温度的热水量所需的能耗就越多，而对同一太阳能热水系统，其太阳能保证率就会越低[6]。所以，太阳能热水系统的实施效果，受当地气候和太阳能资源条件的综合影响，并非太阳能资源丰富的地区，太阳能热水系统

效率就一定高。

（2）系统设计方案对实施效果的影响分析

系统设计方案包括控制方案的合理与否直接影响实施效果。表7-2为某示范工程中两套系统的运行数据。从数据对比可以看到，系统A的年用水量小于系统B，而系统A的年耗热量却比系统B高出35%，用电量也比系统B高出一倍多。

系统全年运行数据对比　　表7-2

系统	运行天数	太阳辐照量(kWh)	电加热+泵耗(kWh)	用水量(L)	耗热量(kWh)
A	312	4028	990	38465	1268
B	292	4172	464	43531	935

注：辐照量和耗热量按照“3.6MJ/kWh”折算为kWh单位。

其原因在于系统A的水箱选型偏大（300L），水温分布不均匀，同时传感器放置在水箱底部，使得测点温度并不代表水箱内的实际温度，由此造成了电加热的持续开启，水温持续升高，热量严重“供大于求”。因此，与实际使用情况相符的设计方案和合理的控制方案是保证示范工程按设计实施的关键所在。

（3）实际用热模式对实施效果的影响分析

通过调查太阳能光热示范工程部分用户的用水习惯、洗浴时间、洗浴频次和洗浴方式，结合实测数据发现，用户的实际使用情况对实施效果影响很大。

从洗浴频次来看，多数用户的洗浴频次是1次/（人·天），但也有个别用户的洗浴频次是2～3次/（人·天）。这与气候调条件有关，示范工程的实际日用水量在100～220L之间，其中，寒冷地区用户的平均日用水量为100～160L；夏热冬暖地区用户的平均日用水量为120～220L。从图7-1可看出，用户实际用水量对太阳能保证率的实现影响很大。

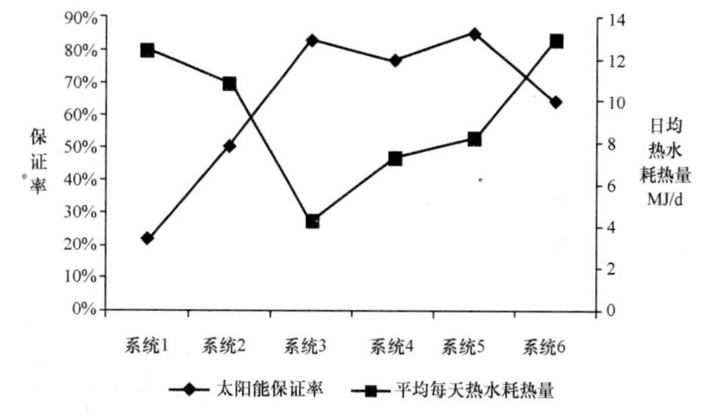

图7-1　太阳能保证率与日均热水耗热量之间的关系

从洗浴时间来看，有的喜欢早晨洗浴、有的喜欢晚上洗浴、有的早晚都洗浴，甚至中午也要洗浴（尤其是南方城市居民）。某南方示范工程中大部分用户在19：00～23：00集中使用热水，个别用户在16：00～19：00集中使用热水。

从洗浴方式来看，有淋浴和盆浴两类。某示范工程有用户是每天盆浴的习惯，其电加热量要比其他用户高出很多，导致太阳能保证率大幅度下降，并得出“不满意”的结论，而此结论与我国大部分用户用热习惯下得出的结论并不相符。

此外，用户设定温度的高低也会影响实施效果。有些用户习惯将热水加热至较高的温度，使用时冷热水掺混，这一不合理习惯会使得辅助热源加热量供大于求，造成能源上的浪费，同时降低保证率。如某示范工程太阳能热水系统的太阳能保证率为－36.25%，这是由于每次用水时，设定的水温都在60℃以上，个别时候甚至达到75℃，系统不必要的加热比例过大，导致电加热量比实际热水需量还要大，造成能源的严重浪费。

（4）施工安装水平和运营管理水平对实施效果的影响分析

安装施工过程中往往无法完全按照理想设计去实施，这就导致由于系统安装形式差别对系统性能产生的影响。通过监测某示范工程两套完全相同的分体承压式太阳能热水系统发现：热水系统B常会出现夜间启动循环泵而到用水时需电加热的现象；热水系统A没有这种现象。

通过现场检查，这是由于水箱与集热器的安装位置不同造成的，热水系统A的水箱安装在集热器上方；为便于施工，热水系统B的水箱安装在集热器下方，如图7-2所示。因此，热水系统A既可以强迫循环也可以自然循环，而热水系统B只能实现强迫循环。由于无法实现自然循环，当热水系统B的水箱出口温度较高时，热量会通过集热器回水管道传递到上面的集热板，使得集热出口的水温升高，传感器测量的温度与水箱温度差值达到了循环泵的启动阈值，从而导致夜间集热循环开启，集热器变为散热器，本来能够达到温度要求的热水经过集热器的“散热”作用，温度降低，等到需要用水的时候反而需要电加热。

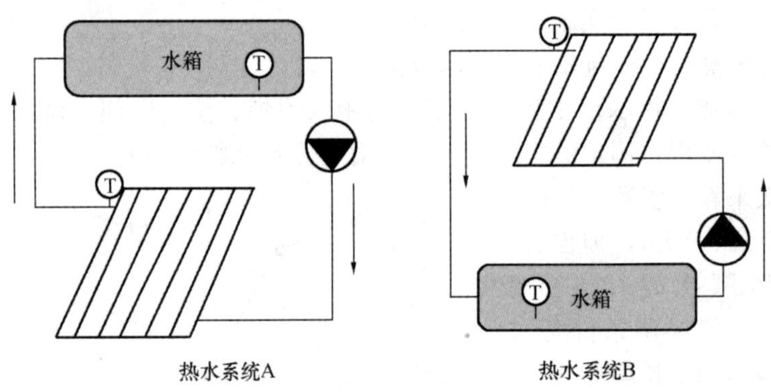

图7-2 某太阳能光热示范工程两套太阳能热水系统的安装示意图

在太阳能光热示范工程中，由于与建筑结合、保证建筑外立面效果等因素，导致安装施工与设计不符的情况时有发生，而在运营管理过程中并未对其进行调整，导致最终运行效果与设计不符。应重视在考虑与建筑结合的同时，不仅是设计阶段，施工阶段和运营阶段更需要保证太阳能热水系统的效率。

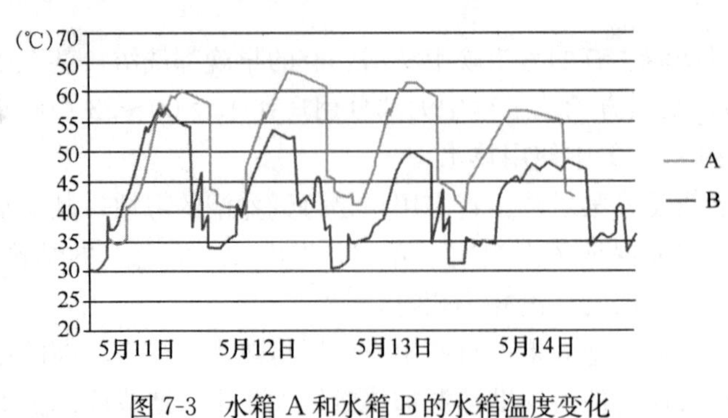

图7-3 水箱A和水箱B的水箱温度变化（2009年5月11日～5月14日）

（5）配套技术水平对实施效果的影响分析

太阳能热水系统的配套设施中，水箱保温性能的重要性不言而喻。通过对某太阳能热水系统两个水箱的监测发现，水箱A的热损系数小于水箱B的热损系数。从图7-3可以看出，水箱A的水箱温度高于水箱B的水箱温度。这是由于水箱B的热损系数大，夜间热损失较大，水箱平均温度较低。

由于两个系统数据量的不同，两条曲线的周期变化并未完全重合，但不影响温度变化反映出的问题。夜间，水箱A经过一夜降温后，温度基本能够保持在40℃以上；而水箱B的温度只有30～35℃，当早上用热水时，还需开启电加热。白天，在太阳辐照相同的条件下，水箱A的最高温度高于水箱B，因此，水箱B需要耗费更多的辅助能源，从表7-3可以看出。因此，保证系统配套构件的性能水平也是保证系统实施水平的重要影响因素。

水箱A和水箱B的辅助热源电耗对比（kWh）（2009.5.11～5.14） **表7-3**

水箱	5—11	5—12	5—13	5—14
A	2.55 kWh	0	0	0
B	3.67 kWh	3.63 kWh	3.58 kWh	0

通过示范工程可以看出，太阳能热利用虽然发展较为成熟，但存在不少影响实际节能效果的问题。

1）虽然大部分项目都做到了从建筑设计阶段开始考虑太阳能热水系统的设计，但很少考虑配合具体用户的用热水需求或用水模式，从而导致实际太阳能保证率低于设计值，甚至出现负值。

2）不少项目只重视设计阶段的太阳能热水系统设计，不重视在施工阶段和运营阶段对设计的实施，出现一些系统部件失灵或与设计不相符的情况，导致实际太阳能保证率不能达到设计值。

3）每个项目所适合的系统都有其特殊性，例如，有些项目考虑利用集中供热系统的余热，但未分析余热量与太阳能集热量之间的关系，造成太阳能热水系统形同虚设；有些项目考虑集成太阳能和地源热泵，却没有仔细分析集成后与集成前的性价比，导致一个低效高耗能的复杂可再生能源系统等。然而，这些项目的太阳能热水系统的设计方案相差并不大，仅仅是简单地按照标准、规程或图集中的案例去设计实施，造成了更大的能源浪费，也就大大降低了太阳能热利用的应用效果。

4）太阳能热水系统在农村应用时应尽量简化系统，便于操作实施，否则可能影响太阳能热水系统在农村的推广应用。

因此，为了更好地在建筑中应用太阳能热利用系统，“十二五”期间应在以下几方面开展进一步研究：

1）重视太阳能热利用与建筑集成的多方面因素，包括与建筑所在地的资源条件的集成、与建筑功能和用户使用模式的集成等。例如，确定我国不同地区的典型用水规律和用水量，为太阳能热水系统的应用提供合理的依据，进而对现行《民用建筑太阳能热水系统应用技术规范》GB 50364—2005进行修订。

2）加强太阳能热利用施工安装水平和运营管理水平。

3）加强太阳能热利用配套技术的研发，例如，研究不同形式的贮热水箱和辅助能源的匹配，为合理设计太阳能热水系统提供支持。

4）加强对新型高效的太阳能热利用技术的研发，例如，研究更加高效的太阳能蓄热装置，提高太阳能的应用比例；结合新型建筑材料，对被动太阳能利用进行深入的研究和示范。

5）简化农村太阳能热利用技术的应用系统，包括热水系统和控制系统等，以便农民快速掌握正确使用方法，享受由太阳能热水系统带来的实效。

2. 地源热泵示范工程实施效果分析

评价地源热泵系统的实施效果主要是看系统能效比 *COP*，以及对土壤降温供热能力的影响。

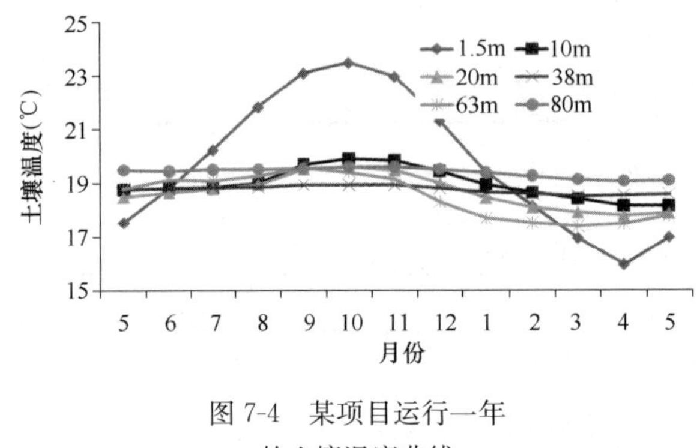

图 7-4　某项目运行一年的土壤温度曲线

（1）土壤能力的恢复

地源热泵示范工程的实施效果主要与当地可再生能源条件有关，如土壤源热泵的土壤温度、地下水源热泵的地下水温和污水源热泵的污水温度等。图 7-4 为某示范工程不同深度的土壤温度曲线，可以看出，由于实现了土壤冷热平衡，地源热泵经过一年的运行对土壤温度基本没有产生影响，土壤恢复能力足够。

其他地源热泵系统运行中的土壤温度恢复也比较好。帮助土壤能力恢复的主要因素包括正负两方面：

一是由于地质条件良好，如一些示范工程所在地的地下水资源丰富，水流速较高，避免了局部土壤温度的持续上升或下降。这种系统的应用充分考虑了建筑所在地的地质条件，是在地源热泵系统设计中应提倡采用的。

二是由于工程设计的系统偏大，出现“大马拉小车”的现象，因此系统运行对土壤温度产生不了太大的影响。这种系统虽然没有对土壤能力造成太大影响，性价比却很低，这在地源热泵系统设计中应避免。

（2）运行 *COP* 低于设计 *COP*

大部分项目的实测系统能效比都低于设计系统能效比。一方面是因为系统的运行工况与设计工况不相符，导致机组 *COP* 无法达到设计值，见图 7-5；另外，有些地源热泵工程的建筑节能效果显著，使得机组 *COP* 远低于额定工况下的 *COP*。以上两种情况，都是由于缺乏针对实际项目的地源热泵系统设计优化造成的。

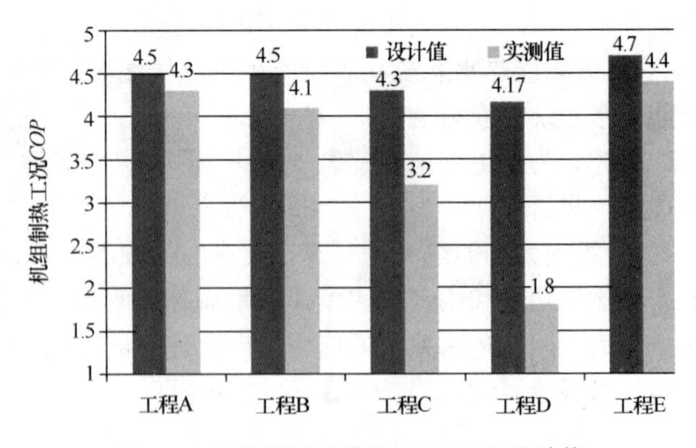

图 7-5　地源热泵系统机组 *COP* 的设计值与实测值比较

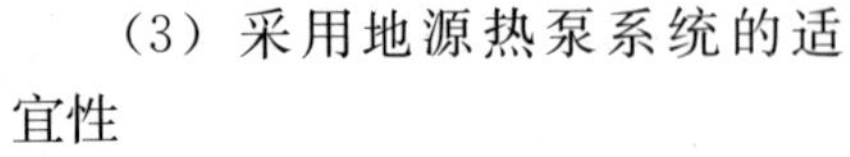

（3）采用地源热泵系统的适宜性

有部分项目位于城市集中供热管网能够供给的位置，却为了“应用可再生能源”而采用地源热泵系统，导致性价比不合理，如图 7-6 所示的示范工程中采用地源热泵系统产生的增量成本回收期，有些竟高达19年；还有部分项目更新地源热泵系统后的能耗比原空调供热系统能耗更大，地源热泵系统的优点没有被利用，但在岩石上打井、局部土壤换热能力显著下降等缺点却一一暴露出来。由于这些项目没有仔细分析地源热泵系统与其他常规系统在安装和运行过程中的经济技术性能指标，使得应用地源热泵后的实际效果并不能体现地源热泵的优点，不利于地源热泵的推广。

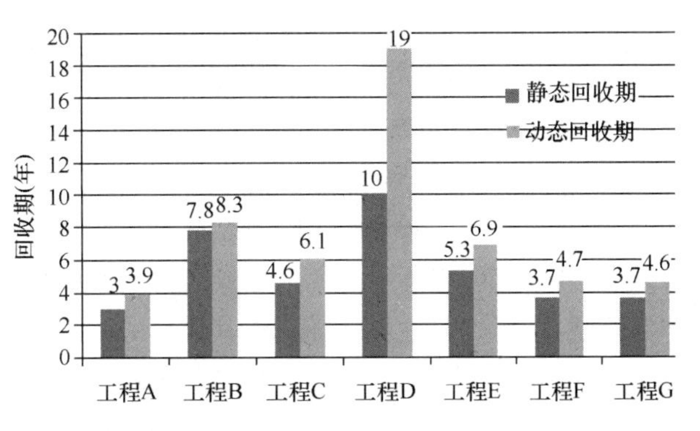

图 7-6　地源热泵示范工程的增量成本经济性比较

通过项目的实施，地源热泵系统应用的规模已经很大，但还存在一些改进和提高的方面，主要有以下几点：

1）加强针对实际项目的地源热泵系统设计优化，重视地源热泵系统的设计工况与实际工况的相符性，尽量保证其可再生能源替代率的实现。随着国家出台了更高的节能标准，建筑节能率进一步提高，建筑物的采暖空调负荷会进一步下降，这将导致地源热泵系统规模的减小。这就需要对建筑物的节能率和地源热泵系统的匹配进行研究，对现有的建筑节能技术和地源热泵技术进行提升，探讨在技术上先进、经济上最优的地源热泵系统的应用模式。

2）针对不同地区研究不同的成套技术。由于建筑物负荷（空调负荷、采暖负荷）条件的不同，在设计地源热泵时考虑的侧重点也不同，要针对北方采暖地区、夏热冬冷地区研制开发地源热泵成套技术，包括设计、施工、运行等方面。

3. 太阳能光伏发电系统实施效果分析

“十一五”期间的BIPV光伏发电项目重在光伏板与建筑立面完美结合这一方面（见图7-7），而对于其实际发电量重视并不多。不少项目由于光电板在建筑外立面难以维护管理，光电板集尘现象和高温现象严重，导致实际发电量低于设计发电量。

图 7-7　与建筑屋顶完美结合的太阳能光伏发电板

“十二五”期间需要将来对BIPV光伏发电系统对建筑物的能耗影响进行深入的研究，同时对与建筑结合的光伏发电系统的容量设置与建筑物的有效用电负荷的匹配进行研究，同时，开发出新型的适合建筑应用BIPV组件也还是光伏建筑应用的研究方向之一。

4. 其他可再生能源与建筑集成应用的实施效果分析

示范工程中出现了不少多种可再生能源的集成应用或其他新型可再生能源的建筑应用，且效果很好。以下几种形式是“十一五”期间得到应用的可再生能源建筑应用形式：

(1) 太阳能系统与地源热泵结合提供空调制冷与供热

例如，联合国工发组织国际太阳能技术促进转让中心利用地源热泵与城市热网供热和电制冷，冬季供热可节约能源约 106 万度，夏季制冷可节约能源约 9 万度。这一应用虽然还没有直接实测数据进行验证，但其应用方向经论证是可行的。

(2) 采用蓄热材料作为建筑构件实现被动式太阳能热利用

例如，西藏自治区高原生态节能建筑采用以太阳能被动利用为主体的综合太阳能利用技术。对比普通住宅，示范住宅中非采暖空间平均温度提高约 2～3℃，2～4 月平均室温可达到 9℃左右；在有局部采暖的卧室中，示范住宅也比对比住宅高约 1～1.5℃，2～4 月采暖平均室温达到 12℃以上。这一应用很好地实现了可再生能源完全替代常规能源。

(3) 利用自然通风实现被动式空气能的热利用

例如，常州天合光能有限公司办公楼在夏季和过渡季节夜晚采用自然通风后，建筑全年节约的能耗占建筑总能耗的 3.8%，加上中庭采光可对节能产生 1.8%的贡献率，总贡献率为 5.6%。这一应用虽然没有直接实测数据进行验证，但其应用方向是可行的。

(4) 利用干空气能实现空调制冷

例如，新疆维吾尔自治区昌吉州人民医院内科病房综合楼采用干空气能这种天然的、可再生的能源作为制冷的驱动能源，替代传统空调制冷所使用和消耗的常规能源。系统设计 *COP* 可以达到 8 左右，较采用传统低温冷水机组和新风机所构成的常规空调系统，每年可减少运行电耗 55.5 万 kW，同时由于节电相当于节约标准煤 222t。这一应用虽然也没有直接实测数据进行验证，但其应用也是可以继续研究的。

以上四种新型可再生能源与建筑集成的应用形式，在“十一五”期间的示范工程中部分已取得实效，还有部分尚需进一步研究论证。但是，总的来说，对于我国可再生能源建筑应用的发展提出了新的方向。

7.3 可再生能源建筑应用的展望

通过对“十一五”可再生能源与建筑集成示范工程的研究，结合我国其他可再生能源建筑应用工程的实际应用情况，为了更好地促进我国可再生能源建筑应用的科学性、合理性、可持续性以及规模化，建议把以下几方面作为今后一段时间我国发展可再生能源建筑应用的重点：

第一，太阳能热利用技术的建筑应用相对较为成熟，尤其是太阳能热水系统，太阳能热利用产业发展较快，产品成熟，适合大面积推广应用，在课题研究工作开展的同时，国内不少省市已经出台了太阳能热水系统强制安装政策，但是对于采用的技术类型的选择应是因地制宜的，同样的产品、系统在不同的地区其考虑的侧重点是不同的，应进一步研究适合于不同地区、不同用户的可再生能源建筑应用系统形式及其性能指标。

第二，面对地源热泵技术大规模应用中已出现或潜在的环境影响问题，地源热泵系统的设置应重视与建筑冷热负荷特点的结合，以及建筑所在区域的地理条件等因素，采用适宜、可行的系统形式。并应进一步研发以地源热泵为主的复合能源系统形式，切实提高可再生能源的贡献率。

第三，太阳能光伏发电技术的建筑应用应结合建筑物的用电负荷及运行特点，合理地确定组件安装形式、装机容量以及应用方案。在光伏发电技术日趋成熟的基础上，可进一步研究太阳能光伏发电系统作为分布式能源的相关内容，同时为了提高光伏组件的效率，应开展建筑光伏/热（PV/T）的研究。

第四，除了上述关于技术应用设计的问题，针对部分可再生能源建筑应用工程缺乏科学合理的施工建设和运行维护管理导致实际应用效果与预测应用效果相距甚远的问题，应加强可再生能源系统从设计、施工、运行的全过程监管，将可再生能源系统设计逐步纳入建筑设计规范，重视可再生能源系统的调试工作，建立对可再生能源系统的验收评价机制，提高可再生能源利用技术在建筑中的应用水平。

本书希望把“十一五”期间可再生能源与建筑集成的研究成果以及经验教训，客观地呈现给有志于发展我国可再生能源建筑应用事业的社会人士，对我国发展可再生能源建筑应用的方向提供参考意见。

参 考 文 献

[1] Aqi Liu, Yingxin Zhu, Ling Song. Evaluating the Energy Efficiency of the Solar Water Heating System Considering the Energy Quality[C]. CLIMA 2010, Turkey, 2010. 5.

[2] 宋凌. 可再生能源与建筑集成的集成途径浅析[J]. 建设科技，2007，28(6)：676-681.

[3] 张晓力，于重重，段振刚，廉小亲. 基于 WebAccess 的可再生能源示范建筑设备远程监控系统[J]，建筑科技，2010，24(161)：59-61.

[4] 孟杉，王立发，江剑. 地埋管地源热泵空调系统经济性分析与设计优化[J]. 中国建设信息供热制冷，2009，(01)：34-36.

[5] 廉小亲，张晓力，郝爱红，许飞. 太阳能热水监测系统的数据处理及分析. 测控技术 2009，28(8)：18-20.

[6] Hao Aihong, Zhang Xiaoli, Lian Xiaoqin, Xu Fei. Design of Solar Photovoltaic Remote Data Transmission System Based on GPRS. The 2010 IEEE International Conference on Measuring Technology & Mechatronics Automation. March 13－14, 2010 Changsha, China 2010. Vol. 1, 1038-1042.

[7] 廉小亲，于重重，段振刚，刘载文. 基于 Webaceess 的智能楼宇监控系统，计算机工程与设计，2008. 29(24)：6382-6385.

[8] 刘剑. 基于 WebAccess 及 PAC 的太阳能热水示范建筑监控系统设计及实现[D]. 北京工商大学，2008.

[9] ADAM-5000 IO Module Manual Ed-2. 3. pdf，2007.

[10] 舒杰，吴昌宏，张先勇. 基于 GPRS 的风光互补发电无线远程监测系统. 可再生能源 2010，28(1)：97-100.

[11] 马亚强. 基于 WebAccess 及 PAC 的地源热泵示范建筑远程监控系统设计及实现[D]. 北京工商大学，2008.

[12] 胡锦晖，胡大斌 . 基于 DDE 技术的监控软件及其实现[J]. 微计算机信息，2004 (11)：70-71.

[13] 刘明. 基于 GPRS 网络和 B/S 结构实现排污远程监控系统[J]. 工业控制计算机，2009，(02)：44-46.

[14] 李春生，罗晓沛. 基于. NET 实现分布式数据库查询[J]. 计算机工程与设计，2007 ，28(12)：2937-2939.

[15] Peng Chen, Jie Liu, Chongchong Yu, Li Tan. Design and Implementation of Renewable Energy and Building Integrated Data Analysis Platform 2010 Asia-Pacific Power and Energy Engineering Conference, 2010.

[16] 谭励，陈鹏，于重重. 基于能源分析模型的可再生能源与建筑集成平台的研究. 计算机应用研究，2010，27(10)：3816-3819.

[17] 于重重，于蕾，谭励，段振刚. 基于时序算法的太阳能热水监测系统数据预测分析. 太阳能学报，2010，31 (11)：1413-1418.